当代中国治理黄河方略与实施的历史考察

(1949—2019)

郭书林　著

黄河水利出版社

·郑州·

内容提要

本书主要是把当代中国治理黄河方略的演变,放在新中国 70 年历史发展背景中进行分析研究,探讨新中国不同历史时期治理黄河的方略。科学的治理黄河方略是在治理黄河实践中不断发展完善的。从 1949 年到 2019 年,在 70 年当代中国治理黄河的历程中,受每个时期的政治经济社会发展状况、国家水利方针、对黄河水沙规律的认识水平和科学技术条件等因素的影响,黄河水利委员会经过反复的实践与总结,先后提出了"宽河固堤""蓄水拦沙""上拦下排""上拦下排,两岸分滞""调水调沙"和"维护黄河健康生命,促进流域人水和谐"的治理黄河方略。这些方略在治理黄河的每个时期发挥了重要作用,保证了黄河的岁岁安澜,支撑了当时经济社会的发展。但黄河治理是世界级难题,水少沙多,水沙关系不协调的问题依然存在,当代中国治理黄河的方略还需要不断发展。

本书可供中国当代史研究人员、当代水利史以及从事黄河治理领域的相关研究人员参考。

图书在版编目(CIP)数据

当代中国治理黄河方略与实施的历史考察:1949—2019/郭书林著. — 郑州:黄河水利出版社,2020.5

ISBN 978 – 7 – 5509 – 2674 – 5

Ⅰ.①当… Ⅱ.①郭… Ⅲ.①黄河 – 河道整治 – 研究

Ⅳ.①TV882.1

中国版本图书馆 CIP 数据核字(2020)第 083647 号

组稿编辑:王路平 电话:0371-66022212 E-mail:hhslwlp@ 126. com

出 版 社:黄河水利出版社 网址:www.yrcp.com
 地址:河南省郑州市顺河路黄委会综合楼 14 层 邮政编码:450003
发行单位:黄河水利出版社
 发行部电话:0371 – 66026940、66020550、66028024、66022620(传真)
 E-mail:hhslcbs@ 126. com
承印单位:广东虎彩云印刷有限公司
开本:890 mm × 1 240 mm 1/32
印张:8.75
字数:250 千字
版次:2020 年 5 月第 1 版 印次:2020 年 5 月第 1 次印刷

定价:45.00 元

前　言

　　黄河是中国的第二大河,发源于青藏高原巴颜喀拉山脉,蜿蜒东流,穿越黄土高原及黄淮海大平原,注入渤海。黄河干流全长5 464公里,水面落差4 480米,流域总面积79.5万平方公里(含内流区面积4.2万平方公里)。黄河是中华民族的母亲河,又是一条多淤、多决、多徙的河流。由于黄河的洪水挟带大量泥沙,进入下游平原地区后迅速沉积,主流在漫流区游荡,人们开始筑堤防洪,行洪河道淤积不断抬高,成为高出两岸的"地上河"。因此,当遇到较大的洪水,河堤无法约束的时候,黄河下游就要发生泛滥、决口,以至改道的严重灾害。据历史记载,"黄河下游在三千多年中发生泛滥、决口一千五百多次,重要的改道二十六次,其中大的迁徙五次,南至江淮,北达天津。因此,黄河洪水泥沙灾害一直波及淮河流域、海河流域和长江下游部分地区,威胁华北平原。黄河的每次泛滥、决口和改道都造成人民生命财产的惨重损失,常常有整村、整个城市被泥沙湮没的惨事,大片农田被沙化、水系被堵塞的巨大破坏。一九三三年的洪水造成决口五十余处,受灾面积一万一千余平方公里,受灾人口三百六十四万余人,死亡一万八千余人,损失财产以当时银洋计约合二亿三千万元。一九三八年蒋介石政府在河南郑州附近掘开南岸花园口河堤,造成黄河大改道,受灾面积五万四千平方公里,受灾人口一千二百五十万人,死亡八十九万人。由此可见黄河灾害的严重程度。"❶历史上,黄河有天灾,更有人祸。有的统治

---

❶　邓子恢:《关于根治黄河水害和开发黄河水利的综合规划的报告——在一九五五年七月十八日的第一届全国人民代表大会第二次会议上》,载《人民日报》,1955年7月20日,第2版。

者,为了达到政治目的,不惜以水代兵。

历史上,黄河"三年两决口,百年一改道",曾给沿岸人民带来一次又一次的灾难。中华民族同黄河洪水的斗争始终没有停止过,从大禹"疏川导滞"到贾让的"治河三策",再到潘季驯"束水攻沙"等,都体现了治黄志士们为使黄河安澜奋斗不息的精神和聪明才智。在具体的历史条件下,这些努力起到了一定的作用,但由于受社会制度、生产力发展水平、科技手段等因素的制约,面对黄河,人们更多的是无奈。20世纪70年代前,"决口"是一把悬剑,洪水灾害威胁着人民生命财产安全。"黄河平,天下宁",为了防止堤防决口,保证华北平原安全,保证我国经济社会稳定发展,在中国共产党和人民政府的领导下,黄河流域广大干部群众艰苦奋斗,团结治水,取得了前所未有的巨大成就。经过长期治黄实践,形成了"上拦下排,两岸分滞"的方针处理洪水、"拦、排、调、放、挖"的综合措施处理泥沙的治黄体系,保证了黄河伏秋大汛岁岁安澜。但是,这并不意味着黄河的事情已经办好。黄河流域多年来降水不足,各支流来水普遍减少;上游源区草原植被遭到破坏,导致地表蓄水和产流功能下降;特别是对水资源的过度开发利用,对黄河生态用水的大量挤占,使黄河"水荒"更加严重。

20世纪70年代黄河开始出现断流现象,进入20世纪90年代以后,黄河断流更加频繁。20世纪70年代黄河断流的年份最长历时21天,1996年为133天,1997年长达226天。此后一些年,黄河频频发出断流的警报。"黄河西来决昆仑,咆哮万里触龙门"的景象难以再现,水短缺成为制约黄河流域经济社会发展的瓶颈。为了改变这一状况,黄河水利委员会从1999年3月开始对黄河水量进行统一调度,并从2002年起实施"调水调沙",冲走黄河下游河道大量泥沙,遏制了河道生态系统的恶化。但是,单靠"调水调沙"治不好黄河,黄河的"病"表现在河里,病源却在岸上。黄河流域的一些地方"铺摊子、拼资源、抢速度"的旧有发展模式,以牺牲环境为代价,让黄河积"小病"成"大病";还有地方假借生态建设名义,截引黄河生态用水造景、进行沙漠开发,大量挤占黄河生态用水,加剧黄河水资源供需矛盾,甚至可能引发新一轮的黄河断流危机。

步入 21 世纪,水短缺、水灾害、水污染和水生态恶化等流域水安全问题叠加,威胁着黄河的健康生命和黄河流域经济社会可持续发展。黄河水资源难以承载,水环境难以承受,人与自然难以和谐。2004 年黄河水利委员会提出了"维护黄河健康生命"是黄河治理与开发的最高目标,要彻底遏制当时黄河整体河情不断恶化的趋势,使之恢复到一条河流应有的健康标准。但是,想要扭转长期以来形成的黄河用水方式粗放、水资源短缺和用水浪费并存,生态脆弱和开发过度并存,污染治理和超标排放并存的局面,并非易事。

我们曾经低估了治黄的复杂和艰难。20 世纪 50 年代末,人们曾天真地认为,修建了大库容的三门峡水库,就可以"一库定天下",黄河防洪的问题就可以基本解决了,结果水库蓄水次年便发生了严重的泥沙淤积。黄河需要长期的综合治理,不可能一劳永逸。黄河治理的过程中,存在水资源供需失衡、洪水威胁、水体污染、生态环境恶化等一系列复杂问题,而这些问题牵涉到上中下游、区域之间各个方面的利益冲突,流域内战略性骨干工程、规划布局,全流域水资源的合理开发利用,水环境的有效保护等,协调的难度越来越大,亟需建立起更加权威、高效、统一的流域管理体制,从而保证流域水资源的可持续利用和经济社会的可持续发展。

2010 年 12 月 31 日,中共中央和国务院发布的《中共中央、国务院关于加快水利改革发展的决定》指出,水是生命之源、生产之要、生态之基。要坚持人水和谐,顺应自然规律和社会发展规律,合理开发、优化配置、全面节约、有效保护水资源。人水和谐理念的提出,为新时期构建新的治黄理念,形成新的治黄方略,指明了正确的方向,拓展了治黄方略研究的视野。2012 年中国共产党第十八次全国代表大会提出中国特色社会主义事业"五位一体"总体布局,把生态文明建设放到更加突出的位置,强调要实现科学发展,转变经济发展方式。2014 年 3 月 14 日,习近平"节水优先、空间均衡、系统治理、两手发力"治水新思路的提出,为黄河治理思路的新发展指明了正确的方向。2016 年 7 月 20 日,习近平在宁夏考察工作时指出,"沿岸各省区都要自觉承担起保护黄河的重要责任,坚决杜绝污染黄河行为,让母亲河永远健康"。习近平的讲话，对于探索黄河生态文明建设、改善流域整体水生态环境、提高水安全保障能力具有指导意义。

黄河水利委员会紧扣时代脉搏，以习近平新时代中国特色社会主义思想为指导，根据十八大"五位一体"的战略总体布局，十九大"坚持人与自然和谐共生和坚持总体国家安全观"的基本方略，用建设"美丽中国"的新理念，不断丰富完善治黄思路，形成了"维护黄河健康生命、促进流域人水和谐"的治黄思路。在这一治黄思路的指导下，黄河水利委员会积极开展黄河治理工作，在防洪安全、供水安全、生态安全和推进黄河流域水土保持及黄河治理现代化等方面取得了很大成绩。

2019年9月18日上午，中共中央总书记、国家主席、中央军委主席习近平在郑州主持召开黄河流域生态保护和高质量发展座谈会并发表重要讲话。他强调，"要坚持绿水青山就是金山银山的理念，坚持生态优先、绿色发展，以水而定、量水而行，因地制宜、分类施策，上下游、干支流、左右岸统筹谋划，共同抓好大保护，协同推进大治理，着力加强生态保护治理、保障黄河长治久安、促进全流域高质量发展、改善人民群众生活、保护传承弘扬黄河文化，让黄河成为造福人民的幸福河。"❶习近平的讲话，指明了今后黄河治理的方向，"重在保护，要在治理"。这必将推进新时代黄河治理进入一个阶段，即要全面加强黄河流域生态保护，坚持山水林田湖草生态空间一体化保护和环境污染协同治理。

新中国成立以来，中国共产党领导人民治理黄河的70年，既是一部不断认识黄河自然规律、把握规律的治水实践史，又是一部坚韧不拔、自强不息的民族奋斗史。治理黄河，实质上是人类为了求生存、求发展与自然进行的抗争，必须动用千百万人的力量。在中国共产党的领导下，广大人民群众积极参与、无私奉献是黄河安澜的基础，也是区别于历朝历代治理黄河的显著特点。水利部前部长钱正英同志在谈到治黄的成就时说，这份伟大成绩的取得是因为我们有一个伟大的工程

---

❶《习近平在河南主持召开黄河流域生态保护和高质量发展座谈会时强调　共同抓好大保护　协同推进大治理　让黄河成为造福人民的幸福河　韩正出席并讲话》，黄河网，http://www.yrcc.gov.cn/xwzx/hhyw/201909/t20190919_207779.html，2019年09月19日。

师,那就是中国共产党;我们有一个伟大的治河英雄,那就是有觉悟、有组织的人民群众。70年的光辉历程深刻揭示了只有在党的领导下,坚持发挥中国特色社会主义制度的巨大优越性,才能真正实现"黄河宁、天下平"的美好愿望。成就来之不易,经验弥足珍贵,我们要深入总结,不断传承发扬。然而,专门以当代中国治黄方略为视角,在新中国成立70年来波澜壮阔的治黄历史背景中,全面梳理总结中国共产党与时俱进,艰辛探索治黄方略并付诸实践的历史著作还没有。铭记历史的最好方法就是记述历史,为了总结新中国成立70年来治理黄河方略与实践的经验教训,笔者以时间为线索采用著述的方式梳理这段历史。

　　本书把新中国治理黄河方略的演变,放在新中国70年历史发展的宏观背景下,进行分析研究,探讨不同历史时期新中国治理黄河的方略。全书共分十章,第一章为绪论,主要从本书写作的选题意义、文献综述、研究方法和研究概念的界定等几个方面进行了阐述。第二章为新中国成立前历代治理黄河方略的述评。从第三章到第九章,通过对新中国成立以来70年治黄方略与实施的历史进行梳理分析,从中认识到:新中国成立初期的黄河治理处在起步探索阶段,辉煌与误区同在,是这个时期治黄历史的突出特点。"大跃进"时期的黄河治理处于试错阶段,既取得了很大成功,也存在很多失误。国民经济调整时期的黄河治理处于纠错阶段,在纠正"大跃进"时期错误的基础上,黄河治理取得了很大成绩。"文化大革命"时期的黄河治理,处于曲折发展阶段,虽然取得了一定成就,但极"左"路线造成的危害极大,教训深刻。1978年到1991年的改革开放初期,开创了黄河治理的新局面,黄河治理重新走上了有序发展的轨道。但改革开放初期,国家在黄河治理过程中,强调经济效益,过度开发黄河水资源引起断流加剧,给黄河治理带来新挑战。在1992年至2011年的20年中,社会主义市场经济条件下的黄河治理更加成熟,形成了"维护黄河健康生命"的治黄新理念,提出了"调水调沙"的治黄方略并予以实施,使黄河治理由单方面对抗治理,转变为"人水和谐"的治理;但"水少沙多,水沙关系不协调"的问题日益突出,黄河治理的任务依然任重而道远。十八大以来,黄河水利委员会用建设"美丽中国"的新理念,不断丰富完善治黄思路,形成了

"维护黄河健康生命,促进流域人水和谐"的治黄思路,积极开展黄河治理工作,确保了防洪安全、供水安全和生态安全,推进了水土保持和黄河治理现代化,取得了很大成绩。第十章为当代中国治理黄河的成就、不足与发展方向。新中国70年不同时期治黄方略的实施,使当代中国黄河治理取得了巨大的成绩,支撑了经济社会的不断发展。但黄河治理是世界级难题,水少沙多,水沙关系不协调的问题依然存在,当代中国治理黄河的方略还需要在未来治理黄河的实践中不断发展。

本书的出版得到了岭南师范学院历史学科经费的资助,得到了岭南师范学院人文社科研究专项项目(ZW1904)资助,在编写过程中还引用了大量的参考文献。在此,谨向为本书出版提供支持的单位和参考文献的原作者表示衷心感谢!由于作者水平有限,书中存在的不妥之处,敬请读者朋友批评指正。

作 者

2019 年 7 月

目 录

【第一章】

绪 论

一、选题意义

"黄河平,天下宁",黄河是中华民族的母亲河,也是一条多淤、多决、多徙的河流。历史上"三年两决口,百年一改道",曾给沿岸人民带来一次又一次的灾难。20世纪70年代前,"决口"是一把悬剑,水灾害威胁着人民生命财产安全。20世纪70年代黄河开始出现断流现象,进入20世纪90年代以后,黄河面临污染和断流的双重压力。1997年中国环境状况公报显示,黄河66.7%的河段为Ⅳ类水质。主要污染指标为氨氮、挥发酚、高锰酸盐指数和生化需氧量。污染的加剧,侵害着母亲河的健康肌体。步入21世纪,"断流""决口""水污染和水生态恶化"等叠加,水短缺、水灾害、水环境、水生态等流域水安全问题,威胁着黄河的健康生命和黄河流域经济社会可持续发展。笔者生长在黄河流域,每次来到黄河岸边,除了雨量充盈的汛期,映入眼帘的是宽大的河床、窄窄的流水,污浊而臭气熏天的工厂和城市污水,通过多条或明或暗的排污通道注入黄河。看到母亲河这个样子,人们心情沉重,思绪万千。站在人类文明延续的角度,我们没有理由因为今天的幸福而遏制明天的发展。苍老的母亲河如同新生的婴儿,同样需要细心的照料与呵护。人们开始思考要呵护黄河,需要在总结当代中国治理黄河经验教训的基础上,更新治黄理念,探寻新的治黄方略。

黄河水少沙多,水沙关系不协调,是一条多淤、多决、多徙的河流。当代中国黄河治理是一个长期的、复杂的、艰巨的历史过程,需要在治黄实践中把握黄河运行规律,不断创新,实现由"必然"到"自由"的飞跃。通过对当代中国治理黄河方略与实施的研究,可以认识到黄河治理方略是在不断实践、研究和总结经验、教训的发展过程中逐步形成的,先是下游河道,然后向黄河上中游扩展。但黄河泥沙问题毕竟是世界级难题,需要不断地创新治理黄河理念。只有深入研究治理黄河方略的历史,从中借鉴正确的经验,吸取错误的教训,才能顺应黄河水情的变化,创新治理黄河理念,形成新的治理黄河方略,最终实现治理黄河理论从"必然"到"自由"的飞跃。

新中国成立以来,黄河水情经历了从"决口"到"断流"与污染并存,再到"断流""决口""水污染和水生态恶化"等叠加的变迁过程。为了战胜水患,服务于经济社会发展的需要,中国共产党秉承以民为本的宗旨,治理黄河初期抱着"人定胜天"的精神,采用"蓄水拦沙"方略开始全面治理黄河,使桀骜不驯的黄河岁岁安澜,实现了兴利除害,促进经济社会发展的目的。但是,传统的"人定胜天"的对抗治理理念,片面强调治水而忽视或有意回避对人类活动的治理,对河流健康造成了伤害。进入21世纪,面对水短缺、水灾害、水环境和水生态恶化等流域水安全问题,传统的"人定胜天"的对抗治理理念显得苍白无力。怎样才能维护黄河的健康生命,保持黄河流域经济社会可持续发展呢?只有从历史的视角深入分析当代中国治理黄河方略与实施的历程,才能继往开来找到治理黄河的法宝。人水和谐的理念主张人和水的关系达到一个协调的状态,以有限的水资源为经济社会的可持续发展提供久远的支撑,引导着治理黄河实践的发展。为了解决黄河断流问题,从1999年开始按照国务院批复的全河水资源配置方案,实施全河水资源统一调度,解决了黄河"断流"问题,逐步走向"人水和谐"的治河理念。

实践永无止境,理论探索也永无止境。2012年11月,党的十八大从新的历史起点出发,做出"大力推进生态文明建设"的战略决策。建设生态文明是关系人民福祉、关乎民族未来的大计,是实现中华民族伟大复兴中国梦的重要内容。推进生态文明建设,全面建设和谐社会,把中国的治水实践推进到人水和谐的新阶段。人水和谐从抽象的哲学概念,转变为科学治水生动实践和可持续发展的新境界。2019 年 9 月 18日上午,中共中央总书记、国家主席、中央军委主席习近平在郑州主持召开黄河流域生态保护和高质量发展座谈会并发表重要讲话。他强调,黄河流域是我国重要的生态屏障和经济地带,是打赢脱贫攻坚战的重要区域,在我国经济社会发展和生态安全方面具有十分重要的地位。保护黄河是事关中华民族伟大复兴和永续发展的千秋大计。黄河流域生态保护和高质量发展,同京津冀协同发展、长江经济带发展、粤港澳大湾区建设、长三角一体化发展一样,都是重大国家战略。加强黄河治理保护,推动黄河流域高质量发展,积极支持流域省(区)打赢脱贫攻坚战,解决好流域人民群众特别是少数民族群众关心的防洪安全、饮水安全、生态安全等问题,对维护社会稳定、促进民族团结具有重要意义。这不仅为黄河流域经济发展提供了重要遵循,也为黄河治理保护指明了方向。推进黄河治理保护,需要先进理论的指导,深入研究当代中国治理黄河方略与实施的历史,探索治理黄河新理念显得尤为迫切。在这样的情况下,当代中国治理黄河方略与实施的历史研究,有助于创新治理黄河理念,具有现实意义。

二、文献综述

(一)国内研究现状

"治国必先治水"。新中国成立以来,面对黄河频繁发生的严重水旱灾害,党和国家领导人民开展了气壮山河的人民治黄事业,取得了辉煌成就。为了实现根治黄河的目的,在 70 年人民治黄的实践中,国内治理黄河的专家和学者在研究前人治黄方略的基础上,及时总结治理黄河的经验教训,不断创新治黄方略,留下了许多宝贵的关于治黄方略方面的著作和论文。但是,把新中国治理黄河方略的演变作为研究对象,专门论述的著作和论文还没有出现,关于新中国治理黄河方略的研究,主要集中于治理黄河的专题性著作和论文,或者散见于涉及治理黄河的水利史著作之中。

对新中国治理黄河方略的研究，从20世纪50年代即开始。1955年7月30日，第一届全国代表大会第二次会议，通过了《关于根治黄河水害和开发黄河水利的综合规划》。在这个规划的指引下，人民治黄事业从此进入一个全面治理，综合开发的历史新阶段。当时，一些亲身参与人民治黄事业的专家学者，通过著述积极介绍《关于根治黄河水害和开发黄河水利的综合规划》并探讨根治黄河的问题。其中，李锐的《黄河的治理和开发》（中华全国科学技术普及协会，1956年）和程学敏的《改造黄河的第一步》（电力工业出版社，1956年），说明了黄河规划中的远景计划和第一期工程计划，以及黄河的梯级开发方案。谈到了如何解决黄河问题，全面而正确地解决黄河的防洪、发电、航运、城市和工业用水等任务。这些以介绍规划为主的论著，尽管还谈不上是严格意义上的学术论著，但为后人研究新中国治理黄河方略的演变提供了难得的文献资料。

1956年以后的二十多年，由于政治因素等原因，关于新中国治理黄河方略的研究较少。1978年以后，改革开放使人民治黄事业迎来了发展的春天，为新中国治理黄河方略的研究创造了契机。这一时期关于新中国治理黄河方略研究，主要是通过梳理历代治黄方略，总结历代治黄的经验教训，探讨新时期治黄方略。如水利部黄河水利委员会《黄河水利史述要》编写组编辑出版的《黄河水利史述要》（水利出版社，1984年），水利电力部黄河水利委员会治黄研究组编辑出版的《黄河的治理与开发》（上海教育出版社，1984年），中国水利学会水利史研究会编辑出版的《黄河水利史论丛》（陕西科学技术出版社，1987年），黄河水利委员会黄河志总编辑室编辑出版的《历代治黄文选》（河南人民出版社，1988年）。除关于历代治理黄河的专题性著作之外，还有涉及治理黄河的水利史著作，如水利水电科学研究院《中国水利史稿》编写组编辑出版的《中国水利史稿》（水利电力出版社，1979年），姚汉源著的《中国水利史纲要》（水利电力出版社，1987年）。这些著述试图用辩证唯物主义和历史唯物主义的观点，系统地研究历代治黄的经验教训和治黄方针，有助于和新中国治理黄河方略作对比研究。但这些著述偏重于新中国成立以前历代治黄方略的梳理，尚处于资料整理阶段，还算不上真正意义上的新中国治理黄河方略研究。这一时期针对新中国治理黄河方略的研究不多，主要有王化云著的《我的治河实践》（河南科学技术出版社，1989年），书中王化云总结了他40年治理黄河的实践经验。以回顾亲身经历为主，采用叙述性方式的论著，还算不上真正意义上的学术论著，但给后人留下了关于新中国治理黄河方略的宝贵的文献资料。论文有戴英生的《黄河泥沙问题与下游防洪的战略对策》（《人民黄河》，1988年01期），此文认为在制定河防战略对策时，应当在上、中、下游采取综合措施，全面规划治理，才有可能确保下游防洪安全。

进入20世纪90年代，黄河面临污染和断流的双重压力，黄河水情的变迁使人民治黄事业面临新问题。同时1998年长江和松花江大洪水的出现，大江大河的治理再次成为学者关注的热点。这一切，引起了治黄专家和学者对黄河治理理念和方略的再思考，使新中国治理黄河方略的研究方兴未艾。这一时期，虽然新中国成立以前历代治黄方略的研究还在继续，但是研究的重心已转移到新中国治理黄河方略的研究。其中，新中国成立以前历代治黄方略的相关研究有张汝翼的《历代治黄方略简介（六）》（《中国水利》，1991年05期），郑肇经编的《中国水利史》（商务印书馆，1998年），河南省地方史志编纂委员会编辑出版的《河南省志（27卷）》《水利志》（河南人民出版社，1994年），吴宏爱的《略论周馥的治河思想与实践》（《历史教学》，1994年10期），顾浩主编的《中国治水史鉴》（中国水利水电出版社，1997年），张芳的《明清时期有关水土保持治理黄河的理论》（《中国水土保持》，1998年01期），史念海著的《黄河流域诸河流的演变与治理》（陕西人民出版社，1999年）。这些论著开始从人物治黄、水土保持和黄河流域诸河流等视角，探讨历代黄河治理经验教训，拓展了历代黄河治理方略的研究范围，留下了有益的历史资料。但这些研究针对的是新中国成立以前的治理黄河方略的研究，还不能称之为新中国治理黄河方略的学术研究。

半个世纪人民治黄事业的实践，留下了许多宝贵的经验教训，20

世纪 90 年代许多总结人民治黄事业的论著开始涌现。这些论著采用多种方式记述人民治黄事业。其中有以志书形式对治黄实践加以整理的。如水利部黄河水利委员会勘测规划设计院编辑出版的《黄河志·卷六·黄河规划志》（河南人民出版社，1991 年），本志主要记述历代治河方略和中华人民共和国成立后的多次重大规划、专项研究及其主要内容。黄河水利委员会黄河中游治理局编辑出版的《黄河志·卷八·黄河水土保持志》（河南人民出版社，1993 年），记录了有史料记载以来至 1989 年黄河流域水土保持的历史与现状及其经验与问题。也有采用对治黄人物事迹的回顾和文集的整理方式，记述人民治黄事业。如曹应旺著的《周恩来与治水》（中央文献出版社，1991 年），书中含有周恩来治理黄河的内容。徐福龄著的《河防笔谈》（河南人民出版社，1993 年），本书精选作者数十年治河论著 36 篇，内容涉及黄河下游河道演变、治理方策、历史洪水、抢险堵口、河道整治、河防建议、调查研究、沁河防治、治河名人等 9 个方面。黄河水利委员会编辑出版的《王化云治河文集》（黄河水利出版社，1997 年），本书汇编了王化云 40 余年有关治河的文章和讲稿。还有通过论文认识治黄人物的治河思想的。如蔡铁山的《浅谈王化云同志的治河方略》（《中国水利》，1998 年 12 期），文中指出，王化云的水沙平衡和冲淤平衡论，是对黄河水沙规律和治理认识上的一大发展，先后提出"蓄水拦沙"的处理泥沙和利用水资源重大措施和"上拦下排、两岸分滞"的处理洪水方针。张雁、罗建全的《从古今治河方略的发展历程看王化云治黄方略的地位》（《治黄科技信息》，1999 年 05 期）一文认为王化云的贡献在于，他认为黄河的症结不仅在于泥沙太多，更在于水沙不平衡，水和泥沙，水是主要的。因此治理黄河的最终目的，不是为了黄河清，而是为了实现水沙平衡和冲淤平衡。这些总结人民治黄事业的论著，为后人的研究提供了大量的新中国治理黄河方略的研究资料。但这些论著描述性占主导，争论性不足，学术价值值得商榷。

20 世纪 90 年代，面对"断流""悬河""污染"并存的黄河水情，学者们积极建言献策，凝结成了一些论著和众多有代表性的论文。面对黄河水情的变化，大多学者主张采用综合治理方略解决黄河问题。如胡平、苏成章的《关于根治黄河、繁荣北国的战略探讨》(《科学技术与辩证法》,1991年02期)一文认为,以往采取堵治之法,并提出保证百年无虞是不科学的,须以系统工程方法解决黄河与水资源问题。赵得秀著的《治河初探》(西北工业大学出版社,1996年),书中提出了黄河下游治理的三种策略:一为在下游大面积引黄放淤,充分利用黄河水沙资源;二为南水北调,引清刷黄,废弃悬河,重建新黄河;三为利用黄河下游悬河,进行南水北调,控制悬河上升。刘思忆、徐名居的《当代黄河治理大业中的观念变革问题》(《科技导报》,1997年01期)文中指出,当代黄河治理工作中的观念变革,涉及治河与用河、战略与战术以及下游河道单纯防洪与流域多目标开发等三对基本矛盾关系,都是值得认真考虑的重大、全局性治河问题。袁隆、蔡琳的《论黄河防洪长治久安之策》(《人民黄河》,1997年08期)一文在分析历代治黄策略的基础上,论述了当前和今后应采取的治理方针。认为近期采取"拦、调、排、放"的综合治理措施,保持稳定下游现行河道,争取较长期的防洪安澜是可能的。梁吉义的《解决黄河断流问题的系统整体方略》(《中国软科学》,1999年09期)一文用系统整体论的观点,把黄河视为一个系统,论述了黄河系统的内涵、特点及可持续利用的系统整体观;提出了整治黄河、解决黄河断流、实现黄河水可持续利用的三条应战方略。也有主张用科技工程手段治理,如李殿魁的《关于黄河治理与滩区经济发展的对策研究》(《山东经济战略研究》,1997年05期)一文中指出,用科技工程手段根治黄患,改造大自然、优化自然基础条件、推动现代化建设。还有主张遵循生态环境地质规律治理黄河。如王文学的《根治黄河水患的战略思考——来自黄土高原的调研报告》(《中国水土保持》,1997年08期)一文指出,黄土高原的治理开发,既是治理黄河水害的根本大计,也是振兴黄河流域的重大战略。林景星《清水出,黄河宁——谈用生态环境地质规律根治黄河》(《科技潮》,1999年12期)一文指出用生态环境地质规律根治黄河。这些代表性的论文,发展了治黄方略,具有积极意义。但这些研究多从一个角度论述治黄方略,缺乏对新中国成立后治黄方略的整体把握。

进入21世纪,水短缺、水灾害、水环境、水生态等流域水安全问题,威胁着黄河的健康生命和黄河流域经济社会可持续发展。如何维系母亲河的健康生命,促进黄河流域经济的可持续发展,成为关注的焦点。专家学者们研究热情高涨,从不同角度对新时期治理黄河提出了建议,成果丰厚。重新认识并解决黄河水沙、泥沙问题,成为新时期治黄专家学者治理黄河方略的突破口,着墨较多。其中,杨振怀的《黄河治理方略的若干思考》(《人民黄河》,2000 年 01 期)指出,需要在建设节水型社会以缓解水资源紧缺的同时,坚持水沙兼治的综合道路,通过水土保持这一治黄之本,将工程措施和生态措施相结合,因地制宜,综合治理,争取达到黄河冲淤基本平衡。李殿魁的《论现代黄河的根治和发展》(《中国人口·资源与环境》,2010 年 08 期)认为,人民治黄 60 多年未能抓住黄河水少沙多的主要矛盾,发挥我国地理优势,采取切实有效措施为黄河增水,从而造成了严重后果,大大降低了黄河在国家的应有地位,在国家区域经济协调发展规划中被边缘化。白楚荣的《论黄河与黄土高原的治理》(陕西人民出版社,2010 年)指出,黄河为害的根本症结是泥沙问题。黄河不需要变得很清,通过以生物措施为主体的水土保持配合水沙调节技术,实现有效的控制,对黄河而言也许就是治本的唯一途径。王渭泾的《黄河下游治理探讨》(黄河水利出版社,2011年)提出泥沙资源化,开拓输沙入海的新途径。从人水和谐的角度,维护黄河健康生命,治理黄河成为李国英论著的重点。李国英的《治水辩证法》(《中国水利》,2001 年 04 期)、《治理黄河思辨与践行》(水利水电出版社,2003 年)、《落实科学发展观 践行治水新思路 维持黄河健康生命》(《中国水利》,2004 年 24 期)和《维持黄河健康生命》(黄河水利出版社,2005 年)提出,当代乃至将来的治水实践必须遵循唯物辩证法,黄河治理的终极目标是维持黄河健康生命,以及建立"1493"治河体系的必要性。从人水和谐的角度出发,生态治水成为时代的呼声,其中陈霁巍、穆兴民的《黄河断流的态势、成因与科学对策》(《自然资源学报》,2000 年 01 期)认为,断流是人类活动所致,是人类对黄河水土资源过度利用的结果。为了缓解黄河断流,必须调整产业结构,切实提高水资源有效利用率;加强水土保持,增加生态用水量,改善生态环境。赵春明的《中国治水方略的回顾与前瞻》(中国水利水电出版社,2005年)该书以求是态度揭示洪水灾害问题,并从前人的自然观汲取科学养分,阐述的"灾害具有自然属性和社会属性,即双重属性"的概念,对于治理黄河战略研究有较大影响。陈阿江的《论人水和谐》[《河海大学学报(哲学社会科学版)》,2008年04期]认为,"人水和谐"为人与水互动的良性循环。重视当代中国的现代性特征及生态知识,是实现由"人水不谐"向"人水和谐"转型的认知前提。陈小江的《坚持治河为民　促进人水和谐　推动治黄事业全面协调发展》(《中国水利》,2013年24期)认为,坚持治河为民,促进人水和谐,努力使治黄顶层设计同国家主体功能区战略相衔接,同全面建成小康社会新要求相适应,与加快水生态文明建设相协调。依法治水引起了学者的关注,于红朝、卞世忠、郭芳、楚景记的《依法治水实现黄河水资源的可持续开发》(《治黄科技信息》,2001年06期)认为,实现黄河水资源的可持续开发利用,最有效的手段就是加大依法治水的力度,依靠国家强制力作后盾,建立完善合理和运行有力的黄河水资源管理机制。科技治水继续发展,李殿魁的《科技治黄的历史分期》(《春秋》,2003年03期)认为,鉴史而知今,认真研究中国人民科技兴水、治黄的历史分期,正确确定和把握当代科技治水、治黄的发展方向,对于加快根除黄患的历史进程意义重大。而水利部黄河水利委员会编辑出版的《黄河下游治理方略专家论坛》(黄河水利出版社,2004年)汇集了黄河下游治河方略的演变历史和当时关于黄河下游治理方略的不同观点,影响较大。

为了探寻治理黄河的良策,除了学者们积极建言献策外,对历代治黄和人民治黄经验的梳理和再认识,为当今治理黄河提供借鉴的编研工作也如火如荼地进行着。其中,对历代治黄经验的梳理和再认识的论著有霍有光的《清代综合治理黄河下游水患的常用策略与方法》(《灾害学》,2000年01期),认为清代"以水治水"的科学治河策略与方法值得借鉴。李景旺的《历史上的黄河治理》(《商丘师范学院学报》,2002年03期)认为通过总结历代治黄经验教训,治理黄河应从全局利益出发,防洪与利用并举,应注意生态平衡。汪志国、丁晓蕾的《周馥与山东黄河的治理》(《池州学院学报》,2003年06期)认为周馥根据黄河水性制订切实可行的治水方案,值得借鉴。邹逸麟的《明代治理黄运思想的变迁及其背景——读明代三部治河书体会》[陕西师范大学学报(哲学社会科学版),2004年05期]认为从明代三部治河书中可以看出,从治水防洪、治河通运——河运合一、以河治河——筑堤束水、以水攻沙的变化,是我国治黄史上治河思想的转折时期。贾国静的《"治河即所以保漕?"——清代黄河治理的政治意蕴探析》(《历史研究》,2018年05期)一文指出,作为清代最具雄心的工程之一,黄河治理不只是水利工程,更成为关涉甚重的国家政治工程,彰显着清代的政治文化传统。中国水利水电科学研究院水利史研究室编辑出版的《中华治水典籍备要——再续行水金鉴(黄河卷)》(湖北人民出版社,2004年),书中记述了黄河的自然情况和治理历史。对于研究今天的治河问题,了解黄河变迁规律和制定防洪规划,具有重要的参考价值。马红丽的《靳辅治河研究》(《广西师范大学》,2007年硕士毕业论文)一文从靳辅治河入手,分析清一代河患长期得不到治理的人为因素,以期对当今水利建设,"人、水"和社会的和谐发展有所启示。陈陆的《潘季驯:明代河工第一人》(《中国三峡》,2012年02期)认为潘季驯的"筑堤防溢、以堤束水、以水攻沙、以清刷黄"的治黄方略,有着高度的智慧与创造。宋东军的《浅谈李仪祉治水思想给予我们的启示》(《河南水利与南水北调》,2012年15期)认为李仪祉首倡将西方先进水利科学技术运用于我国大江大河的治理研究,倡导科学治水。王美艳《李仪祉治理黄河理论及实践述评》(《河北师范大学》,2012年硕士毕业论文)认为李仪祉的综合治理黄河理论具有科学性、实践性、创新性、综合性、传承性等特色,对我国现在水利事业的发展以及环境治理事业有指导性意义。张含英著的《治河论丛》(黄河水利出版社,2013年)书中汇编了张含英1936年以前的治河文章,有借鉴意义。张军《明正统至嘉靖年间的黄河治理及南北漕运的保障》(《华中师范大学》,2013年博士毕业论文)文中对明正统至嘉靖年间政府在治理黄河及保障南北漕运上所存在的问题进行了分析,对今人认识与治理黄河、利用南北运河有所启示。中国水利史典编委会编辑出版的《中国水利史典(黄河卷1)》(中国水利水电出版社,2015年)书中有《河防通议》《治河图略》《治河总考》《治河通考》《治水筌蹄》和《河防考》等典籍,阐述了治水防灾的方略,有重要借鉴意义。中国水利史典编委会编辑出版的《中国水利史典(黄河卷2)》(中国水利水电出版社,2015年)书中有《河防刍议》《河防疏略》《治河方略》和《防河奏议》等单元。对黄河的治理策略进行了总结,丰富了治河理论。裴永亮的《明嘉靖至万历时期治黄方略初探》(《浙江水利水电学院学报》,2015年03期)认为明中后期"束水攻沙"等治黄方略,在当时用于治黄实践,收到了一定效果。这一时期,对于历代治黄经验的梳理,不仅有论著还有硕博毕业论文,可见学者们研究成果多,热情颇高。但这些针对历代治黄经验梳理的研究,除相关论文外,大多属于资料整理性质,学术争论性不强。

对人民治黄经验的梳理和再认识的论著有钱正英著的《钱正英水利文选》(中国水利水电出版社,2000年)书中选登了钱正英1979年以来的重要讲话和文章,记录了我国改革开放20年来水利工作的发展足迹,反映了钱正英治水观的不断升华。包锡成的《评述王化云的治河思想》(《人民黄河》,2001年02期)认为王化云注意研究历代治河方略,开展调查研究,从实践中认识黄河,从而在不同时期提出了不同的治河方案。高峻的《新中国治水事业的起步(1949—1957)》(《福建师范大学》,2003年博士毕业论文)文中有关于新中国初期治理黄河战略与决策形成的背景、历程,对存在的问题和历史教训的剖析,有借鉴意义。郭国顺的《黄河:1946—2006(纪念人民治理黄河60年专稿)》(黄河水利出版社,2006年)一书记述了治黄方略的历史沿革及现代治理理念的形成。袁隆的《治水六十年》(黄河水利出版社,2006年)总结了袁隆几十年从事治河、治水工作的实践经验,具有重要的学习和参考价值。水利部黄河水利委员会编辑出版的《人民治理黄河六十年》(黄河水利出版社,2006年)是一部以断代史体例系统反映人民治理黄河历程的历史文献。王渭泾著《历览长河——黄河治理及其方略演变》(黄河水利出版社,2009年)本书列举了历史上不同时期主要的治河方略,分析了它们成败得失的原因,回顾了人民治黄方略的演进和发展。河南大学黄河文明与可持续发展研究中心编辑出版的《黄河开发与治理60年》(科学出版社,2009年)书中记述了历代黄河治理方略和新中国治黄方略的发展。林一山著的《林一山治水文集(上下卷)》(长江出版社,2011年)书中林一山治黄方略见解独到。高峻的《中国当代治水史论探》(福建人民出版社,2012年)内容含有周恩来、江泽民与黄河的治理及王化云治黄;1958年抗御黄河大洪水的决策机制和组织体制探略等,有借鉴意义。张含英的《治河论丛续篇》(黄河水利出版社,2013年)汇集了水利专家张含英从1947年至1990年所发表的有关黄河方面文章,对研究新中国治水方略有重要的参考价值。王瑞芳的《"大跃进"运动前后"三主"治水方针的形成与调整》(《当代中国史研究》,2013年01期)文中指出,"大跃进"运动前后治水方针的形成与调整,既体现了党和政府坚持贯彻群众路线和实事求是的工作方法,也体现了党和政府正视现实、勇于创新的进取精神。王瑞芳的《当代中国水利史(1949—2011)》(中国社会科学出版社,2014年)从江河治理和农田水利建设两个基本维度,揭示了新中国治水方针的转变及由此带来的水利建设重心的转移,清晰地勾画出当代中国水利建设发展的历史轨迹。全书具有较强的实证性和创新意识,提出了许多新观点,具有历史借鉴价值和现实意义。曾磊磊的《动员与效能:1946—1947年中共黄河复堤运动》(《青海社会科学》,2015年06期)认为1946—1947年的复堤运动,反映了运动式治水方式的效用和内在限度。洪亮的《钱宁与黄河治水治沙研究》(《福建师范大学》,2015年硕士毕业论文)文中对钱宁在黄河治水治沙作了一个较为详细的再现和总结,并从钱宁自身的学识、品行和工作方法等方面出发对其取得成就的原因进行分析,对治黄史研究提供一些有益的借鉴。胡春宏的《黄河水沙变化与治理方略研究》(《水力发电学报》,2016年10期)一文在黄河治理历史回顾的基础上,分析了近几十年来黄河水沙变化及河道冲淤演变特征,针对黄河水沙大幅减少、河道淤积萎缩、"二级悬河"加剧、滩区发展与治河矛盾日益突出等问题,明确了新水沙条件下黄河治理的总体思路,提出了黄河治理方略"调控水沙关系、改造下游河道",以及相应采取的治理措施"建设黄河水沙调控体系、塑造与维持黄河基本的输水输沙通道、中游降低潼关高程、下游改造河道、河口相对稳定流路"。论文试图为黄河综合治理、长治久安提供科技支撑。郭书林、王瑞芳的《从治标到治本:新中国成立初期的黄河治理》(《兰州学刊》,2017年

03 期)指出,黄河治理是新中国成立初期事关安民兴邦的大事。从 1950 年春开始,黄河水利委员会和人民政府在"兴利除害,分步治理"的治黄思想指导下,先后组织开展了两个时期黄河治理工作,有目的、有步骤地对黄河流域进行综合治理。治黄工作经历从以黄河下游为中心的治标,到以黄河中游为中心的治本的过程,不仅加固了堤防工程,有效遏制了黄河水患,兴办了引黄灌溉工程,为灌溉华北平原开辟了道路;而且制定了全流域、多目标的流域规划,开展了水土保持的试验推广工作。新中国初期的黄河治理取得了巨大成就,也留下了值得汲取的教训。对人民治黄经验的梳理和再认识的论著,为新中国治理黄河方略的研究提供了重要的资料,相关硕、博论文拓展了新中国治理黄河方略的研究视角。但这些论著缺乏对新中国治理黄河方略专题研究,研究不够深入。

总之,进入 21 世纪,面对黄河水短缺、水灾害、水环境、水生态等流域水安全问题,治黄专家和学者从不同角度分析黄河水安全问题的成因,积极建言献策,丰富并发展了新中国治黄方略,特别是从人水和谐的角度,重新认识黄河,并提出相应治黄措施,成为学者的共识。对历代治黄和人民治黄经验的梳理和再认识的论著,为新中国治理黄河方略的研究,提供了丰富的史料。但是,针对新中国治黄方略演变的专题研究,还没有引起学者们足够的重视。

综上所述,新中国治理黄河方略的研究,随着黄河水情的变化和时代变迁,研究的范围不断拓展,研究视角不断多样化,研究越来越深入,成果丰厚,为后人的研究提供了丰富的资料。但这些研究缺乏新中国治理黄河方略演变的专题性研究,客观上为笔者的研究留下了空间。

(二)国外研究现状

国外关于新中国治理黄河方略的研究,起步较晚,著述不多,但近年来,研究逐渐增多,研究的范围逐渐扩大,研究视角新颖,对新中国治理黄河方略的研究有所裨益。

首先,国外一些治水理念值得关注。P·麦卡利著,周红云译的《大坝经济学》(中国发展出版社,2005 年)书中从宏观的角度分析了江河与人类的关系、大坝对环境的影响和大坝对人类的影响,客观地评述了大坝对生态环境和人类生存环境的影响。伊懋可(Mark Elvin)著,梅雪芹等译的《大象的退却:一部中国环境史》(江苏人民出版社,2014年)书中讲述了中国4 000年来的经济、社会、政治制度、观念、知识和表达方式,与所在的自然环境中的气候、土壤、水、植物、动物之间既互利共生又竞争冲突的漫长历史故事。这三部著作从河川平衡、人水关系、人与自然和谐相处的角度,阐明了治水目的,值得借鉴。

其次,有关黄河治理的评述给后人研究以启示。Jane Kate Leonard的《Controlling from Afar:The Daoguang Emperor's Management of the Grand Canal Crisis,1824—1826》(Centre for Chinese Studies Publications,1996年)书中分析了19世纪20年代的运河淤塞危机。通过图例详细解释清代河防技术,论述了道光帝与地方官员在应对运河危机时的协作。Randall A. Dodgen 的《Controlling the Dragon:Confucian Engineers and the Yellow River in Late Imperial China》(University of Hawaii Press,2001年)书中 Randall A. Dodgen 认为,将治理黄河的能力与朝代兴衰的表现联系起来是不合理的,黄河失治的主要原因不是腐败,而是技术与财政等方面的局限。清廷努力将黄河置于掌控之中,与此同时,河流的变动也随时引起政府财政开支的消长。Judith Shapiro 的《Mao's War Against Nature——Politics and the Environment in Revolutionary China》(Cambridge University Press,2001年)书中简要提及该工程引发的移民、上游河床淤积等社会和生态问题。(日)吉冈义信著,薛华译《宋代黄河史研究》(黄河水利出版社,2013年),书中含有宋代的黄河治水政策及欧阳修的黄河治水方策,对今天治理黄河有借鉴意义。Micah S. Muscolino 的《The Ecology of War in China——Henan Province,the Yellow River,and Beyond,1938—1950》(Cambridge University Press,2014年)该书从环境史角度研究中国抗日,关注1938年国民党军队对黄河进行的战略性改道及其对环境的影响。Pietz,David A. 的《The Yellow River:the Problem of Water in Modern China》(Harvard University Press,Cambridge,2015年)书中指出,华北的生态具有明显的边缘性和脆弱性。中国人的自然观是追求一个以人类为中心的生态平衡。在20世纪继续改变着这片土地上的生态系统。1949年之后中国的水利化运动和大坝建设,与长时期以来中国的"治水"传统,以及维持华北生态均衡的努力一脉相承。国外著述的作者,站在外国人的角度审视中国治理黄河时,难免有一定的偏颇性,但书中重视环境保护,注重人水和谐的观点值得学习。

三、写作困难与研究方法

(一)写作困难

写作中遇到的困难主要来自资料收集方面。由于本书研究的内容跨时段较长,所研究的内容较多,涉及面较宽,这无疑给收集、整理和阅读相关研究资料带来了较大的困难。目前,本书所收集的资料还不够充分。首先,当前档案管理较为严格,一手的档案资料收集起来较为困难。其次,现场考察和口述等实证分析资料,需要较长时间收集。最后,涉及黄河治理的文献资料较多,需要花一些时间,做有目的的鉴别和取舍。对此,本人到水利部黄河水利委员会档案馆收集第一手的档案资料,查阅并收集各级各类图书馆相关文献资料,利用中国社会科学院丰富的电子网络资源进一步扩大查找范围。与此同时,到水利部门和水利研究机构查证和收集现实资料,通过与治理黄河工作者交流、收集口述资料等,尽最大努力找足、找全相关的档案资料与学术研究文献及实证分析资料。同时,从研究目的出发,进一步深入分类、研读相关档案资料与文献,加以取舍。

其次是研究方法的选择和运用方面的问题。本书涉及历史学、经济学、社会学和水利学等多学科知识。研究中需要作者融会贯通各个学科知识,对笔者的学术功力和驾驭能力是一个巨大的考验,这些要求无疑增添了本书的研究难度,而在具体的分析研究过程中必然遭遇各种难以把握的问题,可能造成对原书结构框架及内容的进一步修正。为了解决这一问题,在本书的写作过程中我经常与相关水利史专家沟通交流,充分倾听各位专家的意见,对本书结构、框架、内容等进行精心构思、修改、完善,拓展研究思路,避免走弯路。我利用可能的机会拜访相关研究学者,吸收正确的建议。同时,在研究学者的指导下,正确使用史学研究方法,积极吸收、借鉴其他学科相关研究成果和研究方法。

(二)研究方法

本书以马克思主义唯物史观为指导思想,坚持"论从史出""史论结合"的原则,拟在掌握丰富的历史资料的基础上,按照历史发展脉络,通过"把握宏观发展,关注微观变化"的历史叙事手法进行写作,综合运用历史学、经济学、统计学、社会学的研究方法,全面展现经济社会发展和治水理念变迁影响下,当代中国治理黄河方略与实施的历程,揭示出两者之间的关系。具体的研究方法是:一是文献研究法。系统地收集相关的档案、文献、方志及政府工作报告等资料,对文献进行归纳分析,力争客观完整地呈现出新中国治理黄河方略历史变迁的图景。二是历史研究法。本研究主要按照历史发展脉络,研究新中国成立以来,历史发展的不同阶段,在经济社会发展和治水理念变迁影响下,新中国治理黄河方略的演变。三是跨学科研究法。综合运用历史学、经济学、社会学和统计学的方法,利用相关统计资料及实地调查资料,整体上对各个历史阶段当代中国治理黄河的方略及实施进行综合研究。

四、创新之处

首先,在选题方面,当代中国治理黄河方略与实施的专题研究比较薄弱,为笔者的著作预留了广阔的研究空间。本书把当代中国治理黄河方略及实施的研究,放在当代中国经济社会发展 70 年的历程中,注重经济社会发展、国家水利方针变迁和治理黄河方略演变的互动关系问题的探讨。注重对特定历史时期经济社会发展和国家水利方针变迁下,治理黄河方略演变的背景、实施和评价的分析研究,力图还原中国共产党领导人民治理黄河的历史,并给予客观评价。对当代中国治理黄河方略与实施的利弊得失作客观评价,在充分肯定当代中国治理黄河方略与实施成就的基础上,正视当代中国治理黄河方略中的某些失误和缺点,深刻总结当代中国治理黄河方略与实施的经验教训。

其次,在研究方法方面,本书坚持以唯物史观为学术研究的指导方针,坚持"论从史出"和"史论结合"的原则,到黄河水利委员会档案馆查阅档案,大量收集、整理和运用档案等第一手资料,配以当时的报刊文献来进行实证性研究,避免学术研究的空洞化倾向。研究中注重对跨学科理论知识的综合运用。本书研究中综合运用国史学、经济学、统计学、社会学、水利学等学科理论知识,试图改变单纯史学研究的局限性。

五、研究概念的界定

当代中国治理黄河方略是指当代国家治理黄河的流域机构,按照中共中央和中央政府在不同时期制定的水利建设方针,结合黄河的实际,在当代治理黄河工作中,提出的业务指导方针和策略。当代中国治理黄河的业务工作包括防洪减淤、水土保持和水资源的开发利用,因而本书所探讨的治黄方略不是单指下游河道治理方略,而是涵盖防洪减淤、水土保持和水资源的开发利用等三个方面的相关方针及策略。防洪减淤事关安危,贯穿于当代中国治理黄河的始终,是治理黄河的主线。因此,当代治理黄河的过程中,防洪减淤业务指导方针的变化,对当代中国治理黄河方略的演变起决定性作用。"黄河斗水,泥居其七",水土保持是当代中国治理黄河的根本。但由于水土保持具有长期性、复杂性、艰巨性的特点,较短时期难以见效,而且受政治因素的影响曾一度中断。水土保持在当代中国治理黄河方略的制定中往往从属于防洪减淤之中,作为减淤重要措施出现。水资源的开发利用是当代中国治理黄河方略演变的主要推动力之一。在当代中国治理黄河的初期,开发利用黄河水资源是当时治黄方略制定的目的;后来黄河水资源长期无序开发利用,导致黄河频繁断流,成为治黄新方略制定的原因。但在当代中国治理黄河实践中,大部分时间内强调水资源的开发利用,忽视了管理与保护,21世纪以前并没有明确制定黄河水资源开发利用的方略。综上所述,当代中国治理黄河方略的历史研究,主要是放在当代防洪减淤的历史实践中去考察分析。在防洪减淤的历史实践中,随着对黄河水沙运动规律认识的加深,按照各个时期中央水利方针,结合黄河水情,黄河水利委员会先后提出了"宽河固堤""蓄水拦沙""上拦下排""上拦下排,两岸分滞""调水调沙"和"维护黄河健康生命,促进流域人水和谐"的治黄方略。

六、研究的重点与思路

(一)研究的重点

基于对新中国成立以来国内外关于治理黄河方略问题的梳理分析,本书在考察当代中国各时期治黄方略演变与经济社会发展、国家水利方针变迁、黄河水情变化互动关系的基础上,重点从防洪减淤、水土保持和水资源利用三个方面,对当代中国各时期治黄方略的背景、实施和评价进行实证性分析研究。"黄河之害,害在下游,病在中游",当代中国黄河治理,主要是围绕黄河中下游的防洪减淤、水土保持和水资源的利用而展开的。因而,本书研究的地域主要是黄河下游和中游,兼及黄河上游。作为一条多泥沙河流,黄河治理的难度和复杂性绝无仅有,经历了一个反复实践、不断总结的长期过程。对于当代中国治黄方略的研究,短期无法全面分析它的得失。中华人民共和国成立70年历程中,当代中国黄河治理既铸就了岁岁安澜的辉煌,也经历了失败的苦涩。通过对新中国成立后70年治理黄河历史的考察,可以全面分析当代中国治理黄河方略的得失和演变规律。所以,本书研究的时间界定为从1949年到2019年。

(二)研究的思路

鉴于以往学术界对治理黄河方略的研究多集中于古代,当代中国治理黄河方略研究多从水利本身出发,进行分散和分阶段的研究;缺乏从当代中国经济社会发展的整个历程,进行全面系统的研究。本书研究力图弥补前人研究的不足,具体思路是:一是把当代中国治理黄河方略放在当代中国经济社会发展70年的大背景下,研究分析在随着当代中国经济社会的变迁,国家水利方针的变化,黄河水情发展的情况下,当代中国黄河治理如何顺应这些变化,适时调整治理方略的过程。从中揭示经济社会变迁、国家水利方针变化、黄河水情发展与当代中国治理黄河方略演变之间的互动关系。二是运用档案资料,辅以当时的报刊文献,对当代各个时期治黄方略实施的成效进行实证性分析,评价其得失,从而以史为鉴指导当前治黄方略的发展。三是通过对当代中国治理黄河方略,从"拦"到"排",再到"调"的发展总脉络的梳理,深入分析推动治黄方略演变的原因,指出"人定胜天"治水理念的不足和"人水和谐"的正确性。强调在制定治黄方略时须全面考虑各种因素,既要看到大汛洪水的危机,也要看到水资源短缺的危机;既要考虑政治、社会的效益,也要考虑经济、生态的效益;只有这样才能形成正确的治黄方略。四是为突出水土保持和水资源开发利用的重要性。虽然,防洪减淤业务指导方针的变化对当代中国治理黄河方略的演变起决定性作用,但水土保持不仅是防洪减淤的主要措施之一,而且是推动黄河中游地区经济社会发展的重要途径,是治理黄河的根本;黄河水资源的开发利用是当代中国治理黄河方略变化的主要推动力之一。因此,为突出水土保持和水资源开发利用的重要性,从第二章开始每章在对当代治黄方略述评之后,单列两节分别对水土保持和水资源开发利用展开论述。

【第二章】

新中国成立前历代治理黄河方略的述评

　　黄河养育了中华民族，润泽着山川原野。然而，历史上黄河泛滥带给人民的生命与财产损失也是巨大的。自古以来，黄河的治乱与国家安定及经济盛衰紧密相关。炎黄子孙为驾驭黄河，经历了漫长的认识过程，探索过多种方略。从大禹治水的"疏川导滞"，到贾让的"治河三策"，再到潘季驯的"束水攻沙"，说明古人对黄河自然规律的认识逐渐加深，已经明白泥沙淤积是黄河泛滥的根源。他们试图通过在黄河下游送走洪水泥沙，实现"黄河宁，天下平"的美好愿景。但是他们的主张几乎是全部针对下游的，极少涉及孟津以上地区，没有形成上下统筹的全局观点，不可能根本上解决黄河淤积问题，黄河安澜的愿望无法实现。进入近代后，著名治河专家李仪祉和张含英，积极学习西方的先进技术，总结古代治河的经验教训，提出了全河统筹的治黄主张，为现代治黄方略的形成奠定了思想基础。但由于帝国主义的侵略、政治腐败、经济凋敝，他们的治黄主张无法付诸实施。上述种种治黄方略或治黄主张，有的在实践中也收到一定效果，但从总体上看，由于受社会制度、生产力水平和科学技术的限制，一直未能改变黄河为害的历史。直到1946年中国共产党领导下的人民治黄事业开启后，刷新了黄河的历史，变害河为利河，实现了岁岁安澜的梦想。历代治理黄河方略的发展演变,往往在黄河决溢灾害频发时最为活跃,因而历代治理黄河方略述评主要选取先秦、两汉、北宋、明清和近代等几个时期展开。

第一节　古代治理黄河方略的演变

一、远古时期治理黄河方略的初探

水是生命之源、生产之要。远古时代,社会生产力低下,人们最初为躲避洪水泛滥造成的灾害,往往"择丘陵而处之"。原始社会末期,随着生产力水平的提高,人们开始修筑堤埝,积极抵御洪水,逐渐试探着在靠近河流、湖泊一定距离内安居下来,开荒耕种。相传在尧、舜、禹的时候,黄河流域连续出现特大洪水。"'汤汤洪水方割,荡荡怀山襄陵,浩浩滔天,下民其忧。'滔天的洪水淹没了广大的平原,包围了丘陵和山岗,人畜死亡,房屋积蓄都被洪水吞没。大水经年不退,农业无法进行,给人民带来了深重的灾难。"❶面对严重的自然灾害,我们的祖先同洪水展开了英勇的搏斗。面对洪水威胁,部落联盟议事会议最初决定禹的父亲鲧治理洪水。鲧采用"障水法"修筑堤堰治水失败而受到处罚,然后部落联盟议事会推举禹继续主持治水工作。据《史记·河渠书》记载,"禹抑洪水十三年,过家不入门。陆行载车,水行载舟,泥行蹈毳,山行即桥。以别九州,随山浚川,任土作贡。通九道,陂九泽,度九山。然河菑衍溢,害中国也尤甚。唯是为务。故道河自积石历龙门,南到华阴,东下砥柱,及孟津、洛汭,至于大邳。于是禹以为河所从来者高,水湍悍,难以行平地,数为败,乃厮二渠以引其河。北载之高地,过降水,至于大陆,播为九河,同为逆河,入于勃海。九川既疏,九泽既洒,诸夏艾安,功施于三代。"❷大禹采用"因水之流""疏川导滞""分

---

❶　武汉水利电力学院《中国水利史稿》编写组编:《中国水利史稿》(上册),水利水电出版社,1979年8月第1版,第38页。

❷　黄河水利委员会黄河志总编辑室编:《历代治黄文选》(上册),河南人民出版社,1988年7月第1版,第1页。

流入海"的方略,平息了水患。

大禹治水之所以成功,在于他注意从水的自然趋势,逐渐地认识山川、沟壑、丘陵的地形,选择流势顺畅的河道,除去水流的障碍,增多泄水的出路。大禹治水告诉后人,只有在实践中不断认识黄河的客观规律,才能成功治理黄河。大禹治水使治黄的方法由"障"到"疏",是治黄的一大进步。虽然大禹治水采用"疏"的方法可以增加河道的泄洪能力,减轻洪水的危害,但还不能有效地控制洪水。堤防在西周已出现,春秋时期有了发展。到了战国时期,随着铁制工具的广泛使用,促进了黄河下游地区的进一步开发,人口增加,城市兴起。这对黄河治理提出了新要求,再不能让洪水四处漫溢;铁器的出现和普遍使用,使得大规模修筑黄河堤防成为可能;再加之社会生产力的提高促进了经济的繁荣,人口也随之有较大的增长,生存和发展的环境要求使保护技术上又有了发展的可能,黄河下游的堤防便应运而生。到了战国时期,黄河下游堤防已具有相当规模。堤防系统的出现,促进了治黄理论的发展。"堤防可以显著加大河床容纳的水量,防止洪水漫溢出槽,从而大大提高防洪标准。于是堤防逐渐成为人们与洪水斗争的主要手段。有了堤防,防洪更加主动了。由'疏'到'堤',这是治河理论发展的第二阶段。"❶同时,先秦时期,黄河下游两岸依然有许多大型天然湖泊和分支,成为天然的分滞洪区。

二、两汉时期治理黄河方略的发展

汉代是历史上黄河决溢开始增多的时期。在两汉 400 多年间,黄河决溢见于史书记载的有 16 次,大多出现在西汉中后期和东汉前期。两汉时期决口次数虽然不多,但部分决口造成的灾害却相当严重。如汉成帝建始四年(公元前 29 年)东郡河决口造成"泛溢兖、豫,入平原、

---

❶ 武汉水利电力学院《中国水利史稿》编写组:《中国水利史稿》(上册),水利水电出版社,1979 年 8 月第 1 版,第 55 页。

千乘、济南,凡灌四郡三十二县,水居地十五万余顷,深者三丈,坏败官亭室庐且四万所。"❶为了解决频繁决溢问题,汉朝政府多次下诏征求治黄方策,治黄议论颇多,是历史上治黄思想较为活跃的一个时期。当时有改道说、分流说、水力冲沙说和贾让治河三策等治黄主张。其中,贾让治河三策是古代治黄的重要方策,对后世治黄影响很大。

　　贾让对当时的黄河水情做了实地调查,分析了黄河下游河道的演变,筑堤以前黄河下游,有众多小水汇入,沿河有许多湖泽,洪水得以调蓄,河道宽阔,河水"左右游坡,宽缓而不迫"。筑堤之后,使河道缩窄,堤线弯曲多变,遇大水,有碍行洪,常决口为患。鉴于此,贾让于汉成帝绥和二年(公元前7年)提出了治河三策。贾让的上策是放弃旧道,人工改河北流。"今行上策,徙冀州之民当水冲者,决黎阳遮害亭,放河使北入海。河西薄大山,东薄金堤,势不能远泛滥,期月自定。"❷贾让的中策为开渠引水,灌溉冀州农田;并另设水门,用以分洪入漳。"若乃多穿漕渠于冀州地,使民得以溉田,分杀水怒,虽非圣人法,然亦救败术也。难者将曰:'河水高于平地,岁增堤防,尤尚决溢,不可以开渠。'……恐议者疑河大川难禁制,荥阳漕渠足以(下)卜之,其水门但用木与土耳,今据坚地作石堤,势必完安。冀州渠首尽当卬此水门,治渠非穿地也,但为东方一堤,北行三百余里,入漳水中,其西因山足高地,诸渠皆往往股引取之;旱则开东方下水门溉冀州,水则开西方高门分河流。"❷贾让认为,加固原有不合理的堤防是下策。"若乃缮完故堤,增卑倍薄,劳费无已,数逢其害,此最下策也。"

　　贾让三策是被保留下来最早的系统论述治黄方策的历史文献,具有积极意义。"统观三策,贾让在其中客观地总结了堤防发展的历史,批评汉代无计划围垦滩地所造成的堤防的不合理状况,以及提出发展

---

❶　黄河水利委员会黄河志总编辑室编:《历代治黄文选》(上册),河南人民出版社,1988年7月第1版,第9页。

❷　黄河水利委员会黄河志总编辑室编:《历代治黄文选》(上册),河南人民出版社,1988年7月第1版,第12页。

引黄淤灌,兴利除害,变害为利的建议等,这些都是他的合理成分。"❶
但是,贾让最推崇的上策是以放弃当时的冀州为代价的前提下才能实现的。而当时冀州的人口已达五百多万人,占西汉全国总人口的十二分之一,农业、手工业经济已有了很大发展,经济发展水平已超过关中地区。可见,贾让的上策不是从经济社会的发展客观实际出发,具有一定的空想性,缺乏实际操作性。加上西汉后期政局不稳、国家财力有限等各种因素的制约,贾让主张的上、中两策没有被采纳。而贾让之后七十余年出现的王景治河,采用的技术方案正是被贾让认为下策的筑堤之法。王景治河成功的实践,从某种意义上也是对贾让"高论"的否定,但在建设两岸大堤时预留了较宽的河道,两者观点又是一致的。这说明,在当时生产力水平条件下,以堤束水,与水争地,是征服洪水、促进农业经济发展的重要手段。

除了贾让三策,在汉代的水力冲沙说也具有创见性。王莽统治时期,张戎言:"水性就下,行疾则自刮除成空而稍深。河水重浊,号为一石水而六斗泥。今西方诸郡,以至京师东行,民皆引河、渭山川水溉田。春夏干燥,少水时也,故使河流迟,贮淤而稍浅;雨多水暴至,则溢决。而国家数堤塞之,稍益高于平地,犹筑垣而居水也。可各顺从其性,毋复灌溉,则百川流行,水道自利,无溢决之害矣。"❷在当时科技水平条件下,他对河道冲淤的认识难能可贵,具有积极意义。"张戎认识到黄河含沙量大的特性,河槽逐渐淤高的危险性。同时还认识到单纯依靠筑堤,只能成为地上河,不能根本解决'溢决'的问题。他根据水流'行疾则自刮除成空而稍深'的理论,建议增加水量以提高其挟沙能力。虽然河道比降未变,但由于流量大、深度加、流速亦增,达到'行疾'的要求。"❸但限于当时的技术条件,他提出禁止灌溉的方法来治理黄河,就失去了除害兴利的治理初衷,显然是错误的。

---

❶ 武汉水利电力学院《中国水利史稿》编写组编:《中国水利史稿》(上册),水利水电出版社,1979年8月第1版,第208页。

❷ 黄河水利委员会黄河志总编辑室编:《历代治黄文选》(上册),河南人民出版社,1988年7月第1版,第13页。

❸ 张含英:《历代治河方略探讨》,水利出版社,1982年,第28页。

三、北宋时期治理黄河方略的继续发展

北宋时期河患日益严重,"在一百六七十年间,决、溢、徙一百六十五次,平均每年一次,甚至比五代时期还要频繁。泛滥所及,北犯漳卫,南侵淮泗。自真宗天禧四年(1020)到宋朝南迁的第二年,即高宗建炎二年(1128)的一百零八年间,就改道(徙)六次。"❶严重的河患,不仅给沿岸人民带来深重的灾难,而且对契丹政权的军事斗争和京师的安全也造成重大影响。北宋期间,为防御契丹南下,制定了借河御敌的治黄方略,实施了三次"回复故道"的治黄工程。围绕如何回河,朝野上下展开了争论,提出了众多的治黄方针,代表性的有宽河缓流和遥堤约水之说、全河分流说、疏河减淤之说等,莫衷一是。

宋徽宗建靖国元年(1101),任伯雨提出:"盖河流混浊,泥沙相伴,流行既久,迤逦淤淀,则久而必决者,势不能变也。或北而东,或东而北,亦安可以人力制哉!为今之策,正宜因其所向,宽立堤防,使不至大段漫流。"❷用遥堤宽河缓流的办法,仅仅是解决河患燃眉之急的方策,只看到黄河的水,而忽视黄河的沙,没有抓住河患的根本所在。主张全河分流之说的李垂,在宋真宗祥符五年(1012)提出:"因于魏县北析一渠,正北稍西迳衡漳直北,下出邢、洺,如"夏书"过洚水,稍东注易水、合百济、会朝河而至于海。大伾而下,黄、御混流,薄山障堤,势不能远。"❸这种全河分流的做法,不仅不能减轻河患,反而使大河越分越缓,越缓越淤。

为了解决河道淤积问题,欧阳修提出了疏河减淤之说。欧阳修对黄河成患原因在于泥沙淤积有正确的认识。"河本泥沙,无不淤之理。淤常先下流,下流淤高,水行渐壅,乃决上流之低处,此势之常也。"他指出庆历以前各项大决溢和改道,皆在于下游淤积所致。为此,他提

❶ 张含英:《历代治河方略探讨》,水利出版社,1982 年,第 46 页。

❷ 黄河水利委员会黄河志总编辑室编:《历代治黄文选》(上册),河南人民出版社,1988 年 7 月第 1 版,第 54 页。

❸ 黄河水利委员会黄河志总编辑室编:《历代治黄文选》(上册),河南人民出版社,1988 年 7 月第 1 版,第 17 页。

出:"河之下流,若不浚使入海,则上游亦决。臣请选治水之臣,就其下流,求入海路而浚之;不然,下流梗塞,则终虞上决,为患无涯。"❶疏河减淤是稳定下游河床,减少河患的好办法,但是在当时技术水平下,实施起来绝非易事。欧阳修提出了疏河减淤之说,说明他对淤积规律已经有所认识,并提出了一些初步的方法,具有进步意义。

北宋时期,封建统治集团为了自身统治利益的需要,将治黄与御敌防边掺合在一起,没有考虑地形条件和对泥沙的处理,强用人力实施三次"回复故道"的治黄工程,结果失败,使黄河治理蒙受重大损失。

四、明清时期治理黄河方略的革新

明清时期,建都北京,而经济重心却在南方,京杭大运河是南粮北运的黄金水道,成为国家经济大动脉。但是,黄河的泛滥和淤积影响了大运河畅通,维持漕运畅通成为明清时期治理黄河的主要目标。维持漕运畅通的要求支配着明清时期的治黄策略。"一怕黄河改道,漕运中断,这就要维持'贾鲁故道';二怕黄河北决,冲积山东境内运河,这就要加强北堤防护;三怕洪泽湖东溃,冲击苏北运河,这就要坚守高堰、畅通清口。"❷简而言之,维持漕运畅通,就要把黄河固定在一个河道里,在进入大海前不能决口漫溢。黄河是一条多泥沙河流,水少沙多,具有"善淤、善决、善徙"的特点;要想束住黄河,就需要研究如何解决黄河的泥沙问题,并提出相应策略。

嘉靖后期,河患频繁,并且集中在徐州、沛县之间地区。嘉靖三十七年(1558),黄河在徐州上游二百余里处的新集附近决口后,黄河忽东忽西无有定向。"特别是在徐州、沛县、砀山、丰县之间的一带地区,更是洪水横流,沙淤崇积,运道、民生都处于黄河的严重危害之下。这样一种不堪收拾的局面,无疑与前期实行的北堤南分、多支分流的方略密切相关。因而,迫使人们认真去思考、总结以往的教训,探索新的治

❶ 黄河水利委员会黄河志总编辑室编:《历代治黄文选》(上册),河南人民出版社,1988年7月第1版,第26页。
❷ 张含英:《历代治河方略探讨》,水利出版社,1982年,第79页。

河方略。"❶于是,筑堤束水、固定河槽、以水攻沙的方略应运而生。万恭是明代主张束水攻沙的代表人物之一,曾主持治理黄河。他在论述水沙运行的规律时说:"夫水之为性也,专则急,分则缓。而河之为势也,急则通,缓则淤。若能顺其势之所趋,而堤以束之,河安得败。"❷这是鉴于明代河道紊乱,淤积严重而提出的建议,主张通过缮治堤防,以束水流,解决淤积问题。潘季驯也主张筑堤束水,并发展了万恭的治黄思想。他提出:"水分则势缓,势缓则沙停,沙停则河饱,尺寸之水皆有沙面,止见其高;水合则势猛,势猛则沙刷,沙刷则河深,寻丈之水皆有河底,止见其卑。筑堤束水,以水攻沙,水不奔溢于两旁,则必直刷乎河底,一定之理,必然之势,此合之所以愈于分也。"❸潘季驯主张坚筑堤防,严定修守办法,反对支河分流,一改当时支河纵横、泛滥四野的面貌。他提出的"筑堤束水,以水攻沙;借水攻沙,以水治水"治黄方略,是对过去长期治黄的一大变革,具有重大意义。"在当时的科学技术条件下,潘季驯根据客观情况的分析,所提出的治河方法是黄河史上的一大进展。在二十世纪二十年代前后,西方专家对于黄河治理也先后有所建议,但大都没有超出'筑堤束水'的范畴,有的甚至认为黄河没法治。而潘季驯在十六世纪六七十年代就提出了他的理论,并满怀信心地加以实践,取得一定成就,且为后人所继承遵循。"❹潘季驯治河之所以取得成功,源于他在借鉴前人正确经验的基础上,从改造自然的观点出发,积极探索黄河运行规律的不懈努力。

清代的黄河治理大都遵循潘季驯的观点。清代靳辅说:"黄河之水从来裹沙而行,水大则流急而沙随水去,水小则流缓而沙停,水漫沙随水去,则河身日深,而百川皆有所归,沙停水漫,则河底日高而旁溢无

---

❶　水利电力科学研究院《中国水利史稿》编写组编:《中国水利史稿》(下册),水利水电出版社,1989年1月第1版,第111页。

❷　张含英:《明清治河概论》,水利电力出版社,1986年,第41页。

❸　黄河水利委员会黄河志总编辑室编:《历代治黄文选》(上册),河南人民出版社,1988年7月第1版,第147页。

❹　张含英:《历代治河方略探讨》,水利出版社,1982年,第109页。

所底止。故黄河之沙,全赖各处清水并力助刷,始能奔趋归海而无滞也。"❶而清代陈潢提出的治水应着眼全局,"源流并治",在一定程度上发展了治黄思想,具有进步意义。陈潢曾到过宁夏灵武等西北地区,对于黄河上游的情况有所了解。他说:"西北土性松浮,湍急之水即随波而行,于是河水遂黄也。"在当时缺少资料的情况下,能认识到黄河洪水及泥沙主要来自上、中游,比较正确地分析了洪水的成因与来源,这是难能可贵的。但是,明清时期是为保漕运而治理黄河,不能从治黄全局去谋划,限制了治黄的发展。例如明代治理黄河主要就是为了维持皇朝航运。那时黄河走南道,经徐州、淮阴,夺淮河自云梯关入海。当时明代建都北京,南北交通主要依靠运河,而运河自淮安以北到徐州的这段是借黄河通行的,所以明代治黄河又是为了沟通运河,不使阻塞航道,以便运输粮食,供给统治的大本营。"在这样以治黄保运为方针的指导下,当时河官的主要任务是力求防止黄河给运河捣乱,治河变成了防河。在这种情况下,尽管在具体河工技术方面有所发展,有所创造,但是防字当头,保运第一,牢牢地束缚住河工人员的思想,使他们难以有所作为。明清两代,为保运而防河耗费了巨大的人力物力,每年防汛,十分紧张。结果不仅灾害没有减少,而且'悬河'形势日益严重。"❷

黄河是中华民族的母亲河,她孕育了灿烂的华夏文明。黄河用泥沙造就了广袤的黄淮海平原,又用乳汁哺育了炎黄子孙。但黄河下游洪灾频发,给人民带来了深重的灾难。为治理黄河,古代劳动人民不断努力,提出了各种治黄方略。从远古时代的"疏川导滞"到战国时期的"宽立堤防";从汉代的"贾让三策"到宋代的"兴筑遥堤";从明末潘季驯的"束水攻沙"到清代靳辅和陈潢提出的"以水攻沙"等治黄方略都取得了一定成效。一定历史时期的治黄方略是一定历史条件的产物。

---

❶ 黄河水利委员会黄河志总编辑室编:《历代治黄文选》(上册),河南人民出版社,1988年7月第1版,第216页。

❷ 余学干:《历史上若干治理黄河流派的探讨》,载《人民日报》,1965年11月2日第5版。

治黄方略从障、疏、堤、分、束发展到今天的综合治理,体现了它随着历史条件的变化而不断地演变、进步的历史过程。今天研究黄河治理方略,不仅要从历史的角度去探讨其发展演变规律,而且更需要立足现实,秉承"人水和谐"的理念,科学地治理开发黄河,为人类造福。

第二节　近代治理黄河方略的发展

一、清末治理黄河的方略

1840 年鸦片战争以后,外国资本主义侵入中国,当时政局混乱,河防失修。咸丰五年(1855),黄河从河南兰仪(今兰考)铜瓦厢决口,东北流向山东,袭夺了大清河,由利津入海。当时太平天国革命正在高潮,清朝政府正在集中力量镇压太平天国运动,军费开支庞大、财政拮据,没有对决口进行堵塞,其后逐渐形成为现行河道。在这以后的二三十年中,出现了"回复故道"与改河北流的争论。主张"回复故道"的山东巡抚丁宝桢说:"再四筹思,仍以堵合铜瓦厢,使河复淮徐故道为正办。彼此相衡,计有四便:就现有河身,不须弃地舍民,便一;因旧存之堤岸,不烦创筑,便二;厅汛裁撤未久,制度犹可查考,人才尚有遗留,便三;漕艘灌塘渡黄,不虑阻隔,即船数米数,逐渐扩充,无难徐复旧规,便四。"❶与之针锋相对的李鸿章不同意堵复决口,主张黄河继续北流入渤海。但是,清代统治集团内部这些实力派人物关于治理黄河的争论,往往为一己之私利或局部地区利益所驱使,不能从全局利益考虑治河方略,甚至阻挠治河。"李鸿章代表皖、苏地方利益,不同意堵复决口,主张使黄河继续北溢注入渤海,而山东巡抚丁宝桢则代表山东地方利益,要求塞河南流,复入淮河流入黄河。双方争执不下,治河因此被延误。直至二十年后到光绪元年(1875)才开始筑堤,至次年才形成今日

---

❶　黄河水利委员会黄河志总编辑室编:《历代治黄文选》(上册),河南人民出版社,1988 年 7 月第 1 版,第 402 页。

之黄河下游河道,使山东一带群众蒙受深重的灾难。"❶光绪八年(1882)以后,溃溢屡见,遂沿新河段两岸筑大堤,但堤身并不坚固,山东境内的水患依然十分严重。总之,清末政治特别腐败,各种矛盾十分尖锐,治理黄河的方略没有建树,治黄工程实施很少,河患连年不息。由于封建社会的限制,人民和黄河斗争了几千年,终究没有改变黄河"善淤、善决、善徙"的性格。

二、民国时期治理黄河方略的发展

进入民国以后,军阀混战,民不聊生,河事日败,河患时有发生。特别是1933年8月黄河发生的特大洪水,造成巨大的灾害。"民国二十二年(1933)八月,黄河陕县发生每秒两万二千立方米流量的特大洪水,一出山谷,便在河南温县决口。从温县到河北长垣(现属河南)间二百多公里的堤段内,决口竟达五十余处之多,汇为五股,南北分流,淹没冀、鲁、豫等省六十七个县的一万二千平方公里的土地,受灾人口三百六十四万,死亡一万八千多人,损失财产按当时的银洋计算约为二亿三千余万元。"❷时隔一年后的1935年,黄河又在山东鄄城决口,害及苏北。1938年6月,蒋介石下令掘开花园口南岸大堤,人为造成洪水灾害,使豫东、皖北、苏北的广大平原一片汪洋,灾情之重为以往所罕见。

但由于西方科学技术的引进,进步的知识分子积极把近代科技与黄河治理的实际状况相结合,逐步开展了一些基础性的工作,促进了治理黄河方略的发展。如基本资料的观测收集和河流治理的规划研究等。这是由古代治黄到现代治黄的过渡时期。这一时期的特点是多有治黄主张,而无大的治黄举措。H.恩格斯、李仪祉、张含英等针对如何治理黄河提出了较为系统的主张。

19世纪末,德国著名水利专家H.恩格斯创立了河工模型试验室。他在1920年至1934年的10多年间广泛收集黄河资料,进行了3次黄

---

❶ 《历史上大江大河的治理与利用(上)》,载《光明日报》,1997年3月25日第5版。

❷ 张含英:《历代治河方略探讨》,水利出版社,1982年,第142页。

河河工模型试验,提出了"固定中水河槽"的治理方略。他在《制驭黄河论》中指出:"以余观之,黄河之病不在堤距过大,而在缺乏固定之中水位河岸。于是河流乃得于两堤之间,左右移动,毫无阻碍,凡任何荒溪之病象及其弱点,无不由此毕备,一旦中泓逼近堤身,因河水掏底而益危。故治理之法,宜于现有内堤之间,就此过于弯曲之河槽,缓和其弯度,堵塞其支叉,并施以适宜之护岸工程,以谋中水位河槽之固定。"❶他提出的"固定中水河槽"的治理黄河主张,对以后黄河下游的河道整治有较大影响。

第一个针对为患下游的洪水和泥沙的来源而提出根治黄河意见的人,是我国著名的水利专家李仪祉。李仪祉首先指出了黄河成灾的原因。他认为,"言黄河之弊,莫不知其由于善决、善淤、善徙,而徙由于决,决因于淤,是其病源一而已。"❷因而,他主张治理黄河既要防洪,更要防沙。接着,李仪祉指出:"黄河至今日已病剧矣,治之法,当一面从上游减沙,一面从下游浚治。"❸这一新的提法,打破了传统的治黄观念,为黄河治理开辟了一条新的途径。他在1931年倡议"导治黄河宜注重上游"。他主张的治理方法是防止泥沙流入河道,尤其着重在西北黄土高原上广开沟洫,沟壑里多修谷坊;在山西、陕西、河南各省支流修水库,以拦蓄过量的洪水;固定下游河槽,以中水为准则。再者,李仪祉认为,黄河下游防洪仍是治黄的首要任务,要采取三项措施。一是固定河床。二是节制洪水量。具体方法是在中上游黄河支流山谷中设水库,停蓄过分的洪水量。三是黄河孟津以下的陡弯要裁削,歧流用柳坝堵塞,使洪水漫过填淤。李仪祉在总结中国古代治黄经验的基础上,参照当时西方的先进技术,依据近代科学的基本原理,提出新的治黄思想,为现代治黄方略的形成奠定了思想基础。

---

❶ 黄河水利委员会黄河志总编辑室编:《历代治黄文选》(下册),河南人民出版社,1989年11月第1版,第138页。

❷ 黄河水利委员会黄河志总编辑室编:《历代治黄文选》(下册),河南人民出版社,1989年11月第1版,第11页。

❸ 黄河水利委员会黄河志总编辑室编:《历代治黄文选》(下册),河南人民出版社,1989年11月第1版,第19-20页。

张含英进一步发展了李仪祉的治黄思想。他指出,"治理黄河,应上、中、下游统筹,本流与支流兼顾,以整个流域为对象,而防止其祸患,开发其资源,俾得安定社会,增加农产,便利交通,促进工业,因而改善人民之生活,并提高其文化之水准。"❶张含英"全河统筹,除害兴利"的治黄思想,对当代治黄方略的形成有重要影响。他也认为黄河下游防洪是治黄的首要任务,防治的方法是"欲防漫溢与溃决之危害,必须掌握水流,使之储泄得宜。当洪水之涨也,则节储之,或分泄之,如是则下游河道之最大水流,可在安全限度以内。在于此限度以内,从事下游河道之整理与堤防之修筑、加固,再辅人工的修守,则水患可除矣。"❷

清朝末期至民国时期,虽然进步的知识分子对黄河治理进行了积极的探讨,在治河策略上有所推进,也开始研究水流和泥沙的来源和规律,对于水文观测和地形测量做了些工作,并且逐渐把这些工作推广到黄河的上游、中游和支流上去。但由于当时帝国主义的侵略、政治腐败、经济困难等,在治理黄河的实际工作上没有什么进展;特别是在国民党反动统治时代,黄河为害更甚。

第三节　解放战争时期中国共产党领导 的黄河治理

一、解放战争时期黄河治理面临的形势

1945年8月,抗日战争胜利后,蒋介石在积极准备发动内战的同时,施展阴谋,以黄河回归故道为名,妄图"以水代兵"淹没和分割冀鲁豫和山东解放区。国民党反动派疯狂地叫嚣:"黄河归故,可抵四十万大军。"针对国民党反动派的阴谋,中国共产党一方面揭露其阴谋,进行谈判斗争;另一方面,积极组织军民开展复堤工程建设。但在当时的战争环境条件下,黄河治理工作面临诸多难题。一是国民政府蓄意干

---

❶ 张含英:《治河论丛续编》,黄河水利出版社,2013年,第27页。
❷ 张含英:《治河论丛续编》,黄河水利出版社,2013年,第23页。

扰破坏复堤工程。例如,1947年8月4日至8日,国民党出动战机轮番狂炸扫射平阴至鄄城黄河两岸运石、补堤民工,造成很大伤亡。"据不完全统计:共投弹九十余枚,炸死炸伤运石修堤民夫卅九人,炸塌民房七十三间及东阿魏山险工等石坝多处。四日寿张城,蒋机两架低空飞来,投弹四枚,扫射达一小时。炸伤运石民夫三人,毁民房十三间。同日下午六时,我东阿工程队率群众在魏山险工处抛石抢险,蒋机六架盘旋上空狂炸,该处石坝当被炸毁多处,幸及时抢救,始免出险。平阴县李营等险工,自二日至六日中,水势汹涌,石坝岌岌可危,群众紧张抛石抢救,而蒋机竟连续滥炸该处达四天之久,击伤工人李华荣等三人;五日,寿张四区枣色楼险工,被蒋机两架空袭,运石民夫江传保头受重伤,牲口被炸死三头。六日,鄄城北临黄堤被蒋机三架轮番扫射,我死伤工人八人。七日,蒋机八架炸河南岸叶楼、代庙等村,投弹七十二枚,炸伤修堤工人十四人,塌房三十余间。八日夜蒋机复向寿张城及张秋镇投弹十四枚,寿张城毁房三十间,重伤二人,轻伤三人,张秋镇炸死群众五人。"❶二是黄河故道复堤工程浩大,难以在短期内完成。"然而黄河下游的故道,素有很多积弊,经改道八年后,河床竟高出地面一丈以上,势如屋脊,其上新建之村镇,已达一千七百个,故所谓河道早已名存实亡。全岸两千余里的旧堤坝,现亦已破败不堪,入鲁后,北岸濮县至寿张之段,败坏特甚。济南以东,更多险工,亟待修补,此项工程,甚为浩大,决非几个月所能办到者。"❷三是复堤工程经费筹集困难。解放区政府经过八年抗战,三年灾荒,经济困难无独立完成复堤工程能力;国民政府不能保证及时供给,应拨迁移救济费迟迟不能发放,影响复堤工程的开展。四是分区治理限制了复堤工程的大规模开展。解放战争初期,由于黄河沿岸地区为国民党军队分割,华北、河南、山东三个解放区人民治黄工作不得不分区分段进行,无法统一指挥大规模的复堤工

❶ 《蒋机炸堤淹我解放区罪恶昭彰,鄄郓百余村镇被淹 灾民复遭蒋机扫射惨绝人寰》,载《人民日报》,1947年8月18日第1版。

❷ 《国民党当局破坏菏泽协议 蓄意放水淹我解放区 不顾七百万人民生命 图逞内战阴谋,中共中央发言人表示坚决反对》,载《人民日报》,1946年5月15日第1版。

程建设。

二、解放战争时期黄河治理的开展

中国共产党领导黄河两岸广大人民克服重重困难,积极开展黄河治理工作。从 1946 年起,黄河两岸人民在中国共产党和人民政府领导下,"一手拿枪,一手拿锨"开启了人民治理黄河的事业。1946 年 2 月,冀鲁豫解放区成立了冀鲁豫黄河水利委员会,作为解放区治理黄河的专门机构,拉开人民治黄的序幕。冀鲁豫黄河水利委员会成立后,积极组织开展解放区的复堤工程。1947 年 3 月,黄河回归故道以后,冀鲁豫黄河水利委员会在东阿县郭万庄召开了治黄工作会议,在会上提出了"确保临黄,固守金堤,不准决口"的方针。当时国民党方面加紧破坏,蒋机在沿河堤岸穿梭狂炸,昼夜不绝,情势十分紧急,中国共产党依靠解放区人民的力量,在保田保身的口号下,自觉地掀起全区修堤热潮。"首先冀南三万民众自数百里外赶来筑堤,太行、太岳、东北各解放区纷纷助款,继之荏平、博平、聊城各县动员五万人前来参加,而沿河各县更风起云涌地涌下黄堤。阳谷本来决定动员一万六千人,实际自动下堤者达三万人。昆吾、寿张动员妇女为堤工做饭,结果三千妇女下堤,与男子比赛修堤。自五月十日开始,三十万人冒蒋军蒋机轰炸与扫射,普遍开工,各县并掀起轰轰烈烈的献石、献粮、献土方、献料运动。昆吾节省粮十万斤;聊城三区献土两万方,省米三十四万斤。在这时出现了聊城高法成、高树祥、许凤和,每人一日完成十四方土(一般每人每日可筑土三至四方)的空前纪录;出现了昆吾文庄女农会主任龙御英成为推土大英雄;出现很多中、西医生自动到堤上献医献药。在竞赛中,工作效率惊人,濮阳、滑县四天完成十天的工程,阳谷二十天的计划,十二天即告完成。在修法上,他们创造了:白天不能修,晚上修;长时间不能修,短时间修;这里不能修,那里修;与声东击西的险工下石办法,以对付蒋军蒋机之破坏。"❶

---

❶ 《冀鲁豫黄委会发言人答记者问 揭发蒋美玩弄黄河阴谋经过 号召沿河人民加紧护堤自救》,载《人民日报》,1947 年 8 月 24 日第 1 版。

为了完成"不准决口"的任务,冀鲁豫和渤海解放区政府领导人民,开展了大规模修堤整险运动,使1947年修堤工作取得了很大成效。"当时民工效率平均提高一倍,由每日一方半土,提高到三方土。总计全年(缺两县统计)共动用人工三、七一九、一五六人,参加民工达四七七、四八五人。用土、石七○、七○四方,秸料一四、七一二、七七八斤,木桩四四、四四八条,麻绳一○、四六八条。仅物料一项,总值达北海币三十万万二千六百余万元(每元约合蒋币二十元)。政府付出之工资粮,达一二、七九二、○六九斤,马草烧柴达六百万斤。医药抚恤等费共六百七十九万余元。前后发救济粮三、○七四、九三○斤,获得救济者四三、四○四人,动员之大小车辆,仅滨县等三县统计,为二万三千余辆。"❶两岸人民在中国共产党领导下,进行了艰苦的治黄工作,到1948年底,完成了一千八百里长的复堤工程和抢修无数处的险工,使沿河千百万人民的生命财产未受大的损失。

1948年郑州、开封、济南等地解放,华北、河南、山东三个解放区完全连成一片。为了统一治理黄河工作,1949年6月16日,在济南成立了黄河水利委员会。根据当时的困难条件,在成立大会上确定了"以防汛为主,治本次之"的当时工作方针,从此以后,黄河治理由分区治理,走向统一治理。黄河统一治理后,治黄的规模逐渐扩大,防御洪水的能力大大增强。特别是经过广大干部群众的努力,战胜了1949年的大洪水。

三、解放战争时期治理黄河的成效与评价

在中国共产党的正确领导下,解放战争时期的黄河治理取得了重大胜利。"三年多来,冀鲁豫和渤海解放区人民,在敌人飞机轰炸,武装进攻,料物匮乏的极端困难的条件下,进行了巨大的修防工程,完成培堤土方3 600万立方米,整险石方79万立方米,秸柳料近1.5亿公

---

❶ 《庆祝人民治黄功绩　渤海举行安澜大会　垦利完成黄河冬防》,载《人民日报》,1947年12月16日第2版。

斤,不仅使九年失修的大堤得到恢复,而且又进行了加高培厚。"❶虽然,解放战争时期的黄河治理取得了很大成效,但也存在一些问题。一是所修大堤并不牢固。1949 年防御大洪水中,共抢堵漏洞 434 个,抢护大堤渗水、蛰陷、脱坡 150 公里。这说明培修的大堤标准低、隐患多。二是解放战争时期提出的治黄方针,是从解放战争的需要出发的,不是从黄河水情出发而制定的治黄方针,因此这还算不上真正意义的治黄方略。

与历代黄河治理相比,解放战争时期黄河治理的特点是人民治黄。国民党统治时期治黄人员中流传着"黄水不涨,吃喝郎当;黄河开口,金银满斗"的歌谣,是治河官僚贪污腐败的生动写照。从民国二年至二十三年,黄河在冀鲁豫解放区范围内决口达十二次,决口次数按比例逐年增加。治黄被视作发财之道,偷工减料,苟且敷衍,黄河不决是无"天理"的。而解放战争时期中国共产党领导的黄河治理,按照为人民治黄和依靠人民治黄的基本思想,废除了国民党统治时期的汛兵制度,建立了群众性的防汛护堤组织。1947 年冀鲁豫人民掀起史无前例的复堤、抢险、护河自救运动,终将黄河洪水击退。"总计前后用土达千万余方,抢险献石达十五万四千余方,秸料五百万斤,使一千八百里长的堤坝,坚固异常。挡住了滚滚黄水,安然渡过大泛。在此一年紧张、激烈、艰苦的治黄斗争中,充分显示出翻身农民的政治觉悟和团结互助的精神。堤里的人修堤,堤外的人也修堤,青壮年上堤,老弱妇女也上堤,修堤不要工价,还把自己家里节余的粮都用到堤上。完全把治黄看成自己的事,不顾任何牺牲、困苦,故修筑时间虽短,北岸堤基已赶上民国二十四年最高的水平。"❷此一事实证明:在共产党领导下,人民有力量战胜一切,凶险的黄河亦不得不屈伏在人民脚下。人民治黄的思想充分调动了人民投身治理黄河的积极性,广大人民踊跃参与黄河治理。"在修堤中,出现了许多可歌可泣的事迹,各县农民,自动献石、献船、

---

❶ 王化云:《我的治河实践》,河南科学技术出版社,1989 年,第80 页。

❷ 《蒋美阴谋造水灾　人民有力治黄河　王化云总结复堤斗争》,载《人民日报》,1947年 12 月 24 日第 2 版。

献粮、献工资。崄山县即献石一万五千方(每方五千斤),超过预订计划三倍。该县中山庄等村,并献船四百多艘,组成船运大队,每船可顶三辆大车,节省运费二千六百余万元。昆吾县农民献出六万方土的工资粮。聊城献工资米三十四万一千一百余斤。在救人、自救之下,每个农民都发挥高度的积极性。"❶后来,水利部原部长钱正英在1950年治黄会议上说:"三年的治黄胜利,只是因为我们有一个伟大的工程师,那就是共产党;我们有一个伟大的治河英雄,那就是有觉悟、有组织的人民。这就使我们走上了一条完全新的工程道路,这条道路的基本指导思想是:技术和人民结合,理论和实际结合。"❷只有坚持"技术和人民结合,理论和实际结合"的指导思想,才能制定正确的治黄方略,指导治黄事业健康发展。

---

❶　《黄河北岸完成六百余里堤工》,载《人民日报》,1947年8月2日第1版。
❷　王化云:《我的治河实践》,河南科学技术出版社,1989年,第81页。

【第三章】

新中国成立初期的治黄方略与实施

（1949—1957）

从 1949 年 10 月新中国成立，到 1957 年"一五"计划的完成，是当代中国历史上经济发展和制度变迁最快的时期。短短 8 年，中国经历了由新民主主义经济向计划经济的过渡。当代黄河治理是国民经济建设的组成部分，它的治理方略必然随经济社会的变迁而变化。新中国成立初期，水旱灾害频发制约着农业经济的恢复发展。国家水利建设的方针是防止水患，兴修水利。按照国家水利建设方针，结合新中国成立初期黄河处于丰水期的水情特点，黄河水利委员会提出了"除害兴利，分步治理"的治黄指导思想。在这一治黄指导思想的指引下，顺应经济社会的发展，治黄方略经历从"宽河固堤"到"蓄水拦沙"的发展过程。新中国成立初期，黄河两岸人民在中国共产党的领导下开拓进取，使黄河治理工作取得很大成就。"宽河固堤"治黄方略的实施，保证了黄河下游的岁岁安澜，黄河中上游的水土保持工作起步并发展，开启了黄河下游的引黄灌溉事业。但是由于中国共产党在黄河治理方面缺乏经验、对黄河泥沙规律认识不足和过于依赖苏联，按照"蓄水拦沙"方略制定的规划存在失误。总的看来，新中国成立初期的黄河治理处在起步探索阶段，辉煌与误区同在是这个时期治黄历史的突出特点。

第一节　新中国成立初期治理黄河的历史背景

一、高效廉洁政府的建立使大规模黄河治理成为可能

黄河治理是一种国家行为,自古以来,如果国家政通人和,积极治理黄河,其灾害就少。而如果国家处于多难之秋,疏于灾害的防范就会使黄河灾害年复一年的发生。"多难之世,则必有河溢决漫之厄。盖以人事不和,则私欲横流,各利其私,互相争夺,民生凋敝,救死不暇,天灾之来,既未能防患于无形,更无力拯救于当时,及其漫决,只有听诸天命,任黄流之汹涌,扫田庐成丘墟;故曰天灾由于人祸。"❶特别是腐败的国民政府,为一己之私利,把黄河作为利用工具人为地制造灾害。继1938年国民政府扒开花园口大堤,造成严重灾难之后,又于1946年以"黄河归故"为名,妄图"以水为兵"淹没解放区军民。

1949年中华人民共和国成立,结束了中国战乱频仍、一盘散沙的局面,建立了执政为民的新政权,并逐步形成了党中央领导的政府主导型经济发展模式。1952年,毛泽东指出:"一切主要的和重要的方针、政策、计划都必须统一由党中央规定,制定党的决议、指示,或对各有关机关负责同志及党组的建议予以审查批准;各中央代表机关及各级党委则应坚决保证党中央及中央人民政府一切决议、指示和法令的执行,并于不抵触中央决议、指示和法令的范围内,制定自己的决议或指示,保证中央和上级所给任务的完成。"❷在新中国成立之初,积贫积弱国家的经济建设,确实需要一个强有力的国家政权,整合国家资源和集中力量办大事,政府主导型经济发展模式符合当时中国经济发展的需要。特别是大规模的江河治理更需要大量人力、物力和财力的投入。

然而,政府主导型经济发展模式能否成功,很大程度上取决于政府

❶　张含英:《治河论丛》,黄河水利出版社,2013年,第42页。

❷　中共中央文献研究室编:《毛泽东文集》第6卷,人民出版社,1996年6月第1版,第252页。

的高效廉洁程度。"中华人民共和国的成立,使几亿被侮辱、被损害的饥寒交迫的奴隶升到了主人翁的地位,使他们的生活和自由得到保障,使劳动得到光荣,使妇女得到平等的地位。大批优秀的工人、农民、妇女、青年参加了国家管理工作,把我们的国家机关建设成为勤勉的、廉洁的、为人民服务的国家机关。"❶大批优秀的工人、农民、妇女和青年脱胎于人民,心怀为人民服务的理念,积极投身于国家管理,保证了政府的廉洁高效。同时,新中国成立初期,政府人员的任用标准也决定了政府的高效廉洁。1952年毛泽东出席全国政协一届常务委员会第三十八次(扩大)会议时说:"能不能当部长,不是以党籍来作保证,而是以工作和为人民服务的成绩大小而定,一个国家只能以此为标准。"❷后来,国家公务人员又经过党的整风运动、"三反"运动和干部整训,公务人员的素质空前提高。新中国成立之初,在战争尚未完全结束、国家财力有限的情况下,在中国共产党的领导下,高效廉洁的政府能够有效地组织广大人民,投身于江河治理的事业中去,巨大的人力资源弥补了财力的不足,促进了江河治理事业的蓬勃发展。著名的水利专家张含英从新旧社会的强烈对比中深深感受到,"现在领导群众的是群众的一份子,从群众中来,到群众中去,全心全意为人民服务。而广大群众亦认识了自己的地位,翻身了,变成为主人。因之,便觉得一切事物都与他们是休戚相关、苦乐与共。他们集体地生活、集体地工作,上下团结一致,处处都在表现着一种不可战胜的伟大力量。这便是人民治河与"河督"❸治河的一个明显的对比。"❹

二、国家水利方针对黄河治理的影响

黄河治理是国民经济建设的组成部分,每个时期的治理黄河方略

❶ 中央档案馆、中共中央文献研究室编:《中共中央文件选集》(1949.10—1966.5)第24册,人民出版社,2013年6月第1版,第93页。
❷ 中共中央文献研究室编:《毛泽东年谱(1949—1976)》第1卷,中央文献出版社,2013年12月第1版,第582页。
❸ "河督"是河道总督的简称,是明代和清代治河的官名。这里代表新旧治河的一个明显的对比。
❹ 张含英:《治河论丛续编》,黄河水利出版社,2013年,第35页。

都深受国民经济发展大气候的影响。新中国成立之初,百废待兴,亟需迅速恢复经过长期战争创伤的国民经济。农业是国民经济的基础,"农业的恢复是一切部门恢复的基础,没有饭吃,其他一切都没有办法。"❶然而,国民经济恢复时期,水旱灾害频发制约着农业经济的恢复发展。其中,1949年的水旱灾害尤为严重,"今年中国各地区都有异常严重的灾害。自春至秋,旱、冻、虫、风、雹、水、疫等灾相继发生,尤以水灾为最严重。全国被淹耕地约一万万亩,减产粮食约一百二十万万市斤,灾民(包括轻重受灾人民在内)约四千万人。仅华东区被淹面积即达五千余万亩,约占其总耕地五分之一,其中毫无收成者两千余万亩,减产七十余万万斤,灾民一千六百万人。河北一省,被淹耕地即达三千万亩,灾民约一千万人。其他牲畜房产资财损失,不可数计。"❷

"治国先治水",水利是农业的命脉,防洪抗灾成为水利建设的重点。为此,1949年11月召开的第一次全国水利会议提出:"水利建设的基本方针,是防止水患,兴修水利,以达到大量发展生产的目的。"❸当时由于解放战争尚未完全结束,紧接着又开始了抗美援朝战争。为了保障战争的需要,经济建设的投资被迫压缩,"经济建设的投资,要规定这样一条原则:对直接与战争有关的军工投资,对财政收入直接有帮助的投资,对稳定市场有密切关系的投资,这三者应该予以满足。除此以外,应加以削减和收缩。"❹在战争的条件下,国家虽然特别重视水利建设,但为了保障战争的需要,水利建设的投资是有限的,不可能大规模地进行治本的水利建设,只能抓住水患这一主要矛盾开展水利建

---

❶　中共中央文献编辑委员会编:《周恩来选集》下卷,人民出版社,1984年11月第1版,第5页。

❷　中央档案馆、中共中央文献研究室编:《中共中央文件选集》(1949.10—1966.5)第1册(一九四九年十二月),人民出版社,2013年6月第1版,第217-218页。

❸　李葆华:《当前水利建设的方针和任务》,中国社会科学院、中央档案馆编《1949—1952中华人民共和国经济档案资料选编·基本建设投资和建筑业卷》,中国城市经济社会出版社,1989年9月第1版,第443-444页。

❹　陈云:《抗美援朝开始后财经工作的方针》,中国社会科学院、中央档案馆编《1949—1952中华人民共和国经济档案资料选编·财政卷》,经济管理出版社,1995年12月第1版,第766页。

设,促进农业生产恢复。"防止水患,兴修水利"的国家水利方针,使新中国成立初期黄河治理虽然也初步实施了"蓄水拦沙"的治本工作,但是工程建设主要是以黄河下游防洪为中心的修堤工作。

三、黄河治理面临的任务

黄河发源于青藏高原巴颜喀拉山北麓,先后跨越青海、甘肃、陕西、河南等九个省(区),最后注入渤海。由于黄河是一条多泥沙河流,"黄河下游在孟津以下,流经冲积平原,用堤防约束,防止漫溢。堤防用黄土筑成,极易冲蚀;而水流挟带大量泥沙,不断淤积,河床高出堤外陆地,一经溃决,遍地泛滥。历史上黄河大徙七次,造成巨灾,在四千二百三十年内堤防溃决约一千五百八十次。"[1]人为因素的破坏更加剧了灾害发生的频率和危害程度。特别是1938年抗日战争时期,蒋介石扒开花园口黄河大堤,造成了豫、皖、苏三省两万九千平方公里的肥沃土地被淹没,淹死了32万多人;同时黄河改道淤淀了淮河及其支流的河道,造成了淮河的灾害。从以上可以看出,黄河为患的原因不仅是泥沙过多、河道淤淀、洪水大等自然条件,更主要的是半殖民地半封建社会的反动统治阶级忽视与破坏了水利事业,因而造成了人民的浩劫。1946年解放区军民在中国共产党的领导下,"一手拿枪,一手拿锨"开启了人民治黄事业,黄河灾害状况开始改观。经过解放战争时期的黄河治理,治黄事业取得了一定的成就。"三年多以来,解放区人民政府领导人民进行了艰苦巨大的治黄工程,不顾国民党军队的挖堤破坏,窜扰抢掠以及飞机轰炸扫射,先后以二千五百万个人工,完成了一千八百里长的复堤工程和抢修无数处的险工,使沿河千百万人民的生命财产未受大的损失。"[2]

但是,解放战争时期的黄河治理是从当时战争的需要出发的,不是依据对黄河洪水和防洪工程的需要进行的,修复大堤的标准低、抗大洪

---

① 张光斗:《黄河流域开发规划纲要草案》(1951年2月),黄河水利委员会档案馆藏,档案号A0-1(1)-4。

② 《加强领导统一治黄,黄河水利委员会成立,确定当前方针以防汛为主》,载《人民日报》,1949年6月26日第1版。

水能力差。1949年黄河大洪水,使修复的千里堤线岌岌可危。"人民治黄以后虽经三年培修加固,但大堤标准仍然很低,而且隐患很多,高水位持续时间一长,渗水管涌、堤顶塌陷、大堤脱坡、漏洞等险情接连发生。最险恶的时候,大堤坍坡竟日计百里,一周之内出现漏洞430多处,千里堤线,处处险工,稍有疏忽,随处都有溃决的可能。"❶1949年大洪水中,堤防工程暴露出的诸多问题说明这样的大堤不能应对更大洪水威胁。再加上,五十年代黄河是丰水期。1953年、1954年、1957年花园口站曾连续出现10 000立方米每秒以上的洪峰,其中1954年花园口站洪峰量达15 000立方米每秒。❷薄弱的大堤,难以经受频发洪水的猛烈冲击。新中国成立之初,洪水威胁着黄河下游两岸人民生命财产安全,制约着黄淮海大平原区域经济恢复与发展。

四、黄河治理的指导思想

随着解放战争的胜利,全国即将解放,整个黄河将为人民掌握,黄河治理将由分区治理转为全流域治理。面对黄河下游严峻的防洪形势和黄河治理区域扩大,如何确定黄河治理的重心,协调上、中、下游的利益矛盾,成为黄河治理的新问题。为适应新民主主义国家建设的需要,结合黄河治理的新变化,黄河水利委员会在1949年8月起草的《治理黄河初步意见》中提出:"大西北行将解放,整个黄河将为人民所掌握。我们治理黄河的目的,应该是变害河为利河;治理黄河的方针,应该是防灾和兴利并重,上、中、下游统筹,本流与支流兼顾。"❸《治理黄河初步意见》指明了黄河治理的方向是变害为利,改变了"过去有很多人认为黄河是个'败家子',只要能祛除灾害,赶快把水引到海里去就心满意足了"。❹ 的观点,把黄河水看作一种宝贵的资源,并加以利用。同

---

❶ 王化云:《我的治河实践》,河南科学技术出版社,1989年,第79页。

❷ 仝琳琅:《战胜黄河1958年大洪水始末》(1985年),黄河水利委员会档案馆藏,档案号3(1)-85-15。

❸ 黄河水利委员会:《治理黄河初步意见》(1949年8月),黄河水利委员会档案馆藏,档案号A0-1(1)-1。

❹ 张含英:《治理黄河的新的里程碑》,载《人民日报》,1955年7月21日第2版。

时指出,"但目前战争尚未结束,胜利前的困难尚未度过,治理条件尚不具备,同时本支流需要举办的工程很多,今后我们应该根据具体条件,分别缓急,有计划、有步骤地进行"。❶ 虽然,当时黄河水利委员会还没有正式成为水利部领导下的流域性机构,但是已经未雨绸缪,站在全河的高度,谋划新时期的治河事业,勾勒了"除害兴利,分步治理"的治理轮廓。

1950 年 1 月 25 日,中央水利部转发政务院水字 1 号令,把黄河水利委员会改为流域性机构,统筹全河水利事业。黄河水利委员会成为流域性机构后,迅速着手全流域的治理工作。但是,当时面临的困难很多,一方面,经过人民治黄四年修复的大堤,仅能勉强抵御陕县 17 000 立方米每秒的洪水,如何应对较大的洪水,仍是严重问题。另一方面,在黄河中上游建设水库的相关资料很贫乏,不得不需要更多的时间去收集。当时中国是一个经济落后的国家,人力、物力、技术、人才,以及建设大工程的经验都有一定的限制。面对这些情况,黄河水利委员会遵照中央水利部的指示,结合黄河实际情况,在1950 年编制的《黄河水利委员会最近五年水利工作计划大纲》中提出:"我们最近五年治河方针为以防止河患,积极进行水库工程,兴办大型农田水利,增加生产为中心,同时完成流域勘测规划,加强搜集基本资料,试办水土保持以配合流域水利建设的需要。在上、中游洪水拦蓄完成之前,治河工程前三年仍应着重在下游修守,以防御陕县两万立方米每秒的洪水为目标,并开始有重点地整理下游河道,修整险工,堵支塞串,择要护滩,以期逐渐达到固定河槽的目标。"❷这进一步明确了"除害兴利,分步治理"的指导思想。它的基本内涵是以除害兴利为总目标,第一步以防洪为中心,开展下游修防的治标工作;第二步进行水库工程,兴办大型农田水利,增加以生产为中心的治本工作。1950 年 8 月,周恩来在谈到兴修水利

---

❶ 黄河水利委员会:《治理黄河初步意见》(1949 年 8 月),黄河水利委员会档案馆藏,档案号 A0-1(1)-1。

❷ 黄河水利委员会:《黄河水利委员会最近五年水利工作计划大纲》(1950 年),黄河水利委员会档案馆藏,档案号 A0-1(1)-3。

时说:"我们不能只求治标,一定要治本,要把几条主要河流,如淮河、汉水、黄河、长江等修治好。"❶周恩来的话指明了新中国的水利建设要从治标走向治本,对黄河治理方略的形成起到了指导作用。

1951年1月,黄河水利委员会在开封召开了第一次委员会议。在会议中,上、中、下游的委员,对治黄工作的安排与认识存在一些分歧,"西北水利部李丁委员,认为黄委会只重视修防,轻视中游,具体的问题是去年要做荆峪沟土坝工程,我们未同意,今年水土保持,泾河水库研究费用,给的少。对要调西北工程局去绥远办灌溉,尤表不满。甘肃的委员则说黄委会轻视上游,下游的委员对这些看法不同意。总之,上中游委员要求我们注意利字,面向西北,下游则要求注意害字。"❷之后,黄河水利委员会对1950年和1951年工作安排情况做了说明,并提出治河工作应面向全河,统筹兼顾,重点进行;对西北的要求,亦予适当照顾,由下游压缩土方单价项下,给西北工程局增加了事业费100万斤小米,各委员均表同意。在以下游为中心除害,还是以中上游为中心兴利的黄河治理步骤上,有不同看法。分歧的解决,统一了先除害、后兴利的认识,有利于调动上、中、下游治理黄河的积极性,贯彻"除害兴利,分步治理"的指导思想。

在黄河治理的具体步骤上,1952年2月,张光斗在《黄河流域开发规划纲要草案》中指出:"整治黄河工作,规模宏大,不能百岁俱兴,必须人力、物力的可能条件之下,照着需要的轻重缓急,逐步兴办。防洪有极大的不可计利益,所以最为优先。泥沙是治理黄河的症结所在,水土保持既可防止流域土地被冲刷摧毁,又减少河流的含沙量,这是治理黄河的先决条件。水土保持工作的直接利益可能较其他水利事业为低,收效亦缓,但是能解决黄河的症结问题,间接利益和不可计利益很大,所以优先仅次于防洪。黄河流域干旱,需要灌溉,灌溉垦殖增加生

❶　周恩来:《建设与团结》,中国社会科学院、中央档案馆编《1949—1952 中华人民共和国经济档案资料选编·基本建设投资和建筑业卷》,中国城市经济社会出版社,1989年9月第1版,第14页。

❷　王化云:《第一次委员会议经过情况和解决问题向傅部长和李张部长汇报》(1951年1月),黄河水利委员会档案馆藏,档案号3-1952-20y。

产,是人民所必须,也是社会发展和经济建设的基础,所以利益或与水电发电相似,仍应优先举办,水电发电供给工矿事业及灌溉排水的廉价动力是工业化的基础,利益极大,除防洪、水土保持及灌溉亦应占优先。"❶这说明黄河治理是一个渐进的过程,首要是"除害"的防洪和水土保持,其次是"兴利"的灌溉和发电。总之,"除害兴利,分步治理"的治黄思想,是符合新中国初期国情和黄河水情的,有利于指导治黄工作。

第二节 "宽河固堤"治标方略的提出与实施

一、"宽河固堤"治标方略的提出

新中国成立之初,为了消除水患,中央政府高度重视水利建设,并投入了大量资金。"我们在水利方面花了很多钱,这是应该的,因为人民的政府就应该使荒年比以前减少。从前水利没人管,中央人民政府成立的第二年,在水利方面花的钱折合粮食二十七亿斤"❷。但由于1950年江河治理的重心是淮河、长江和华北各水系,当年中央确定治理黄河经费只有8 500万公斤小米。1949年黄河大洪水过后,工程损害严重,堤防工程暴露出很多问题,需要大量治理经费。当时的黄河治理经费不能满足治理工程的需要,制约着黄河治本工作的开展和黄河治理规模的扩大。

按照第一次全国水利会议确立的水利建设方针,1950年1月,黄河水利委员会在开封召开的治黄工作会议上提出:"加强堤坝工程,大力组织防泛工作,要求做到如有比一九四九年更大的洪水到来时,可以确保大堤不准溃决;同时关于观测、水土保持等治本研究工作也应开始

---

❶ 张光斗:《黄河流域开发规划纲要草案》(1951年2月),黄河水利委员会档案馆藏,档案号 A0-1(1)-4。

❷ 中共中央书记处研究室编:《陈云文稿选编》(1949—1956年),人民出版社,1982年6月第1版,第117页。

有步骤地认真进行。"❶这一治黄方针表明当时的治理工作重心在于下游防洪,治本工作还处在附带的研究层面。为了防御黄河洪水泛滥,从1950年春天开始,"根据黄河特点,一方面加高加宽堤防,防止洪水漫堤或决堤成灾;另一方面废除河床民埝,增加洪水容量并使其宣泄畅通,同时修筑溢洪堰,利用滞洪区分泄洪水,以减轻特大洪水对堤防的威胁。"❷根据下游河道特点,采取的一系列工程措施和非工程措施,概括起来叫作"宽河固堤"。主要内容包括废除民埝、开辟分滞洪区、培修加固堤防、石化险工、建立堤防管理和人防体系等。

"宽河固堤"的治理黄河方略,是基于清咸丰五年(1855)黄河在铜瓦厢决口改道,夺大清河入渤海的黄河古道上宽下窄特点和1949年大洪水之后的堤防状况而提出的。从历史的角度看,"宽河固堤"治理黄河方略在理论上并没有多少创新超越的成分。早在抗日战争时期,李赋都在《黄河治理问题》一文中就指出:"黄河堤距在豫冀宽而在鲁窄,此种差异亦有相当作用。洪水期间,上游因堤距较宽,可以储存一部水量,使其徐徐下泄,减少下游水灾。即使保留此种堤距之差异,亦应废除鲁境现有子民埝,而培修民埝以外之大堤。"❸但是,如果把其放在国民经济恢复时期经济社会发展的大背景中去分析,"宽河固堤"的方略无疑是一个从实际出发的正确决策。鉴于洪涝灾害已成为制约黄淮海大平原农业经济恢复发展和威胁人民生命财产的重要因素,黄河水利委员会从黄河下游防洪着手开展治理黄河工作,抓住了治理黄河的主要矛盾,符合国民经济恢复时期经济发展的大方向。因而,"宽河固堤"的方略是在当时治理黄河经费有限的情况下,实现以黄河下游为中心防洪目标的合理选择。之后的以黄河下游防洪为中心治标工程就是按照这一治黄方略展开的。

---

❶ 《治黄工作会议闭幕》,载《光明日报》,1950年2月4日第1版。

❷ 赵明甫:《五年来人民治理黄河的成就》(1955年),黄河水利委员会档案馆藏,档案号3-1953-30y。

❸ 黄河水利委员会黄河志总编辑室编:《历代治黄文选》下册,河南人民出版社,1989年11月第1版,第93页。

二、"宽河固堤"治标工程的开启

在河床内种地的居民，为了保护河滩内农作物不被水淹，按照自己的需要在大堤内修筑民埝❶，这些民埝如果任其逐步连成滩堤，缩窄河槽，便会大大影响排洪。按照宽河固堤的治黄方略，为了畅通河道，增强排洪能力，1950 年黄河水利委员会开始逐步废除民埝。为了确保整个黄河防洪的安全，各级政府和修防部门根据群众生产生活的实际困难，作出了妥善安排，减少了废除民埝的阻力，推进了废除民埝的进程。经过连续几年的努力，加上 20 世纪 50 年代初期黄河处于丰水期接连洪水，民埝基本上被废除和冲毁了。

在春修中实行了"按方给资""按劳记工"和"按工分红"等办法，工效逐步提高。"我们在豫平鲁三省，沿河地区，动员了群众五十一万余人，内中灾民二十二万余人，军工两千八百余人，公私帆船三千余艘，组成了修堤、运石、整修坝埽的大军，全体员工，在当地党政领导之下，经过艰苦的工作，进行了一千万公方的土工，开运了三十三万方石料，集运了九千七百万斤稭柳，按照抵御一万七千秒公方的设计，筑了坚强的堤防。"❷

黄河堤防工程是在历史遗留的旧堤上逐步加修而成的。旧堤质量差，加上人为的破坏和害堤动物挖居住洞穴等原因，堤身内部留下大量隐患。"据建国初期山东河段堤防隐患调查，发现的漏洞有 131 处，堤内修战壕、碉堡或暗洞共 652 处，獾、狐、鼠等动物洞穴 544 处，树穴、坟洞、水井等 428 处。"❸千里之堤，溃于蚁穴。堤身隐患对于黄河大堤的危害性很大。全面整修和加固堤防以提高抗洪能力是堤防建设的重要任务。山东省人民政府为此发布了奖励消灭黄河大堤隐患的办法，规

---

❶ 黄河民埝是河道内滩区群众为保护生产生活而自发修筑的一种圩堤，后来人们称之为生产堤。

❷ 黄河水利委员会：《一九五〇年治黄工作初步总结》（1950 年），黄河水利委员会档案馆藏，档案号 3-1950-10y。

❸ 水利电力部黄河水利委员会治黄研究组编：《黄河的治理与开发》，上海教育出版社，1984 年 12 月第 1 版，第 72 页。

定凡自动报告本人堤上房屋的隐患,不仅给予奖励,而且补助因翻填而损害房屋的拆迁费。这些措施有利于调动黄河两岸群众发现并消除隐患的积极性。1950年封丘修防段工人靳钊发明用钢锥探摸堤身隐患的办法,把消灭隐患的工作向前推进了一大步。靳钊锥探的方法立即在全河推广,并且在实践中不断改进、创新。"到1954年共计锥眼5 800万眼,发现与挖填隐患8万处。同时捕捉獾狐等害堤动物22 850多只,对巩固堤防工程起了重要作用。"❶

　　"有堤无人等于无堤",人力防守大堤是保证堤防安全的重要因素。人民治黄以前,黄河防汛实行汛兵制,靠河防营的汛兵守堤抢险。但是,过去统治阶级治河对人民根本不负责任,靠治河来达到升官发财、满足个人的欲望。"时为营官者,声势烜赫,习气甚深,出必乘舆,扈从蜂拥,行李车、膳夫车随焉。入则高坐,侍者雁列两翼,屏息而立,一呼百诺,皇皇乎俨若大官也"。❷1950年6月6日,中央人民政府政务院作出的《关于建立各级防汛指挥机构的决定》明确规定:以地方行政为主体,邀请驻地解放军代表参加,组成统一的防汛机构,建立了从上到下强大的人防体系。"黄河设防汛总指挥部,以黄河水利委员会为办事机构,统筹黄河防汛工作。黄河流域各省、地、市、县、区(乡)设相应的防汛指挥机构,在当地政府和上级防汛指挥部领导下组织本地区的黄河防汛工作。各级党政军主要负责人一般都是防汛指挥部的领导成员,大汛期间或遇重大险情,亲自上堤,指挥防守。"❸在黄河治本方面,1950年水利部傅作义部长、张含英副部长及布可夫顾问到黄河中游查勘并选择坝址,开始研究黄河治本问题。当时张含英认为,"潼关以下可以解决全部黄河问题,龙门只是局部的,潼关以下在第一个五年计划以内,潼关以上还不在第一个五年计划之内,所以龙门不去可以,多在潼关以下花时间,多了解一些,因为我们的筑坝已到最后的决定阶段,这一次查勘是更进一步得到第一个坝在什么地方修,做具体的

❶　王化云:《我的治河实践》,河南科学技术出版社,1989年,第98-99页。
❷　张含英:《治河论丛》,黄河水利出版社,2013年,第104页。
❸　王化云:《我的治河实践》,河南科学技术出版社,1989年,第105页。

规划和研究。"❶随后,完成了黄河龙孟段查勘,对龙门、三门峡、八里胡同、小浪底四处坝址,测绘了地形、地质图。

但是,黄河治理工作中也出现了许多缺点,"修堤中不进行调查研究,充分准备,贸然施工,梁山、鄄城、利津浪费了大批的民力,防汛中催办名册,群众组织有名无实,以及个别县段的贪污等官僚主义、命令主义的作风依然严重。"❷1950 年的黄河治理是在治黄机构不够健全和各项基本资料残缺不全的基础上开展工作的,时间短、任务重,只能一边进行修堤的工程,一边勘测研究。治黄工作能取得上述成绩,实属不易;治理工作中的缺点,大部分是急于求成的心理造成的。对于一条复杂难治的多泥沙河流,应该逐步摸索其规律,循序渐进地进行,而不应该贸然采取措施,这是黄河治理中应该汲取的教训。

三、"宽河固堤"治标工程的推进

从 1946 年到 1950 年,在中国共产党与人民政府的领导下,千百万人民积极投身于治黄事业中去,取得了较大成绩。"四年中共完成修堤土方 4 600 万公方。整险石方 113 万公方,秸柳 35 000 万斤。同时进行了测验查勘治本的准备工作以及灌溉工作。经过这些巨大的工作,不仅一次又一次地战胜了洪水,保障了千百万人民生命财产的安全,而且为变害河为利河的伟大事业,奠定了初步基础。"❸虽然下游堤防有所加固,但仍然存在着严重的洪水威胁。1951 年 1 月中央财经委员会在《一九五〇年的水利工作总结和一九五一年的方针与任务》中指出 1951 年黄河治理任务是:"黄河整修堤防及河道,以承泄比一九四九年更大的洪水。勘测钻探潼关、三门峡、王家滩三处水库坝北(址),

---

试办泾河拦沙,研究宁绥灌溉。"❶按照中央财经委员会要求,1951年黄河水利委员会提出在下游继续加强堤防,巩固坝埽,大力组织防汛,在一般情况下保证发生比1949年更大洪水时不溃决。在中上游大力筹建水库,试办水土保持,加强测验查勘工作,为根治黄河创造足够条件。

　　1951年中央人民政府对黄河的投资加大,"以一九五一年中央人民政府对于黄河投资为例,仅工程费一项已达五亿斤小麦,比国民党统治时最好的年份还超过五十七倍。"❷推动了黄河治理的发展。在中央水利部和黄河水利委员会的正确领导下,人民群众劳动的热情高涨,成效很大。"由于热烈开展了爱国主义生产运动、捐献运动与广泛订立爱国公约,挖掘了劳动的潜力与智慧,因此效率质量大为提高,胜利完成了土方31 390 181公方,石料681 026公方,秸柳70 800 000市斤,(以上山东防凌工程未统计在内)并在各项工作中涌现出成千上万的模范人物和模范事迹。"❸为了防御异常洪水和解除下游解冻时期冰凌壅塞所造成的灾害,"人民政府乃于一九五一年分别在平原省长垣县的石头庄、山东省利津县的小街子两地修建了溢洪堰与溢水堰工程,以蓄滞一部分洪水,保证大河安全。"❹这些滞洪分洪区的建设是在黄河上游的蓄水库等治本工程完成以前,牺牲局部、顾全全局、减少洪水灾患的必要措施。

　　1951年是以黄河下游防洪为中心治标任务成绩最大的一年,但也存在不少问题。"首先是设计不周密、不切实,工程要求高,经费要求多,主要表现预算数字大不能按计划完成工程。如防洪工程预算高

---

❶　中央档案馆、中共中央文献研究室编:《中共中央文件选集(1949.10—1966.5)》第5册,人民出版社,2013年6月第1版,第45页。

❷　王化云:《二年来人民治黄的伟大成就》,中国社会科学院、中央档案馆编《1949—1952中华人民共和国经济档案资料选编·农业卷》,社会科学文献出版社,1991年11月第1版,第471页。

❸　黄河水利委员会:《一九五一年治黄工作基本总结与一九五二年治黄方针任务》(1951年),黄河水利委员会档案馆藏,档案号3-1951-17y。

❹　王化云:《人民的新黄河》(1952年10月),黄河水利委员会档案馆藏,档案号3-1952-22y。

22.8%,引黄工程高6%,中游水库高27%。其次施工缺乏调查研究、精确计算,计划性不够,形成严重积压资金与浪费国家资财的现象。第三,有的为胜利冲昏头脑,夸大成绩,过高估计自己的力量,骄傲自满,官本位主义,强迫命令,官僚主义作风,不遵守财政纪律。"❶上述问题说明,在1951年的黄河治理中,治黄工作者在提高工作热情的同时,缺乏调查研究,盲目上马治理工程的现象滋长。这种现象背离了实事求是,一切从实际出发的宗旨,违反了科学治理的原则,为后来的决策失误埋下了隐患。

按照中央的水利方针,1951年黄河水利委员会提出:1952年在"以防洪为主,大力进行治本准备工作"方针下,积极整修堤防,巩固埽坝;强化溢洪堰工程,大力组织防汛;开展护堤锥探运动,积极测验、规划中游水库;结合水土保持,重点试办支流水库、大型留淤场,完成引黄济卫工程。经过1952年的工程建设,黄河下游的防洪工程大大加强,"堤防工程方面,培修了一千三百余公里的大堤,完成了土方工程八千二百余万公方,下游数以万计的坝埽均由秸埽(高粱秆子)改为石坝,完成了石方工程一百七十余万公方。而且由于共产党沿河各级组织及沿河各级人民政府的领导、农民与工人的英勇工作,创造了许多有益的经验,提高了工作效率。就土方和石方工程来说,在开始时一个工一天只能做到一公方上下,现在全线平均一个工二至四公方,约提高效率一倍至三倍,为国家节省了大量资财。为了巩固堤防,又完成种树四百八十九万余株,植草一千七百六十七万余丛,锥探填补洞穴四万二千五百余个的任务。"❷这样,黄河下游的堤防工程基本上拥有了防御23 000立方米每秒洪水的能力。虽然1952年在堤防工程的建设中取得了很大成绩,但也存在着一些问题,"工程设计与实际脱节,施工无计划,如西北水利部潼关黄河防汛护岸工程一九五一年及一九五二年工程计划的设计,由于未经过详细勘测,或以过时的地图设计,以致造成实际与

---

❶ 黄河水利委员会:《一九五一年治黄工作基本总结与一九五二年治黄方针任务》(1951年),黄河水利委员会档案馆藏,档案号3-1951-17y。

❷ 王化云:《人民的新黄河》(1952年),黄河水利委员会档案馆藏,档案号3-1952-22y。

计划脱节的严重现象。财务计划不精确,高估工料,轻视财务工作。这是建设工程中很严重的不好现象,如潼关黄河防汛护岸工程,原计划抛石每方一万元,增产节约计划改为八千元。但实际价格每方最高价是八千元,最低价为二千元,平均每方约高估四千元。"[1]在施工过程中,工程设计不注重科学、财务计划不准确的现象存在并发展,不仅浪费国家资产,而且会助长轻科学、凭激情蛮干的行为,应当引以为戒。

四、"宽河固堤"方略的成效与评价

战胜 1958 年大洪水的实践,证明了"宽河固堤"方略的正确性。"河南宽河道在洪水演进过程中起了重大削峰作用。花园口至孙口河段长 320 公里,漫滩水深近 2 米,最大达 4 米以上,槽蓄量 24 亿多立方米,比北金堤滞洪区的有效滞洪容积还大,洪峰流量由花园口 22 300 立方米每秒到孙口削减为 15 900 立方米每秒,东平湖最大入湖流量 9 500 立方米每秒,调蓄水量 9.5 亿立方米,到艾山洪峰流量削减到 12 600 立方米每秒,起了自然削峰的作用。"[2]因此,宽河政策同黄河洪水特性相适应,是正确的。宽河的作用在于削峰滞洪,固堤则是防止决口的关键。战胜 1958 年的大洪水,主要归功于人民治黄以来对黄河下游大堤的加固。"在黄河上能够取得这样伟大胜利,是和十多年来积极治理黄河分不开的。从 1946 年人民治黄以来,中国共产党和人民政府对黄河的防洪工作,给予极大的重视。一千八百公里长的黄河大堤,一般都加高了二公尺以上。原有破烂不堪的秸料坝垛,也都改建成石坝和石护坡。几年来利用锥探发现并挖填二十六万多处大堤隐患。沿河群众爱堤如命,经常有健全的护堤组织进行植树种草和岁修养护工作。基于千百万人民几年来的血汗劳动,大堤的抗洪能力有了显著的提高。"[3]

---

❶　西北财政部:《西北财政部财政监察工作报告》,中国社会科学院、中央档案馆编《1949—1952 中华人民共和国经济档案资料选编·财政卷》,经济管理出版社,1995 年 12 月第 1 版,第 1166 页。

❷　王化云:《我的治河实践》,河南科学技术出版社,1989 年,第 124 页。

❸　《史无前例的一次伟大胜利》,载《人民日报》,1958 年 7 月 28 日第 5 版。

"宽河固堤"方略,原本设想仅作为"蓄水拦沙"治本方略实现前的一项过渡性措施。但实践证明,仅靠单一的蓄水拦沙无法解决黄河的泥沙淤积问题。随着人们对黄河自身规律认识的不断提高,意识到黄河下游防洪是一项长期而艰巨的任务,"宽河固堤"仍是黄河下游治理的基本方略之一。

第三节 "蓄水拦沙"治本方略的
形成与初步实施

一、"蓄水拦沙"治本方略的提出

黄河下游治黄工程的实施,使黄河防洪形势有了很大改观,为黄河治理由治标向治本的转变创造了条件。1952年1月,黄河水利委员会在《关于编制治理黄河初步计划草案的意见》中提出,根据国家经济建设的需要与根治黄河的要求,有计划、有步骤的达到变害河为利河的目的,必须根除下游洪水灾害与中上游水土流失,开发水利资源。实现变害河为利河的方法是"用蓄水拦沙,达到兴利除害的目的,蓄水不但控制洪水减除灾害,还使黄河全部的水尽其最大效用,拦沙既减除下游淤积河道的危害,更可保持上、中游原土地不再继续冲蚀,进一步发挥土地效用。"❶这第一次明确提出了"蓄水拦沙"方略。但在实现"蓄水拦沙"的步骤上,存在两种不同的主张:"其一为顾虑中游大水库因淤积失其效用,先从小水库入手,继续修防工程,等到水土流失达到一定成果,再施筑中游大水库,以根绝下游洪水灾害。另一为采取各支流水库同时考虑,从全面黄河建设要求,作多元化的开发,选择中游干流上一两处的水库要大,在支流上做一系列的水库要多,配合水土保持工作,解决泥沙问题,以保持水库的效用,为了解决泥沙问题,不免有部分的

---

❶ 黄河水利委员会:《关于编制治理黄河初步计划草案的意见》(1952年1月9日),黄河水利委员会档案馆藏,档案号3-1952-24y。

牺牲,应从经济效益作比较,争取大而有效的水库不使遭受损失,而小的水库达到充分利用。"❶

在多泥沙的河流上建水库,在当时来说是一个艰难的尝试,需要遵循黄河自身规律,认真研究,谨慎对待。前一种观点在今天看来,与当时黄河治理情况是基本符合的,但为了与国民经济建设发展相适应,加快实现从治标向治本的过渡,这种观点遭到了否定。"前一种主张对于水土保持不能提出一定的道路,而对目前防洪,也不能作适当的解决,是消极等待的态度,在人民治黄方针上,是不能采取的,必定要积极争取解除目前灾害,并与开发国民经济建设相配合,应当勇敢前进,采取第二条道路。"❶

1952年3月21日,政务院第129次会议通过的《关于1952年水利工作的决定》指出:"从一九五二年起,水利建设在总的方向上是由局部的转向流域的规划,由临时性的转向永久性的工程,由消极的除害转向积极的兴利。"❷

随着中央水利建设方针的改变,黄河治理进程也在变化,在以下游防洪为中心的基础上,加大了治本力度。同年5月,黄河水利委员会提出的《黄河水利委员会关于黄河治理方略的意见》中进一步指出:根据黄河的状况与我们治理的目的,我们治理黄河的总方略应该是用'蓄水拦沙'的方法,达到综合性开发的目的。此一阶段关于"蓄水拦沙"治黄方略还处于构想层面,没有进入报批阶段。但在下游修防工程取得成效的基础上,黄河水利委员会积极推进治本的准备工作,为黄河治理由治标到治本的转变创造了条件。

1952年10月30日,毛泽东视察黄河,在听取黄河水利委员会主任王化云关于制订修建三门峡水库的规划时说:"这个大水库修起来,

---

❶　黄河水利委员会:《关于编制治理黄河初步计划草案的意见》(1952年1月9日),黄河水利委员会档案馆藏,档案号3-1952-24y。

❷　政务院:《政务院关于一九五二年水利工作的决定》(节录),中国社会科学院、中央档案馆:《1949—1952中华人民共和国经济档案资料选编·基本建设投资和建筑业卷》,中国城市经济社会出版社,1989年9月第1版,第918页。

能防洪,能发电,还能灌溉大量农田,你们的规划是可以研究的。"❶
1952 年 10 月 31 日,毛泽东在黄河岸边的邙山山顶,对陪同的河南省
委、郑州市委负责人说:"你们要把黄河的事情办好,不然,我是睡不好
觉的。"❷毛泽东根治黄河的话语,鼓舞了大家治理好黄河的决心,客观
上推动了治本工作的发展。

二、"蓄水拦沙"成为流域规划中的治黄方略

由于抗美援朝、土地改革、"三反"运动、"五反"运动及经济恢复等
工作的伟大胜利,经济体制开始向计划经济体制过渡。1953 年是中国
由国民经济恢复时期走向计划经济阶段的开始。计划经济体制的特征
是,在国家的集中统一领导下,把财力、物力、人力集中统一在中央手
中,对国民经济发展采取计划管理手段运行。计划经济体制在新中国
初期适应了当时中国的生产力发展水平,推动了生产力的发展,特别是
计划经济体制能够整合国家资源和力量。大规模地开展江河治理工
作,使黄河治理迎来了大发展时期,为黄河治理由治标向治本转变提供
了契机。1953 年在水利部和黄河水利委员会的要求下,经过与苏联政
府商谈,决定把治理黄河工程列入苏联援助的 156 个工程项目中,推进
了黄河治本工作的发展。

新中国成立之后,治黄工作在党和政府的领导下,取得了不小的成
就,为黄河治理由治标向治本转变奠定了基础,首先是经过七年来的修
防工作,下游的堤坝溢洪等工程以及防汛的组织,已获得了相当的巩
固,可以说以防御 1933 年陕州洪水流量 23 000 立方米每秒的目标,已
经基本实现,因此胜利地度过了六次大汛,保卫了沿黄人民的财产。其
次是自中央人民政府水利部成立,黄河统一机构建立以来,在这四年
中,进行了巨大的治本准备工作,为黄河治本取得了一大部分基本资
料。再次是引黄灌溉济卫工程的完成,保证了约七十余万亩农田的灌

❶ 中共中央文献研究室编:《毛泽东年谱(1949—1976)》第 1 卷,中央文献出版社,
2013 年 12 月第 1 版,第 621 页。
❷ 中共中央文献研究室编:《毛泽东年谱(1949—1976)》第 1 卷,中央文献出版社,
2013 年 12 月第 1 版,第 622 页。

溉不受旱灾的威胁。❶

1953 年 2 月 16 日,毛泽东在谈到三门峡水库建成后的使用年限等问题时,"强调修水库的同时应注意黄河流域水土保持的问题,'要修水库,不要修泥库'"。❷ 毛泽东已经意识到了黄河泥沙问题的严重性,并对三门峡水库修建提出了要求。后来的结果,也印证了毛泽东的忧虑是正确的。1953 年 3 月,国家计委在《1953 年度国民经济计划(提要)》中指出:"黄河——投资二八四三亿元。一九五三年中心是进行中游治本水库的勘测设计,年内做出三门峡与邙山水库的初步比较方案。此外是推行水土保持,继续加强堤防,消灭隐患,保证在一九三三年同样洪水的情况下不溃决。估计需要做土方八三七万公方,石方四八万公方,全部水土保持工程约需二六七点五万公方。"❸

按照中央的要求,黄河水利委员会认为黄河治理由治标向治本转变的条件已经成熟,在 1953 年制定的《一九五三年治黄任务的决定》中指出:"1953 年的治黄工作,为由修防转入治本的一年,是我们能否争取早日完成治本的一部分基本工程的关键,因此 1953 年的治本工作准备工作,必须作为我们的中心任务之一,用比以往更大的力量、更大的规模去进行。"❶这表明,1953 年黄河水利委员会治理的重心已转向治本,主要任务是向中央报批治本意见和收集编制规划的资料。

1953 年 5 月 31 日,黄河水利委员会主任王化云给时任中共中央农村工作部部长邓子恢呈送的《关于黄河的基本情况与根治意见的报告》中指出:"我们根据我国人民几千年来与黄河斗争的经验,与对黄河活动规律的粗浅了解,认为今后根治黄河的方策应该采取如下一条

---

❶ 黄河水利委员会:《一九五三年治黄任务的决定》(1953 年 2 月 19 日),黄河水利委员会档案馆藏,档案号 3-1953-27y。

❷ 中共中央文献研究室编:《毛泽东年谱(1949—1976)》第 2 卷,中央文献出版社,2013 年 12 月第 1 版,第 30 页。

❸ 国家计委:1953 年度国民经济计划(提要)〔节录〕,中国社会科学院　中共档案馆编《1953—1957 中华人民共和国经济档案资料选编·固定资产投资与建筑业卷》:中国物资出版社,1998 年 9 月第 1 版,第 981 页。

方针,四套办法,依据泥沙平则淤、陡则冲的规律与黄河流域的情况,治河的总方针应是蓄水拦沙,就是把泥沙拦在西北的千河万沟与广大土地里。"❶从报告中可以看出,蓄水拦沙的方略是王化云对黄河治理进行历史性全面分析得出的结论,其正确与否,原则上要经过科学的泥沙试验进行验证。但是,"一五"计划的建设亟需水电能源,必须加快黄河水利开发的步伐,蓄水拦沙的方略实际上没有经过实证分析。6月2日,邓子恢向中共中央主席毛泽东推荐了王化云的报告,并请示中央如同意王化云对黄河情况的分析和采取的方略,由水利部和黄河水利委员会做出规划,发陕、甘、晋、宁、豫各省(区)研究。

1953年12月31日,水利部在全国水利会议上提出的《四年水利工作总结与方针任务》中,对1954年黄河治理提出的要求是:在中游水库未完成前,继续加强堤防岁修与防汛工作,并继续研究制定黄河的流域规划。按照水利部的要求,1954年黄河水利委员会一方面继续加强修防工作,一方面加紧研究制定黄河的流域规划。1954年3月,黄河下游春季修堤工程全面开工。河南、山东两省各工段上堤的民工共达五万多人。参加春修工程的民工劳动积极性高涨,许多包工队都重新整顿劳动组织并积极改进工具,推行先进工作法,使工程质量和工作效率都有提高。

与此同时,黄河流域规划工作加快进行。1954年2—6月,中央组成黄河查勘团,开始从河口到刘家峡进行现场查勘,获得了一些第一手的资料。1954年4月,黄河规划委员会成立,在苏联专家指导下进行规划编制工作。1954年12月23日,黄河规划委员会完成了《黄河综合利用规划技术经济报告》的编制工作。该报告明确指出基本方法是蓄水拦沙,即从高原到山沟、从支流到干流,节节蓄水,分段拦泥;尽一切可能把河水用在工业、农业和运输业上,把黄土和雨水留在农田上。黄河流域规划的编制标志着治本准备工作已经完成,为全面治本工作奠定了基础。1955年7月30日,第一届全国人大第二次全体会议上

---

❶ 王化云:《关于黄河基本情况与根治意见的报告》(1953年5月31日),黄河水利委员会档案馆藏,档案号A0-1(1)-8。

通过了《关于根治黄河水害和开发黄河水利的综合规划的决议》,批准了规划的原则和基本内容。

黄河治理从 1953 年转入治本,不到三年时间就完成了规划的编制并通过全国人大的批准,治本工作效率很高,但也存在一些问题,主要表现在两个方面:①在黄河治本问题上,对主客观条件估计不足,有性急冒进的倾向,年年都列水库筹备计划,结果年年都落空。②在各项基本工作上缺乏深入检查,因而缺点和错误亦很大。这表现在测量工作上,单纯地追逐效率不问质量,结果效率逐年提高而质量年年降低。❶顺应国家经济建设的需要和加快推进治本工作的初衷是对的,但工作中冒进倾向及追逐效率无视质量的现象,会导致治本工作不可估量的损失,应该引以为戒。后来,周恩来在总结治理黄河的经验教训时说:"黄河规划搞得比较快,由 1952 年到 1955 年花了三年的时间就搞出来了,写报告只花了 8 个月,这样大的河流,问题是比较复杂的,规划时间短了些,搞得比较粗糙。"❷

三、"蓄水拦沙"治本方略的初步实施

(一)三门峡水利工程决策的形成

早在民国时期,张含英就主张在三门峡筑坝,对黄河水加以利用。"陕县至孟津位于山谷之中,且临近下游,故为建筑拦洪水库之优良区域。其筑坝之地址,应为陕县之三门峡及新安之八里胡同。详加计划以便防洪、发电、蓄水三者各得其当。"❸源于战乱和国民政府的腐败,当时三门峡水利工程只停留在构想层面。为了根治黄河水害、开发黄河水利,新中国成立后,黄河水利委员会积极谋划治理方案,认为通过修建水库才能从根本上解决黄河水害。要修水库首要的是选择坝址,1950 年 3—6 月,黄河水利委员会组织查勘队对三门峡、八里胡同、小

---

❶　王化云:《黄河治本计划进行情况与今后治黄工作的几个问题》(1954 年 4 月 28日),黄河水利委员会档案馆藏,档案号 3-1953-30y。

❷　曹应旺:《周恩来与治水》,中央文献出版社,1991 年,第 87 页。

❸　水利部黄河水利委员会勘测规划设计院编:《黄河规划志》,河南人民出版社,1991年 11 月第 1 版,第 64 页。

浪底等坝址进行了查勘。经过查勘和分析研究,认为八里胡同虽然地形较好,但是地质条件不如三门峡。

1950年6月,水利部部长傅作义率领张含英、张光斗和苏联顾问布可夫等专家视察黄河,并召开了座谈会。在座谈会上,张含英认为,"潼关以下可以解决全部黄河问题,龙门只是局部的,潼关以下在第一个五年计划以内,潼关以上还不在第一个五年计划之内,所以龙门不去可以,多在潼关以下花时间,多了解一些,因为我们的筑坝已到最后的决定阶段,这一次查勘是更进一步得到第一个坝在什么地方修,做具体的规划和研究。"❶这说明当时迫切的任务是在潼关以下寻找合适的坝址。关于在三门峡筑坝的目的,当时的黄河水利委员会总工程师刘德润认为:"关于三门峡规划目前还以防洪为主,其次如发电、灌溉等都是在防洪的基础上去做,防洪只靠修堤不能解决问题,必须在中上游筑坝控制洪水,黄河的洪峰很猛,洪水期短,所以筑坝很容易解决蓄洪问题而且也甚经济。"❶随后,傅作义率领张含英、张光斗和苏联顾问布可夫等专家考察了潼关至孟津河段,对修建防洪水库作了原则性指示。但是,在国民经济恢复时期,国家的政治环境、经济实力和技术水平还不具备修建三门峡水库的条件。

到1952年下半年,随着国民经济的逐步恢复,修建水库的计划又被提上日程,但考虑到修建三门峡水库移民淹地太多,反对呼声太大,黄河水利委员会开始研究在邙山修建水库的可能性。经过计算,在邙山修建160亿立方米库容的滞洪水库,需要投资10亿元以上,移民15万人以上。黄河水利委员会认为,与其花这么多钱修建邙山水库,还不如修建三门峡水库。于是,黄河水利委员会又开始主张修建三门峡水库。1953年2月,毛泽东第二次视察黄河时,黄河水利委员会主任王化云向毛泽东汇报治黄工作,说明了由修建邙山水库转为三门峡水库的原因。但是,不久之后水利部对修建水库的指示明确指出:"第一,要迅速解决防洪问题;第二,根据国家目前的状况,花钱、移民都不能过

---

❶ 黄河水利委员会:《水利部傅部长、张副部长及布可夫顾问来会视察座谈会记录》(1950年6月),黄河水利委员会档案馆藏,档案号A0-1(1)-2。

多,钱不能超过五亿元,人不能超过 5 万人。"❶按照水利部的指示,黄河水利委员会采取降低坝高、缩小库容的办法,重新规划将三门峡水库改为邙山头和芝川两个水库。1953 年 6 月,邓子恢在《邓子恢同志关于治黄问题给主席的信》中提到了这一方案,"王化云同志又提出了目前防洪措施,从二十几个水库方案中挑选芝川、邙山头(以第四方案为好)两个水库为今后五年内先修目标,此两个水库可蓄洪八十七亿公方,包括晋、陕、豫三省,只淹地四十万亩,移民七万三千余,投资五万一千余亿元,时间五年。"❷

　　1954 年上半年,苏联专家组在经过全河大查勘后,否定了在邙山修建水库的方案,推荐在三门峡修建水库,主要理由有两个方面,"①邙山地质系流沙,不能筑超过十五公尺的高坝。②三门峡水库能控制黄河流域面积百分之九十二,如果修高程到三百五十,计算库容三百六十亿公方,能完全控制陕州以上的洪水,拦住泥沙,以赢得时间进行支流与水土保持工作。"❸1954 年 11 月,黄河水利委员会在《黄河综合利用规划技术经济报告基本情况》中确定三门峡水利枢纽为第一期工程对象,认为邙山水利枢纽"既没有足够的库容来调节径流,拦阻洪水和处理泥沙,同时又不能解决发电问题,邙山水利枢纽的混凝土溢流坝曾拟修筑在十分松软而且具有流沙性质的基土上。修建类似这种水头高达 40 公尺的建筑物,在世界水利工程方面尚无前例。邙山水利枢纽的造价超过了三门峡。因此,三门峡水利枢纽确定为第一期工程对象。"❹1955 年 7 月,一届人大二次会议通过了《关于根治黄河水害和开发黄河水利的综合规划的决议》。至此,修建三门峡水库的决策最终完成。

❶　王化云:《我的治河实践》,河南科学技术出版社,1989 年,第 176 页。

❷　邓子恢:《邓子恢同志关于治黄问题给主席的信》(1953 年 6 月 2 日),黄河水利委员会档案馆藏,档案号 A0-1(1)-8。

❸　王化云:《关于治黄工作问题向省委的请示》(1954 年 5 月 26 日),黄河水利委员会档案馆藏,档案号 3-1953-30y。

❹　黄河规划委员会:《黄河综合利用规划技术经济报告基本情况》(1954 年 11 月 29 日),黄河水利委员会档案馆藏,档案号规-1-66。

修建三门峡水库的决策可谓一波三折。究其原因为根治黄河水害、开发黄河水利、修建三门峡水库的初衷是好的,但是新中国成立初期,国家经济实力落后,技术力量薄弱,缺乏修建大水库的经验,以及对黄河水沙规律认识不够,这些制约因素决定了修建三门峡水库的决策曲折性。随着国民经济的恢复,特别是"一五"计划的制定,把黄河治理列入了苏联援建的156个工程项目中,推进了修建三门峡水库的决策进程,在苏联专家的帮助下最终完成了决策。苏联专家认为,水土保持可以很快生效,进入水库的泥沙会很快减少,可用三门峡高坝大库拦蓄泥沙,下泄清水刷深黄河下游河床,会把黄河变为地下河。对这样的观点,中国一些专家是有不同看法的。例如清华大学黄万里教授认为,"在坡面上的水土应该设法尽量保持在原地,但对于那些已经流入了河槽里的泥沙却相反地应该要督促它们随着水流下去。这才是人们了解了自然规律而去限制它、利用它,却不是改变它的正确措施。那些故意要把泥沙留在库内的设计思想是错误而有害的,主张在支流修拦沙坝是企图改变客观规律的措施,是不正确的,这样地在河槽里拦截水土,不得称为水土保持。"❶但是,由于急于制定黄河流域规划,开展治本的工程建设,偏信了苏联专家的意见,而中国学者的合理化建议并没有引起重视。在水利部内部也有不同认识,当时的水利部副部长钱正英说:"当年水利勘测设计局的局长江国栋同志,查勘黄河回来以后就偷偷地跟我讲,水土保持能那么快起作用吗?但这个话他不敢大声讲,大声讲人家会给你戴一顶帽子,说你怀疑社会主义制度的优越性。"❷可以想见,当科学的不同意见被认为错误的政治观点时,正确的决策就很难产生。后来的实践证明了修建三门峡水库的决策是存在问题的。

(二)三门峡水利工程前期工作的开展

1955年《黄河综合利用规划技术经济报告》中拟定的三门峡水利枢纽标准是:"拟建混凝土溢流坝,坝高八十五公尺,水位高程(提高水

---

❶ 黄万里:《清华大学黄万里的信》(1964年),黄河水利委员会档案馆藏,档案号3-1964-97y。

❷ 钱正英:《钱正英水利文选》,中国水利水电出版社,2000年,第159页。

位后水面达到的标高,以大沽口水位为〇)三百五十公尺,水头(水坝上、下游水位标高之差)七十公尺,水库容量三百六十亿立方公尺,有效库容二百七十亿立方公尺。三门峡水利枢纽的巨大水库将可起拦沙和调节流量的作用,使千年一遇的洪水流量自每秒三万六千八百立方公尺减低到每秒八千立方公尺,消除了下游洪水危险,最低流量自每秒一百九十七立方公尺增加到每秒五百到六百立方公尺,既可防洪,又可保证下游灌溉土地二千一百万亩的用水,并创造了下游通航的条件。"❶

为了保证三门峡水利枢纽工程如期完成,必须及早动手,在三门峡水库拦洪前做好移民工作。按照黄河流域规划中所提出的移民计划,第一期水库蓄水位高程 333.6 公尺,移民 21.5 万人。其中,陕西省移民数量最多,为 13.63 万人;河南省次之,为 4.9 万人;山西省最少,为 2.97 万人。1955 年 10 月 14 日,中央农村工作部与陕西、山西和河南省委领导,以及水利部、农业部和黄河水利委员会,围绕三门峡水库区移民问题进行了商谈,结果如下:"陕西人数较多(上列数字系人口没有普查以前的数字,现在比上数略多,估计可能有十五万人),迁移办法有三条出路:一是出省,二是上山,三是在关中分散安置。经过商谈分析,认为第三项办法虽然是迁出的群众比较容易接受的,动员他们外移的困难可能较少;但是要移入地区的群众让出现耕的一部分土地给移民,那是有困难的,而且从发展生产讲利益不大。除了少数实在不愿向远处迁移的年老人以外,一般不宜采用这种办法。第二项办法,移到山区开荒,这是可行的。但是在最近三四年内,容量不大。所以还须做移民出省开荒的打算。陕西意见愿迁往甘肃,甘肃省银川(今银川为宁夏回族自治区首府)和河西两地初步估计能够容纳六万到十万人,

---

❶ 国家计委、国家建委:《国家计委党组、国家建委党组关于黄河综合利用规划技术经济报告给中央的报告》,中国社会科学院、中央档案馆编《1953—1957 中华人民共和国经济档案资料选编·农业卷》,中国物价出版社,1998 年 9 月第 1 版,第 573-574 页。

在三四年内是否还能再多容纳一些，还须陕西与甘肃具体商议。"❶这说明，以大淹没换取大库容的方法引起的移民问题是非常棘手的，需要充分考虑各种情况并妥善安置。

开展三门峡水利工程，需要成立三门峡工程的领导机构，1955年12月6日，经国务院常务会议批准，刘子厚任黄河三门峡工程局局长，王化云、张铁铮、齐文川任副局长。三门峡工程机构的组建推动了工程开展的步伐。1956年1月，水利部召开了全国水利会议，在《水利部党组关于一九五六年全国水利会议的报告》摘要中指出："黄河水利委员会一九五六年进行三门峡水库准备工程，争取提前开工，并且争取一九五九年起拦洪作用。在黄土高原区大力开展水土保持工作。同时继续完成下游堤防加固、堤基处理和临时防洪措施。支流水库和主要灌区的设计和施工也应该提前。"❷

1956年上半年，列宁格勒水电设计分院提出三门峡工程初步设计360米高程。1956年7月，国务院审查决定大坝和电站按正常高水位360米一次建成，1962年全部建成。这样的设计把原有的水位高程350米提高为360米，要多淹耕地126万亩，多迁移31万人，对陕西影响较大，他们的反应激烈，曾多次向中央领导同志反映这一问题，并请求降低水位高程。在此期间，清华大学教授黄万里向黄河水利委员提出的《对于三门峡水库现行规划方法的意见》认为，"经济坝高的决定要通过全面经济核算，其水位应比360～370米低；他还根据河沙自然运行规律，建议'把六条施工排水洞留下，切勿堵死，以备他年泄水排沙，起减缓淤积作用'。"❸水电总局温善章向水利部和国务院呈送的《对三门峡水电站的意见》认为，三门峡水库正常高水位不需要360米，只需335米，取得90亿立方米的有效库容，可满足下游防御千年一

❶ 中央档案馆、中共中央文献研究室编：《中共中央文件选集》（1949.10—1966.5）第21册，人民出版社，2013年6月第1版，第122页。

❷ 中央档案馆、中共中央文献研究室编：《中共中央文件选集》（1949.10—1966.5）第23册，人民出版社，2013年6月第1版，第100页。

❸ 水利部黄河水利委员会勘测规划设计院编：《黄河规划志》，河南人民出版社，1991年11月第1版，第155页。

遇洪水的要求,水库按滞洪排沙方式运用,死水位 300～305 米,汛期不蓄水,排泄泥沙,汛末和冬季蓄水,以备春季灌溉和航运之用,迁移人口估计不会超过 10 万～15 万人,投资也将大大降低。

列宁格勒水电设计分院于 1956 年底完成初步设计。1957 年 2 月 5 日,国务院副总理邓子恢向毛泽东写的《关于建议按原定计划动工修建三门峡水库的请示报告》中说:"三门峡水库是黄河综合利用的水利枢纽,目前准备工作已经就绪,建议不要停止兴建,按原定计划在今年二月开工,以争取在一九五九年汛期内部分蓄洪。"❶毛泽东批示,由陈云、李富春、李先念、黄克诚等组成的中央经济工作小组对此事进行处理。1957 年 2 月,国家建委(现为中华人民共和国住房和城乡建设部)已对苏联提交的初步设计进行了审查,并准备报送国务院审批。"1957 年,3 月 7 日,中央经济工作五人小组研究后提出调整意见,先行开工,适当延长工期,并对基建规模作必要的压缩。4 月 13 日,三门峡水库工程正式开工。"❷1957 年 4 月 13 日,三门峡水利枢纽工程隆重举行开工典礼。在这个时候,周恩来仍指示水利部请水利专家对水库建设的相关问题进行讨论,以期获得正确的解决方案。

1957 年 6 月 10 日至 24 日,水利部在北京召开了三门峡水利枢纽讨论会。会议对三门峡水库应不应该修、水库的拦沙与排沙、水库综合利用与运用等问题展开了讨论。绝大多数人主张高坝大库拦沙,充分综合运用。少数人认为:黄河水流含沙量大,以蓄水为主的综合利用势必导致水库淤积很快,寿命很短,水库淤满失效后,下游严重的洪水灾害将无法解决,同时考虑到我国土地少、人口多、移民极其困难,所以三门峡水库应以滞洪排沙为主,汛后蓄水发挥综合利用效益。其中,黄万里认为"最好还是把泥沙一直排下去,上游水灾问题也能解决,三门峡水库寿命也可以延长,下游河道的冲刷问题也可以少一些,除非真是没

---

❶　中共中央文献研究室编:《毛泽东年谱(1949—1976)》第 3 卷,中央文献出版社,2013 年 12 月第 1 版,第 73 页。

❷　水利部黄河水利委员会勘测规划设计院编:《黄河规划志》,河南人民出版社,1991 年 11 月第 1 版,第 156 页。

有办法才留在水库里面。坝下留底孔或采用其他的方法可以把沙排下去。"❶在会上他坚持己见进行争辩,"警告上游秦川将淤垫,下游清水将顶冲,并建议留洞排沙"。❷ 留洞排沙的建议被与会者认可,列入当时的规划,但不幸的是后来施工中把6个底孔都堵死了。

1957年7月,水利部将讨论会的情况向周恩来作了汇报。周恩来要求水利部对水库各种规划方案、水库上游浸没情况、下游河道治理等问题进一步研究。1957年11月3日,水利部向国务院提交的《关于三门峡水利枢纽问题的报告》建议:大坝水位按360米设计,350米施工。国务院把该报告批转陕西、河南、山西、山东等省讨论并提意见。陕西省回文提出意见:"①水土保持减沙效益,现在认为有可能加快,因此可缩小三门峡淤积库容;②水库回水末端泥沙淤积将逐渐向上游延伸,库水位350米,渭河两岸浸没影响可达15～30公里,西安市北郊375米高程的工业区很可能受到影响;③建议正常水位按350米设计,340米建成,可减少淹没耕地46%,减少移民50%。"❸1957年11月,国务院在吸取专家意见的基础上,根据周恩来总理的指示提出:大坝按正常高水位360米设计,350米是一个较长时期的运用水位。

四、"蓄水拦沙"治本方略的评价

由于缺乏治水经验,对黄河泥沙运动规律认识不足,对苏联专家的过于依赖,加上性急冒进的倾向等,导致治黄工作出现重大失误。按照"蓄水拦沙"治本方略规划修建的三门峡水库蓄水一年半后,15亿吨泥沙淤积库区,回水倒灌关中平原,危及西安。水库不得不改变运用方式,连带着下游规划的几座大坝也被迫下马。实践证明,三门峡水利工程没有达到预期目标,是失败的。究其原因在于黄河流域规划编制过程中存在问题,首先是"蓄水拦沙"方略是由黄河水利委员会在全面分

❶ 王瑞芳:《当代中国水利史(1949—2011)》,中国社会科学出版社,2014年,第241页。
❷ 黄万里:《清华大学黄万里的信》(1964年),黄河水利委员会档案馆藏,档案号3-1964-97y。
❸ 水利部黄河水利委员会勘测规划设计院编:《黄河规划志》,河南人民出版社,1991年11月,第157页。

析历史经验的基础上提出的,没有经过科学的泥沙试验。其次,听信没有在多泥沙河流修建水库经验的苏联专家意见,认为水土保持加拦泥库可以使黄河变清,规划就定案通过。再者是急于推进,听不进不同意见。当代水利专家张瑞瑾在《治黄十问》中认为,"对黄河的基本特点和规律严重认识不足,再加上态度不够严肃,过多地信赖外国人,没有认真总结经验,集思广益,进行科学分析,而以短短八个月的时间草率完成这样一个重大的规划。在上述思想基础上,一部分人过多地企图利用黄河开发电能的主观愿望与苏联专家的以发电为主的梯级开发和综合利用的'成套经验'结合起来,便构成在实质上'重电轻农,重水轻沙'的,违背我国社会主义建设规律和黄河自然规律的规划。"❶

后来,黄河水利委员会原主任王化云也承认黄河规划过程中存在的问题。"黄河经济报告在干流上规划了四十六个梯级,支流上规划了十座拦泥水库等。这个规划表面上看起来很全面,实际上整个规划是以三门峡大水库为中心,其他支流水库、灌溉、水土保持都不具体,具体的只有三门峡。"❷对治黄规划工作中的错误,水利部也做了检讨。水电部党组 1965 年 1 月 18 日向周恩来报送的《水利电力部党组关于黄河治理和三门峡问题的报告》中承认:"1955 年,全国人民代表大会通过了这个规划。在这以后,虽然有人提出不同意见,也组织了全国专家展开鸣放讨论,但是我们急于想把三门峡定案,听不进不同意见,鸣放讨论只是走过场。"❸针对治黄初期工作中存在的不足,周恩来在 1964 年 12 月的《在治理黄河会议上的讲话》中说:"黄河的许多规律还没有被完全认识。当时决定三门峡工程就急了点。头脑热的时候,总容易看到一面,忽略或不太重视另一面,不能辩证地看问题。"❹通过上

---

❶ 张瑞瑾:《治黄十问》(简要提纲)(1964 年 12 月 15 日),黄河水利委员会档案馆藏,档案号 3-1964-97y。

❷ 黄河水利委员会:《王化云同志在治黄规划座谈会大批判会上的发言摘要》(1970 年 12 月),黄河水利委员会档案馆藏,档案号 A0-2(1)-13。

❸ 水电部党组:《水利电力部党组关于黄河治理和三门峡问题的报告》(1965 年 1 月 18 日),黄河水利委员会档案馆藏,档案号 1-1965-123y。

❹ 周恩来:《周恩来选集》(下卷),人民出版社,1984 年,第 438 页。

述论述可以看出，党和政府在错误面前，敢于承认错误，这种实事求是的作风值得学习。

"一碗黄河水，半碗黄泥沙。"水少沙多一直是黄河治理中的最大难题。新中国成立初期的黄河治理中，当时的治黄工作者怀着超越前人和人定胜天的梦想，为了早日实现"除害兴利"的目的，在对黄河泥沙运动规律认识不足的情况下，试图采用修一大坝"蓄水拦沙"，一劳永逸地解决黄河泥沙问题，使黄河变清。这种初衷是美好的，但它不是构建于黄河客观规律之上，注定是空中楼阁理论，无法实现。作为一条多泥沙河流，黄河治理的难度和复杂性绝无仅有，没有成功范例和经验可循，只有在长期的实践中不断总结规律，不断创新治黄方略才能治理好黄河。后来，周恩来在谈到黄河治理时强调，"水利，你不注意长期不行，黄河要带一句，统一规划，长期治理。"❶可见，通过黄河治理的实践，周恩来已经认识到了黄河治理的复杂性、艰巨性，这有利于指导下一步黄河治理工作。

任何事物都要辩证地看待，历史实践证明，"蓄水拦沙"不能作为黄河治理的治本方略。但对于一条多泥沙河流来说，在黄河中游建设水库"蓄水拦沙"，是下游防洪减淤工程体系的重要组成部分，减少了进入下游的泥沙，使下游河道淤积减轻，有利于华北平原安全。在黄河中游水土保持的目标没有实现之前，这种治理黄河的措施依然发挥着重要作用。

第四节　新中国成立初期水土保持工作的开展

一、水土保持工作的起步

水土保持，就是防治土壤被自然力侵蚀流失。黄河中游地区是水力侵蚀异常剧烈的地区。这一地区的十分之一的面积，每年每平方公

---

❶　中共中央水利电力部委员会：《总理谈话纪要》（1965年8月28日），黄河水利委员会档案馆藏，档案号1-1965-123y。

里土壤蚀失量在 1 万吨以上;三分之一的面积,每年每平方公里土壤蚀失量在 5 000 吨以上。蚀失量超过二三千吨的土地分布更为普遍。如此严重的土壤侵蚀,在世界上是很少见的。黄河中游风力侵蚀也相当强烈。在鄂尔多斯高原,石嘴山至三盛公段黄河左岸(这两个地区大都是内流流域,即没有地面径流流入海洋的区域)及与这两个地区毗邻的地方,都有砂粒随风流动的现象。在黄河中游的黄土区域与冲积平原也时见黄尘飞腾,尤以北部为甚。黄土高原的水土流失,使大量泥沙通过千沟万壑源源不断地输入黄河,导致下游河床淤积抬高,使黄河成为世界上最难治的河流。因此,黄土高原水土流失的治理成为治理黄河的根本所在。新中国成立后,为改变山区贫困落后面貌,开展根治黄河水害和开发黄河水利工作,国家非常重视黄河流域的水土保持工作。在 1951—1954 年,国家就组织了中国科学院、农业部、林业部、水利部等有关单位的专家和工程技术人员,对黄河中上游水土流失区面积 1 000 平方公里以上的 20 多条支流、总面积 37 万多平方公里的范围,进行了综合性的水土保持查勘,广泛地收集了地形、地质、土壤、植物、水文、气象、社会经济、水土流失等大量的第一手资料,调查总结了当地群众千百年来保水保土的成功经验,为制定黄河除害兴利综合规划提供了可靠依据。新中国成立后至 1955 年,由于缺乏经验,黄河流域水土保持采取了"全面了解,重点试办,逐步推广,稳步前进"的方针。"进行了大规模的调查研究工作,总结了韭园沟、贾家垣和大泉山的治理经验,提出了以农为主,全面地发展农林牧业的方针,和修梯田、打坝淤地、修旱井、修建中小型水库、发展水地,以及造林、种草等七项措施,把水土保持作为治黄的基础,纳入了根治黄河的综合规划,为水土保持全面发展打下了基础。"❶

　　与此同时,以陕西省绥德和甘肃省天水、庆阳等地为重点进行了水土保持的试验和推广工作,取得较大成就。"一九五〇年到一九五四年十月,据不完全统计,甘肃(原宁夏部分没统计在内)和陕西两省完

---

❶　中共黄河水利委员会党组:《关于 1959—1961 年黄河流域水土保持工作问题的报告》(草稿)(1961 年 10 月 27 日),黄河水利委员会档案馆藏,档案号 T1-6-1。

成各种防止田间水土流失的工程的耕地面积共一百五十九万零一百八十二亩,造林三百五十二万二千五百五十亩,修谷坊九千零二道、大小型的留淤坝各六座、淤地坝八十五道,整修天然池和挖涝池十四个;因而取得了保持黄土高原的塬面不被再冲刷以及利用坡地治理高原上已被雨水冲刷成的黄土沟壑的有效办法,并收集了进一步推行水土保持工作的各种基本资料。"❶在试办和推广水土保持的地区,泥沙冲刷已有减轻,生产逐渐提高,人民生活开始改善,农民对水土保持的积极性也随之增长,为水土保持工作的进一步开展创造了有利条件。特别是无定河流域水土保持工作比较突出,"一九五三年黄委会及地方各级党政部门就开始在流域内建站推广,设立绥德水保站,并在靖边、榆林等县设立了水土保持分站,开展韭园沟小流域治理等,采取点面结合的方法,实验推广沟壑打坝埝、坡地修地埂及林草引种、果树上山、荒坡绿化、水保耕作法等措施,开展群众性的水土保持综合治理工作。"❷当时的绥德韭园沟、米脂杜石沟、横山的杜羊圈,都受到了国务院和上级政府的表扬。

新中国成立之前,黄河流域的人民也做了一部分水土保持工作。例如在陕西关中、甘肃南部、山西南部和河南西部,梯田有比较广泛的发展。但是直到新中国成立后,特别是在农业生产合作社发展以后,才在中国共产党和人民政府的指导之下,在一部分地方开始了系统性的水土保持工作,并收到了显著的效果。例如,"山西平顺县羊井底村,原是个'少穿没戴,少铺没盖''糠菜半年粮'的石山区,1950 年实行封山育林,1953 年又在党和政府领导下将所有 21 600 多亩土地作了总的规划。这一规划规定:全村土地除耕地和村庄河道等占地约 6 700 亩外,划分牧坡 5 000 亩,松柏橡树林 4 000 亩,阔叶树 1 000 亩,果树林4 900多亩。在这一基础上,该村制订了农、林、牧、水(水利)全面结合的 15 年发展计划,预计到 1967 年全村每人的收入可折合粮食 6 542

---

❶ 《黄河水利委员会召开水土保持会议　研究黄河流域推行水土保持的总规划》,载《人民日报》,1954 年 12 月 8 日第 2 版。

❷ 黄河报编辑部:《光辉的四十年》,1986 年 12 月,第 53 页。

斤,等于 1953 年的 6 倍,其中林业收入占总收入的 79% 。此外,该村修了一座蓄水池,解决了吃水的困难;把坡地修成梯田 70 余亩,每亩由原产 150 斤增至 250 斤至 300 斤;在沟内修了 198 道石'谷坊'(用石在沟中筑成的小坝),能陆续淤地 150 亩至 200 亩,每亩可产粮食 200 斤至 300 斤;沿沟下游修了 4 里多长的堤,两岸密植杨柳,固定沟道。"❶

二、水土保持工作的开展

黄河是一条多泥沙河流,流入水库的泥沙量直接决定着水库的寿命,在修建水库的同时,开展水土保持工作显得非常重要。"为了减少黄河的泥沙量,减少三门峡水库的淤积,同时为了发展广大黄土区域的农业生产和改善该区人民生活,在修建三门峡水电站的同时,必须大力动员广大群众开展水土保持工作和兴建以拦泥沙为主的支流水库。根据水土保持工作的十五年计划,到一九六七年,流入三门峡水库的泥沙,估计将减少一半。因此,水土保持工作同三门峡工程所担负的使命是密切关联着的。"❷ 1955 年《关于根治黄河水害和开发黄河水利的综合规划的决议》通过之后,三门峡水库的修建列上了日程,为防止三门峡水库的淤积,必须加快黄河中上游的水土保持工作。

1955 年冬,随着农业合作化高潮的到来,水土保持进入了全面发展阶段。一些先进地区开展了以沟壑小流域为单位,一乡一社,统一规划,集中治理。1956 年黄河流域各省已经基本上完成了农业合作化,为加速黄河流域的水土保持工作,提供了极其有利的条件。在农业合作化高潮的推动下,黄河中游形成声势浩大的向自然进军的群众性运动,掀起了水土保持工作的高潮,使水土保持工作由过去的重点示范转入了全面推广阶段,取得了很大成效。"陕西绥德专区在'男女齐动手,家家无闲人'的口号下,有一半妇女参加了修梯田、打坝墕等工程。山西省离山县投入这一运动的达十万人。今年上半年,甘肃省完成的

---

❶　邓子恢:《关于根治黄河水害和开发黄河水利的综合规划的报告》,载《光明日报》,1955 年 7 月 20 日第 2 版。

❷　李锐:《学习黄河综合利用规划的经验》,载《人民日报》,1955 年 8 月 2 日第 2 版。

各项工程中,仅田间工程即达九百七十万亩,为过去五年完成总数的154%;陕西省造林二百一十六万亩,等于过去五年造林总数的188%;内蒙古全年水土保持任务是控制一千平方公里,上半年即超额完成到一千二百六十七平方公里。"❶

为了加强水土保持工作的统一领导,1956年12月,黄河水利委员会在郑州召开了黄河流域水土保持工作会议,总结了集中治理、农业增产、合理使用劳动力和贯彻按劳取酬政策的经验,一致认为:"执行'全面规划,综合开发,沟坡兼治,集中治理,积极发展,稳步前进'的方针,掌握因地制宜的原则,在首先发展农业的基础上,开展'坡地梯田化,沟地川台化,川地水利化,荒山荒坡绿化'运动,可以逐步使山区的农、林、牧和副业等多方面的经济都得到发展。"❷

三、水土保持工作中存在的问题

农业合作化运动推动了黄河流域水土保持工作高潮的到来,但好景不长。黄河上、中游各省的水土保持工作在1956年一度大发展后,1957年许多地区却消沉起来了。究其原因主要是各地有不少干部和农民对水土保持工作和农业生产的关系缺乏正确的认识,把二者对立起来。"在提出今年争取农业大丰收口号后,许多地区放松了水土保持工作,有的甚至破坏已经做好的水土保持工程。有些地区为了扩大耕地面积,不顾水土保持工作,在四十二度陡坡上种麦子。河南省嵩县李村农业社把梯田埂扒除了70%多,中共洛阳地方委员会竟给予支持。青海省有的县领导干部竟错误地认为,搞水土保持工作,不如到地里拔草对增产有把握。陕西省有些农民也不适当地认为,上、中游的水土保持工作仅仅是为下游服务。"❸这说明把黄河上、中游地区水土保

---

❶ 《争取在七年内将水土基本上控制起来 黄河中游全面推广水土保持工作 秋季造林运动将在黄土高原地区大规模展开》,载《人民日报》,1956年9月3日第1版。

❷ 《黄河流域水土保持工作会议决定 统一领导加强水土保持工作》,载《人民日报》,1956年12月16日第3版。

❸ 周君谦:《水利农林部门各搞一套缺乏协作 黄河上中游水土保持工作进展缓慢 三门峡水库修成后寿命如何,令人担心!》,载《人民日报》,1957年6月5日第4版。

持工作看作是为了减少水土流失，延长三门峡水库寿命，而不能把农民利益和农业生产放到重要地位，就会挫伤黄河中、上游人民群众对水土保持工作的积极性。水土保持是一项长期的建设工作，只有把农民的长远利益和眼前利益正确地结合起来，才能发挥群众的积极性，逐步完成这一艰巨事业。

由于水土保持是一项长期的、巨大的、改造自然的工作，全面地完成水土保持任务，需投入大量的资金和劳力。因此，必须合理使用劳力，正确贯彻按劳取酬政策，把集体利益与个人利益结合起来，才能充分发挥群众建设山区的积极性。但农业合作化时期的黄河流域水土保持工作中，一些农业社把水土保持作为义务工，有的记工不分红，有的动员过大，影响社员收入，造成劳动情绪不高、效率低、质量差。这是黄河流域水土保持工作中必须注意解决的问题，只有切实关心群众利益，贯彻执行当年记工、当年分红、按劳取酬的政策，才能充分调动参加水土保持工作的积极性。

在一些地方，片面强调水工建筑物对水土保持的作用，到处打坝治沟，结果因计划不周给国家造成了人力、物力的损失。单纯打坝并不能制止水土流失。"山西省1956年洪水期间冲毁土谷坊三千五百座，土坝一千余座；甘肃省1956年夏土坝被冲毁一千六百余座，其中庆阳县（今庆阳市）1956年春修三十六座土坝，当年两季只剩下一座是完整的。陕北韭园沟流域典型试验地区，从1953年到1955年共修建五座大中型土坝，其中除一座早已淤满失去防洪拦泥作用外，其他四座截至1956年8月坝内淤积量已占全部库容的42％。此外这个流域内尚建有小型土坝八十四座，这些小土坝在1956年以前已有十四座被淤平了，1956年8月的一次暴雨，又有四十八座被淤平，十一座部分被冲毁，七座全部冲毁，完整的仅剩下四座。"❶这说明，土坝可以拦洪、拦泥和发展灌溉，在适当地区是应该修建的，但是土坝的作用只有在地不被冲毁和少淤积、淤积缓慢时才有利。打坝是水土保持工作的重要措施，

---

❶　王守礼、王兆凤、高尚武、陈道明：《对于黄河中游水土保持工作的意见》，载《光明日报》，1957年4月21日第2版。

但它只是综合措施中的一个方面,单靠打坝是不能防止水土流失与冲刷的。进行水土保持工作时,如果只治沟而不与产生水土流失的根源作斗争,结果是会失败的。因为没有充分重视坡面(梁坡和沟坡)其他防蚀的措施,土坝短期就被淤平,至少是坝内泥沙大量淤积。修筑淤地坝为淤出小面积土地短期增产,而不顾大面积坡田作物的减产,这是不符合水土保持原则的。

第五节　新中国成立初期黄河水资源利用

一、黄河下游引黄灌溉的开启

在"宽河固堤"治标工程取得成效的基础上,下游引黄灌溉也提上了日程。"黄河百害,唯富一套",就是说黄河除内蒙古、甘肃外,其他任何地方只能为害而不能兴利灌溉。黄河下游地处华北平原,是我国粮、棉、油的重要产区。黄河下游的自然条件是春旱、夏涝、晚秋缺雨,年平均降水量六百五十毫米,但上半年不及一百毫米,七至九月降水量占全年的百分之七十,年内分配不均。在旧中国,黄河下游无法建闸利用河水,沿黄地区生产落后,群众生活十分贫困。中华人民共和国成立后,为了打破"黄河百害,唯富一套"的传统局面,开辟黄河下游利用黄河水灌溉农田,增加农业生产的道路,为大规模地利用黄河水灌溉创造经验。黄河水利委员会根据中央人民政府决定,在苏联专家指导下,同平原省❶人民政府共同兴办了引黄灌溉济卫工程。引黄灌溉济卫工程于 1951 年 3 月开始施工,1952 年 12 月底工程基本完成,共可浇地 72万亩。引黄灌溉济卫工程是新中国成立后在黄河下游修建的第一个大型水利工程,也是把黄河由"害河"变"利河"的重要工程。它的修建使大量黄河水灌溉了新乡市及周边地区的农田,弥补了当地农业用水不

---

❶　平原省,旧省名。中华人民共和国成立后,设立平原省,省会新乡市,由中央直接领导。辖新乡、安阳、湖西、菏泽、聊城、濮阳等6个专区。1952年11月,平原省撤销,将新乡、安阳、濮阳3个专区划归河南省;菏泽、聊城、湖西3个专区划归山东省。

足的问题,提高了当地的农业产量。引黄灌溉济卫工程为黄河下游开辟了临堤建闸、引黄灌溉的先河。但由于缺乏引黄灌溉经验,对黄河泥沙认识不足,工程中也存在问题。"由于黄河含沙太多,渠道淤积问题在拦沙水库未兴建以前未能解决,灌区群众不得不用相当大的劳动清除淤积。同时在工程进行中,由于技术水平低,设计了静水湖式的沉沙池,造成了浸水面过大,地下水上升,影响了附近的农田,虽经苏联专家指导改为条形的沉沙槽,大大缩小了浸水面积,降低了地下水位,解决了这一问题。但由于走了弯路,也造成了不小的损失。其次渠首闸基础木桩与木围坝的采用,部分农、毛渠布置得不合理,大量柴油的积压,都是此项工程中较为突出的缺点,应该作为今后工作的借鉴。"❶虽然在引黄灌溉工程中存在问题,但是这种"敢为天下先"的创新精神,值得肯定。

二、黄河流域引黄灌溉的发展

20世纪50年代初期,黄河流域发展灌溉的重点主要是对宁、蒙、汾、渭等一批老灌区进行恢复、整修、配套和扩建,特别是加强排水系统的建设。同时在一些条件较好的河谷川地修建渠道,发展灌溉。到1957年,"全河新增灌溉面积约1 000万亩,几乎接近新中国成立前灌溉面积的总和。灌溉工程主要有自流引水灌溉、提水灌溉和井灌等形式。自流引水灌溉工程主要分布在宁蒙河套地区、汾渭盆地和下游沿黄两岸。后来,随着黄河水电资源的开发,能源有了保证,黄土高原地区高扬程电力提水灌溉工程迅速发展起来。如1955年6月青海省西宁市建成的第一座电灌站——朝阳电灌站。1956年青海省乐都县建成的第一座机灌站。"❷黄河下游引黄灌溉济卫工程的成功推动了黄河下游引黄灌溉的发展。1955年12月,引黄灌溉济卫工程开始扩建。

❶　黄河水利委员会:《治黄工作总结报告》(1955年),黄河水利委员会档案馆藏,档案号A0-2(1)-1。
❷　水利部黄河水利委员会编:《人民治理黄河六十年》,黄河水利出版社,2006年10月第1版,第181页。

"河南省黄河下游引黄灌溉济卫工程最近已开始进行大规模的扩建,全部工程将在一九五八年完成。扩建工程完成后,引黄灌区的灌溉面积将从原来的七十二万亩扩大到一百三十多万亩。此外,还可以在卫河沿岸延津、汲县扩展灌溉面积三十万亩;山东、河北、天津等省市也可以利用引黄水量扩展灌溉稻田二十九万亩、麦田一百多万亩和棉田六十多万亩。估计每年可给国家增产粮食一亿多斤。此外,扩建工程完成后,卫河上小型轮船可畅行无阻,航运能力将大大提高。总干渠附近农民并可利用工程的跌水发电站的电力照明和对农产品进行加工。"❶
1956 年 2 月,河南省黄河河务局武陟黄(河)沁(河)修防段修建的"人民建设渠"完工,放水冬灌,效果良好。"这座引水闸,可引水 5 至 6 秒公方流量,利用放淤,可把日寇和蒋军在 1943 年秋互相扒堤遗留的 2 万多亩沙地改变成良田,可以使五车口一带 73 个村 8 万多亩旱田变为水田。将来引水量还可增加到 15 秒公方,进一步扩大灌溉面积。"❷
1957 年打渔张引黄灌区五万多亩小麦引黄灌溉后,取得了大丰收。"位于黄河下游山东省境内的打渔张引黄灌区的五万多亩小麦,经过引黄水灌溉以后,获得历史上第一次大丰收。据引黄灌溉管理局负责人说,今年经过引黄河水灌溉的小麦产量,比一般丰收年增产80% 到一倍以上,比今年没有浇水的小麦增产两倍左右。预计共可增产小麦五百五十万斤。"❸

三、黄河流域引黄灌溉中存在的问题

新中国成立后,在"除害兴利"思想的指导下,中国共产党和人民政府领导人民积极进行防洪工程建设的同时,开创了黄河下游引黄灌溉的先河,恢复并发展了黄河中、上游的引黄灌溉,取得了很大成效。但是,黄河流域引黄灌溉事业蓬勃发展过程中,也存在一些问题。由于

❶ 邹广荣:《引黄灌溉济卫工程开始扩建》,载《人民日报》,1955 年 12 月 1 日第 1 版。
❷ 《"人民建设渠"完工》,载《人民日报》,1956 年 2 月 10 日第 2 版。
❸ 宋杰:《引用黄水灌溉,打渔张小麦增产一至二倍》,载《人民日报》,1957 年 7 月 6 日第 6 版。

缺乏引黄灌溉的经验,黄河流域在引黄灌溉中实行大水漫灌,不注意灌溉排水,使灌溉土地盐碱化问题相当严重。"黄河下游两岸尤其是华北平原,凡属地势平坦低洼排水不畅的地区,大都发生盐碱化;黄河上下游灌溉区域,由于灌溉用水的不合理和没有注意排水系统的建立,普遍地形成了土壤盐碱化,如旧时的宁夏灌区和后套灌区最为显著;其他如陕西的渭北灌区、山西的汾河灌区,以及黄河下游各灌区也都有程度不同的盐碱化现象,有些地区并随时间而增加严重性。"❶因而,引黄灌溉要改进灌溉方法,尽量避免漫灌,改用沟灌或畦灌,并推行计划用水,这样既可以节省水量来扩大灌溉面积,又可以防止灌区地下水位的不断升高造成土壤的盐碱化。但是,灌溉用水的不合理和有灌无排的问题,并没有引起党和政府的高度重视,这些问题还在滋长。

❶　《我对农业和水利建设的一点意见——须恺代表》,载《人民日报》,1956 年 6 月 21日第 3 版。

【第四章】

"大跃进"时期"蓄水拦沙"方略的全面实施(1958—1960)

1958年是中国摆脱苏联经济建设模式,探索走中国自己经济建设道路的开始。在赶超思想的指导下,中国共产党八大二次会议通过了"鼓足干劲,力争上游,多、快、好、省地建设社会主义"的总路线。在社会主义建设总路线的鼓舞下,反右倾,鼓干劲,争上游,掀起了水利运动的大跃进。1958年8月,中共中央提出了"小型为主,以蓄为主,社办为主"的水利工作方针,试图依靠人民公社,以群众运动的方式推动水利工作的快速发展。在水利运动大跃进的影响下,治理黄河的工作中过分强调人定胜天的主观能动性,忽视黄河治理的复杂性、长期性,全面实施蓄水拦沙方略,加快了黄河治理的步伐。"大跃进"时期,三门峡水利枢纽工程全面竣工,黄河中游水土保持大规模展开,引黄灌溉快速发展,黄河治理取得了很大成就。但在黄河治理中,也出现了三门峡库区淤积严重、回水倒灌关中平原、黄河下游引黄灌溉的土地大面积次生盐碱化等问题。总的来说,"大跃进"时期的黄河治理处于试错阶段,挫折的痛苦多于成功的快乐,失败的教训多于成功的经验。

第一节 "大跃进"时期黄河治理的历史背景

一、"大跃进"运动使黄河治理出现了偏差

20 世纪 50 年代末期,中国在探索如何建设社会主义道路的过程中,在赶超思想的指导下,提出了一些不合实际的建设路线,对水利建设产生了重大影响。1958 年在"鼓足干劲、力争上游,多、快、好、省地建设社会主义"总路线的鼓舞下,反右倾,鼓干劲,争上游,掀起了水利运动的大跃进。"1958—1960 年,我国共建成大型水库 99 座,为前 8 年(1949—1957 年)的 5 倍;建成中型水库 1 100 多座,为前 8 年的 14 倍;建成小型水利工程 10.8 万多处,为前 8 年的 1.4 倍;3 年中共做土石方 1 000 亿立方米,为前 8 年的 11 倍。1960 年全国灌溉工程控制面积已达 9.5 亿亩,占耕地面积的 59%,比 1957 年增加 4.3 亿亩;水土保持的初步控制面积已达 48.7 万平方公里,占水土流失总面积的 32%;这对战胜严重的水旱灾害、保证农业增产都起了重大作用。"[1]在水利运动大跃进中,忽视客观实际,过分推崇人定胜天的思想,片面地强调速度,造成了一些不必要的失误。水利建设中存在着规模大、战线长,以致许多工程不配套,灌溉效益不好,出现无计划大量占用劳动力的严重问题。到 1960 年,由于片面强调水利建设,不分时段地大量调用民工,导致粮食生产出现了困难。"去冬今春水利战线拉得过长,三百个大型工程同时上马,材料分散使用,人力、物力都来不及,许多工程搞了一半,有的主体工程完工了,不配套,不能发挥灌溉效益;还有少数工程因急于抢修,质量不好,被洪水冲垮了。这种做法并不是多快好省。而且,占用劳动力过多,最高额曾达到七千万人,既增加了粮食消费,又影响了冬季积肥和田间管理,甚至到农忙季节,有些水利工地上的民工还

---

[1] 《国家统计局:近三年来我国水利建设的情况和问题》,中国社会科学院、中央档案馆:《1958—1965 中华人民共和国经济档案资料选编·农业卷》,中国财政经济出版社,2011 年,第 459 页。

下不来,影响了春耕播种,影响了当前的粮食生产。"❶

在水利运动大跃进的影响下,黄河治理的指导思想出现了偏差。忽视黄河治理的复杂性、艰巨性和长期性,夸大人的主观能动性。在治理方略上,错误地认为黄河很快就会变清;在建设速度上,不切合实际地提出了一些规划指标并盲目实施。"除三门峡水利枢纽工程已于'一五'计划后期开工外,刘家峡、青铜峡、渡口堂(后改在三盛公)、桃花峪等原规划在一九六二年以后建设的大型水利枢纽也都提前于一九五八年先后开工。甚至远景规划中的盐锅峡、八盘峡、位山等枢纽,也都提前上了马。大河上下,全面开花……这批项目由于上得急,建设前期准备不足,边勘探、边设计、边施工,而且又都是采取土法上马,土洋结合进行施工,结果是工程建设中问题不断,工程打打停停。青铜峡的大坝主体工程直到一九六九年才完成土建。"❷

二、中央水利方针对黄河治理的影响

1958 年 8 月 29 日,中共中央政治局扩大会议通过的《中共中央关于水利工作的指示》指出,"方针问题:在贯彻执行'小型为主,以蓄为主,社办为主'的三主方针时,应该注意到在以小型工程为基础的前提下,适当地发展中型工程和必要的可能的某些大型工程,并使大、中、小工程相互结合,有计划地逐渐形成为比较完整的水利工程系统……只有以小型为基础,大、中、小工程互相结合的地上水、地下水互相为用的完整的水利工程系统,才能最有效地和最大限度地发挥水利工程的效益,也才有可能抵抗较大的旱涝灾害,达到农业生产稳定丰收。在兴修水利工程时,不论是小型工程、中型工程或一般的大型工程,必须是依靠群众力量为主,国家援助为辅,并且应当实行以蓄为主,达到充分地综合利用水利资源的目的。"❸

❶ 中央档案馆、中共中央文献研究室编:《中共中央文件选集》(1949.10—1966.5)第34 册,人民出版社,2013 年 6 月第 1 版,第 511 页。
❷ 《当代中国》丛书编辑委员会:《当代中国的基本建设》(上),当代中国出版社,1989年 4 月第 1 版,第 86-87 页。
❸ 《中共中央关于水利工作的指示》,载《人民日报》,1958 年 9 月 11 日第 2 版。

在"小型为主,以蓄为主,社办为主"的三主方针指导下,"大跃进"时期水利建设开展了"全民大办"运动。"一九五八年到一九六〇年水利建设三年累计完成基本建设投资 75.95 亿元,相当于'一五'计划期间五年累计完成额的 297.7%,增加近 2 倍。其中还没有包括各省、市、自治区在'全民大办'中投入水利建设的大量劳动投资。据初步统计,'大跃进'三年中各省(区)年均投入水利建设的劳动力一般达到占本省(区)农业劳动力总数的 20%~30%,最多的达 80%。"❶各省(区)投入水利建设的劳动基本上是无偿或报酬很低的,不仅口粮和生活用具,甚至工具和部分材料都要由施工队伍带来。

"大跃进"时期,在黄河下游引黄灌溉中,盲目贯彻"以蓄为主"的方针,违背平原地区发展水利的客观规律,号召"大引、大灌、大蓄",有灌无排,造成大面积次生盐碱化问题。"'大跃进'三年中,急于求成,未经认真研究就同时在黄河下游堤防段内的花园口、位山、洛口、王旺庄 4 处兴建灌溉航运枢纽,在黄河两岸修建共产主义渠、东风渠、红旗渠、人民跃进渠(以上在河南)、菏泽刘庄人民驯黄闸、寿张位山引黄闸、沾化韩家墩引黄闸(以上在山东)。由于建设安排有灌无排,也无沉沙设施,这些工程很快就造成黄河下游大面积土地盐碱化和河渠淤塞,严重的还形成沼泽绝产。最后,花园口、位山枢纽被迫扒除,洛口、王旺庄枢纽报废。"❷

三、人民公社化运动推动了黄河治理

水利运动的大跃进,推动了人民公社的建立。"1958 年,在水利和农业大跃进后,为了实现农业更大的跃进,必然要求彻底克服水旱灾害,全面开发水利和土地资源。这就要求:在比农业合作社更大的范围内,进行水利和土地的全面规划;在继续大办小型水利的基础上,进一

---

❶ 《当代中国》丛书编辑委员会:《当代中国的基本建设》(上),当代中国出版社,1989年4月第1版,第84页。

❷ 《当代中国》丛书编辑委员会:《当代中国的基本建设》(上),当代中国出版社,1989年4月第1版,第88页。

步兴修大、中型的骨干工程;把分散的、孤立的工程联成完整的水利系统;更快地提高水利的机械化水平……但是高级农业合作社却不能满足这种要求。为了解决上述问题,各地普遍将小社并成大社,并且普遍地发展共产主义大协作。但是这些办法都不能彻底解决矛盾。就在这时,人民公社应运而生了。"❶

人民公社化反过来促进了水利运动更大的跃进。"人民公社不但可以大量兴建小型工程,而且可以在群众自办为主、国家支援为辅的方针下兴办中型甚至大型工程。以中型工程来说,公社化以前的九年期间,全国一共修建了七百一十七座,蓄水一百零三亿立方米;公社化后一年间,就修建了一千零七十八座,蓄水二百零八亿立方米,蓄水量为公社化前的两倍。以群众自办为主修建大型工程,过去简直不敢想象,但是,公社化后也成为现实了。"❷

人民公社化运动对黄河治理也产生了重大影响,在黄河中上游的水土保持工作中,依靠人民公社,实行共产主义大协作,组织成千上万的农民自带口粮,以大兵团作战的方式开展了大规模的水土保持工作。1959 年 10 月 24 日,《中共中央 国务院关于今冬明春继续开展大规模兴修水利和积肥运动的指示》(简称《指示》)指出:"水土保持是发展山区生产、根治河流和防御水旱灾害的基本措施,必须积极进行。黄河流域是水土保持工作的重点,对保护三门峡水利枢纽工程有极为重要的意义。流域各省(区)必须抓紧今年冬季,大力掀起一个水土保持的群众运动。其他已经建成或即将建成的大、中型水库的上游,也要把水土保持作为重点,尽快治理。在水土保持工作中,工程措施与生物措施必须并重,积极开展种草造林工作,为青山绿水梯田化、真正基本控制水土流失的方针加紧努力。"❸《指示》推进了黄河流域水土保持群众运动高潮的到来,加快了水土保持工作的步伐。

---

❶ 李葆华:《高举红旗,大搞水利运动》,载《人民日报》,1959 年 9 月 28 日第 9 版。

❷ 《擂起大兴水利的战鼓》,载《人民日报》,1959 年 11 月 1 日第 1 版。

❸ 中央档案馆、中共中央文献研究室编:《中共中央文件选集》(1949.10—1966.5)第 32 册,人民出版社,2013 年 6 月第 1 版,第 244 页。

四、"大跃进"时期的治黄方略

在"大跃进"运动和人民公社化运动的推动下,按照"小型为主,以蓄为主,社办为主"的中央水利工作方针,"大跃进"时期的黄河治理全面实施了"蓄水拦沙"治黄方略。当时水利电力部长傅作义在《水利和电力建设的大跃进》一文中指出,"在1958年大跃进的形势下,干流上以发电灌溉为主的许多梯级,如甘肃的刘家峡、盐锅峡,宁夏的青铜峡,内蒙古的三盛公,山东的位山等水利枢纽工程,都已开始施工。为了减少黄河的含沙量,延长这些枢纽工程的使用年限,并发展广大山区高原的生产,流域内水土流失最严重的黄土高原地区四十三万平方公里,已有十五万平方公里开始做了水土保持工作,将逐步发生蓄水保土的作用。下游地区已经修筑六处大型灌区,并且做了大量的虹吸工程。群众性的水利运动,将大大缩短根治黄河的预定期限,数千年来无法制服、横冲直撞、危害人民的黄河,我们仅仅用了十年,就使它驯服地听从人民指挥,而且还要收到巨大的灌溉和发电的效益。"❶这说明,"大跃进"时期,治黄工作者怀着人定胜天的豪情壮志,试图短期内驯服黄河,使它变害为利,这样的初衷是好的,但是忽视了治理黄河工作的艰巨性、长期性和复杂性,过分强调主观能动性,必然会造成损失。

第二节 "蓄水拦沙"工程建设的全面实施

一、三门峡水利枢纽工程的加快建设

1958年"大跃进"运动开始后,国家实行"以蓄水为主、以小型为主、以群众自办为主"的水利建设方针,主观认为水利建设中只要走群众路线,充分的组织群众、发动群众开展大规模的水土保持工作,三门峡水库泥沙淤积问题很快就能解决。"在开始修筑黄河三门峡水库时,有些同志因为担心水库被泥沙淤满,非常关心黄河中游的水土保持

什么时候能够发挥效益，现在看来，虽然黄河中游的水土保持在工作中还有很多困难，但是困难都是可以克服的，水土保持一定能够提前完成，黄河之清，在毛泽东时代是可以看到的。"❶

修建三门峡水库，最担心的问题就是泥沙淤积，在主观判定水土保持工作能预期完成的情况下，三门峡水利枢纽工程加快了建设的步伐。1958年3月2日，中共中央书记处讨论通过了三门峡工程技术任务书，其中关于泄水孔高程，希望降低为300米左右。随后，苏联列宁格勒水电设计分院作了进一步试验研究，认为降至310米比较合理，增加的排沙量较多，如降至300米，增加排沙不多，造价增加较多，未来检修起来也不方便。由于陕西省认为水土保持速度可以加快，能够减少三门峡水库的淤积库容，他们建议三门峡大坝按正常水位350米设计，340米建成。这与国务院确定的大坝按正常水位360米设计，350米施工，存在着冲突。为了统一认识，1958年4月21日至24日，周恩来在三门峡工地召开现场会议，听取各方面意见，并作了总结发言。他在发言中指出，"如果说这次是在水利问题上拿三门峡水库作为一个中心问题，进行在社会主义建设中的百家争鸣的话，那么现在只是一个开始，还可以继续争鸣下去。为什么到现在还有分歧意见呢？其原因就是因为规划的时候，对一个最难治的河，各方面研究不够造成的。"❷周恩来就一系列有争议的问题，深刻阐述了上游和下游、一般洪水与特大洪水、防洪与兴利、局部和整体、战略和战术等问题的辩证关系。他明确指出："三门峡这个水库首先是为解决防洪而修的。修建的目标是以防洪为主，其他为辅。先防洪，后综合利用。最基本的是防止特大洪水，不使下游决口，免得四、五省受大的灾害。防洪的限度，就是确保西安，不能损害西安。"❸"确保下游，确保西安"的指导思想，成了后来三

---

❶ 傅作义：《四个月的成就等于四千年的一半 水利部部长傅作义畅谈农村中兴修水利的高潮》，载《人民日报》，1958年2月7日第3版。

❷ 王化云：《我的治河实践》，河南科学技术出版社，1989年，第182页。

❸ 水利部黄河水利委员会勘测规划设计院编：《黄河规划志》，河南人民出版社，1991年11月第1版，第157页。

门峡水利枢纽工程改建所遵循的一条原则。针对当时有人对水土保持减沙效益越估越高，周恩来当场泼了冷水说："如果我估计保守了，我甘愿做愉快的右派。"他还强调，不能孤立地解决三门峡问题，要同时加快进行水土保持，整治河道和修建黄河干支流水库，要求尽快制定这三个规划。

三门峡工程进展很快，到1959年9月，"三门峡水利枢纽工程原计划一九六一年拦洪，一九六二年发电。在总路线光辉照耀下，今年汛期前，大坝已灌筑到三百一十米高程，起到部分拦洪作用；明年汛期前将灌筑到三百四十米，达到设计的初期拦洪高程；年底将全部建成，达到三百五十三米高程，并安装两个十四点五万瓩（今写作"千瓦"）的机组开始发电，提前近两年。"❶为了处理好三门峡水库拦洪蓄水问题，1959年10月13日，周恩来在三门峡水库工地召开了由中央相关部门与河南、山西、陕西等省委负责人参加的现场会。在会上讨论了三门峡水利枢纽工程1960年汛期拦洪蓄水和以后继续根治黄河的问题。根据计算分析，拦洪335米，能在千年一遇洪水情况下，确保黄河下游的安全，并能满足发电、灌溉的需要。最后经中央核准，确定1960年汛前水位高程为335米，最高拦洪水位不超过333米。

三年困难时期，迫切需要引黄灌溉发展农业生产，推动三门峡水库建设的步伐。"三门峡水库大坝已经修到拦洪标准。为了充分发挥水库的蓄水作用，现责成水利电力部自九月五日起将大坝的施工底孔全部封闭，进行蓄水。三门峡在明年春灌前如果能蓄到海拔三百三十三米高程，可用于春灌的水量为五十亿立方米，加上山东省在东平湖蓄二十亿到三十亿立方米，河南、山东两省利用三义寨引水闸引蓄八亿立方米，河北省利用共产主义渠引蓄一部分水量，总计明年将有八十亿立方

---

❶ 国家经委、国家基建委：《国家经委、国家基建委关于三门峡水库明年拦洪和铁路、公路、通信改建工程配合问题的报告》，中国社会科学院、中央档案馆编《1958—1965中华人民共和国经济档案资料选编·固定资产投资与建筑业卷》，中国财政经济出版社，2011年5月第1版，第874页。

米左右的水量接济冀、鲁、豫三省的春灌。"❶1960 年汛前,大坝混凝土全部浇至 340 米高程以上,同年 9 月,12 个施工导流底孔全部关闸,水库开始蓄水拦沙。1960 年 11 月至 1961 年 6 月,12 个导流底孔全部用混凝土堵塞。1962 年 2 月,第一台发电机组安装完毕,并进行了试运行。

从以上可以看出,三门峡水利枢纽工程是在规划不完整的情况下仓促上马的,随后在施工过程中不断完善规划内容,实际上是边施工边完善。以周恩来为代表的党和国家领导人,抱着实事求是的态度,力图寻求正确的施工方案,减少损失和错误,为之做了不懈的努力。但是,在"大跃进"时期,全国上下怀着赶超心理,急于求成,在这样的历史背景下,三门峡水利工程就在赶超中提前建成,不可能冷静下来分析问题,改正错误。

二、黄河上游干支流水利工程的加快推进

按照"蓄水拦沙"的方略,三门峡以上至龙羊峡段这个地区的开发,主要是大力发展灌溉和水能利用,结合发展林牧业及航运、水产业等。针对河水与雨水的缺乏,开发的方向应该是拦蓄地面水及雨水,并积极实现引长江水,从根本上解决水量、雨量不足的问题。为此,1958 年黄河水利委员会在《黄河三门峡以上支流水库规划草案》中指出:"大干二年把干支水全部拦住,与此同时大量开发干支流电能,以加速这个地区的工业化建设,并实现下游至兰州通航。在第三个五年计划内,把长江水经洮河源,渭河源引水泾、洛、渭、无定等流域广大黄土高原约 3 000 秒公方,以彻底解决西北黄土高原区及部分草原沙漠区的干旱现象。"❷1958 年黄河上游干支流的水利工程建设,也和各项建设事业一样是全面大跃进的一年。在全党全民整风运动获得伟大胜利的

---

❶ 中共中央:《中共中央关于三门峡水库蓄水和春灌问题的通知》,中国社会科学院、中央档案馆编《1958—1965 中华人民共和国经济档案资料选编·固定资产投资与建筑业卷》,中国财政经济出版社,2011 年 5 月第 1 版,第 888 页。

❷ 黄河水利委员会:《黄河三门峡以上支流水库规划草案》(1958 年 7 月 31 日),黄河水利委员会档案馆藏,档案号 A0-2(1)-9。

基础上,广大群众根治黄河的热情空前高涨,经过一年多的工程建设,到1959年,除了早在1957年施工建设的三门峡水利工程外,"甘肃省的刘家峡、盐锅峡,宁夏回族自治区的青铜峡等大型工程均于去年开工。在大通河、洮河、泾河、渭河、无定河、汾河等大支流和若干中小支流上兴建的大中型水库工程,有的正在兴修,有的已经完成。原来黄河规划中拟定的第一期工程在十五年内黄河干流上修建三门峡、刘家峡两座水利枢纽,青铜峡、渡口堂、桃花峪三座很低的壅水坝。黄河支流上修建十座大型水库、五座小水库,那时我们都认为这是一个十分宏伟的规划,可是时间过了还不到五年,已经建成和即将建成的工程,不论在规模上、数量上、时间上都大大地超过了原来的规划。"❶可见,在大跃进时期前两年,黄河治理的工程浩大,速度惊人。在国家经济实力还不够强大,技术水平有限的情况下,黄河治理工程高歌迈进过程中,难免出现失误。

三、黄河下游综合利用工程的盲目推进

为了满足黄河下游各省利用黄河水的迫切愿望,1958年黄河水利委员会编制的《黄河下游综合利用规划》认为,"黄河下游治理开发规划的任务是结合山区的水土保持,小型水利,平原区的河网化,以及三门峡工程的兴建,彻底解决下游洪水威胁和凌汛灾害,并充分利用黄河发展广大平原的灌溉、航运、发电、水产、绿化、城市工业用水,以达到综合开发的目的。"❷为完成这一任务,提出了"全面规划,综合开发,依靠群众,苦战两年,使黄河河道湖渠化,广大平原河网化,以彻底消灭水旱灾害,促进工农业大跃进"的方针。

河南、山东两省积极响应,从20世纪50年代末到60年代初,相继修建了花园口、位山、洛口、王旺庄4座拦河枢纽(后两座只建成泄洪闸,尚未截流)。1958年黄河水利委员会认为,三门峡水库与三秦间干

---

❶ 《根治黄河,造福亿民》,载《人民日报》,1959年4月30日第11版。

❷ 黄河水利委员会:《关于治理开发黄河三大规划的报告(初稿)》(1958年10月),黄河水利委员会档案馆藏,档案号 A0-2(1)-9。

支流水库,都将于 1960 年或 1961 年建成,除特大洪水河道下泄 6 000 秒公方外,流量被调节在 2 000 秒公方以下,原有的排洪河槽也将因之完成它的历史任务。在制定《黄河下游河道整治意见》中提出:"在这一新形势下,缩窄河道,扩大耕地就自然成为群众生产要求。为达到这一目的,应当采用'筑堤束水,固槽护滩'的办法。解放后人民治黄以来,在中国共产党的正确领导下,采取了'废除民埝,宽河固堤'的政策,从而取得了 11 年伏秋大汛的胜利。现在在黄河行将得到根治的今天,自然情况根本改变了,再号召群众兴修民堰,扩大耕地保卫生产,就有特别重大的意义,因为它将诱导治河工作走向以社为主的道路,从而开辟人民治黄的新阶段。"❶并指出,修筑民堰的目的不仅是为了缩窄河道,而且也是放淤改良土壤的主要措施。

这样,从 1958 年汛后在黄河下游滩区大力提倡修筑生产堤,并依托生产堤,用树、泥、草等材料修筑坝埽,用以导流护堤,希望通过"堤坝并举"和"树、泥、草"治河的方法,以"三年初控、五年永定"的速度,把 3~15 公里的宽浅河槽,整治成为 300~500 米的窄深河槽,达到束水攻沙和便利通航的目的。河南省积极响应,在宽河段内逐步开展整治工作,但效果并不理想。"五十年代末,河南省在宽河段内逐步开展整治工作。但在一九五八年曾提出'三年初控、五年永定'的治河口号,并盲目推广永定河的'柳盘头''雁翅林'等活柳坝的经验,企图用'树、泥、草'结构控制河势,结果工程均被洪水冲垮。三门峡枢纽工程建成后,认为洪水问题已解决,又提出在下游纵向控制,梯级开发,缩窄河槽,在河槽两侧搞'堤(生产堤)坝并举',滩区大量修筑生产堤,致使中小洪水不能漫滩,泥沙在主槽集中淤积,部分河段形成生产堤内的滩地高于堤外滩地,严重影响滩区村庄安全。"❷

《黄河下游综合利用规划》是"大跃进"时期,在没有摸清黄河洪

---

❶ 黄河水利委员会:《黄河下游河道整治意见》(1958 年 7 月),黄河水利委员会档案馆藏,档案号 A0-2(1)-9。

❷ 《当代中国》丛书编辑部:《当代中国的河南》(上),中国社会科学出版社,1990 年 11 月第 1 版,第 229 页。

水、泥沙规律的情况下仓促制定的,存在许多问题。后来由于三门峡水库运用方式从"蓄水拦沙"变为"滞洪排沙",黄河下游水沙状况并没什么变化,修建的拦河枢纽成为黄河下游防洪排沙的障碍。因此,"1963年破除了花园口、位山两座枢纽的拦河土坝,泄洪闸等枢纽建筑物被废弃,浪费国家投资约一亿元。'树、泥、草'治河工程也大部分被冲毁。由于生产堤的约束,使洪水漫滩的机会减少,主槽淤积更加严重,1974年,国务院决定废除黄河下游生产堤。"❶

第三节 "大跃进"时期水土保持工作的开展

一、水土保持工作方针的形成

1957年4月,三门峡水库开工建设后,为了防止水库因淤积而失效,做好黄河上游水土保持工作,显得尤为迫切。黄河上游黄土地区里的水土流失是黄河泥沙的唯一来源,只有完成这个地区的水土保持工作,才可得到正本清源的结果,否则尽管三门峡水库有极大的库容也要很快给泥沙淤满而失去其效用。所以为了要发挥三门峡水库的作用必须重视上游各省(区)的水土保持工作。❷ 1958年中共八大二次会议时,水电部党组给中央的报告中指出:"水土保持是治黄的基础,没有广泛群众性的、实际有效的水土保持工作,中游地区的贫困面貌无从改变,下游的灾患将无法消除,三门峡水库也将没有保证。"❸ 1958年黄河流域的水土保持,开始由单纯的治理发展到充分利用水利资源改造山区的阶段,对于减少洪水流量、拦蓄泥沙、增产粮食起到了显著作用。"仅黄河中游的陕西、山西两省,今年雨季即拦蓄泥沙两亿公方以上;甘肃、陕西、河南三省拦蓄径流达二百八十二亿公方,保证了农业生产

---

❶ 王化云:《我的治河实践》,河南科学技术出版社,1989年,第198页。

❷ 《有关三门峡水库的几件事 汪胡桢的发言》,载《人民日报》,1957年7月20日第12版。

❸ 黄河水利委员会:《关于黄河中上游水土保持规划的意见》(1959年10月),黄河水利委员会档案馆藏,档案号T2-2-3。

的空前丰收。据甘肃、陕西、河南、江西等九省的初步统计,今年由于水土保持而增产的粮食就达二百三十六亿斤。过去一直被认为是低产地区的西北各省,今年已摘掉低产帽子,正在同全国其他各省并肩前进。"❶

1958年9月,在兰州召开的全国第三次水土保持会议上指出:"1959年全国水土保持工作仍应以黄河中上游的甘肃、内蒙古、山西、陕西、河南、宁夏、青海等地区为重点。为了配合三门峡水库的提前建成,彻底改变黄土高原丘陵地区的面貌,保证农业生产的高产稳收,要求这些地区的水土流失面积在1959年内基本上做到初步控制。"❶并提出了水土保持的具体方针是:在依靠群众,发展生产的基础上要做到治理与预防并重,治理与巩固要结合,数量与质量并重,达到全面彻底保持水土,保证农业稳定,保证高产,今年中央宣布全国粮食可以达到6 000亿~7 000亿斤,明年要求再增加一倍,到14 000亿~15 000亿斤,今年搞好明年掉下来不稳定,那就不好……如果不搞好水土保持,不搞好山区水利就不能消灭一般的水旱灾害,要不做好水土保持,今年黄河就可能出大乱子,是1933年来最大一次洪峰达到21 000立方米每秒,摧毁了两个桥墩,半个月没有通车,因此这个方针一定要坚定,一定要把它搞好。❷

1958年10月,黄河水利委员会根据周恩来在三门峡会议上和北戴河会议期间的指示,以及全国第三次水土保持会议的要求,重新编制了黄河流域的水土保持规划。在黄河流域的水土保持规划中指出:"第二个五年计划的基本任务是'三年苦战,二年巩固和发展,三年基本控制,提前实现农业发展纲要,彻底改变黄河面貌'。必须贯彻'全面规划,综合利用,集中治理,连续治理'的方针,实现坡地梯田化、山

---

❶ 《第三次水土保持会议提出跃进方案 加快水土保持速度》,载《人民日报》,1958年9月20日第6版。

❷ 陈正人:《全国第三次水土保持会议总结》,《当代中国的水利事业》编辑部编印《历次全国水利会议报告文件(1958—1978)》(内部发行),1987年,第13-14页。

地水利化、荒山荒坡绿化、沟地川台化、工程系统化、施工机械化、山区电气化。在已经初步控制的地区,坚决贯彻'预防与治理兼顾,治理与养护并重'的方针,提高工程质量,适当增添新的措施,改善控制面积,提高控制标准,扩大效益,从根本上制止水土流失,消灭水旱灾害。"❶为了保证上述规划的实施,采用的方法是加强党的领导,依靠群众,组织规模更大的水土保持运动,试图通过群众运动方式,实现黄河流域水土保持的目标。

二、水土保持工作大规模的开展

1958 年黄河流域水土保持工作的方针确立后,在中央和各级政府的领导下,黄河中上游的水土保持工作取得很大成就,"截至 1959 年 6 月,共完成了地埂、软埝 6 000 万亩,梯田 2 000 万亩,造林育林 10 292 万亩,种草育草 8 644 万亩,谷坊210.8 万座,淤地坝30.8 万座,沟头防护 36 万处,小水库 3 万座,水窖 224 万眼,蓄水池 449 万个,共可初步控制水土流失面积 194 255 平方公里,占水土流失总面积 43 万平方公里的 45.2%。特别是 1958 年在党的社会主义建设总路线的光辉照耀下,随着农业生产的大跃进,把水土保持推向了一个更高的新的阶段,一年就初步控制了水土流失面积 10 万平方公里,等于过去八年来工作总量 73 000 平方公里的 137%。"❷虽然这些数据有一些浮夸的成分,但"大跃进"以来,群众运动式的水土保持确实取得的成效很大。

为了推进水土保持工作继续发展,时任水利电力部副部长的李葆华在 1959 年全国水利会议上指出:"在水土流失地区,仍然要抓住水土保持作为发展生产的中心环节。在黄河流域的中游地区,更要以水土保持为纲,对黄河泥沙展开全面战斗,力求在较短时期内,基本解决三

❶ 黄河水利委员会:《关于治理开发黄河三大规划的报告(初稿)》(1958 年 10 月),黄河水利委员会档案馆藏,档案号 A0-2(1)-9。

❷ 黄河水利委员会:《关于黄河中上游水土保持规划的意见》(1959 年 10 月),黄河水利委员会档案馆藏,档案号 T2-2-3。

门峡水库的泥沙问题。"❶关于如何推进地广人稀的黄河中上游地区水土保持工作,当时的国务院副总理谭震林,在1959年全国水利会议上指出:"人烟稀少的地区,如黄河中上游,要抓紧生物措施,不要把植树看作是林业部门的事,水利部门也要管,不然就要吃亏,当然也可以搞工程措施。比如韭园沟的做法就可以继续搞。那里做得比湔河差一些,但是那里的做法适合于人烟稀少的情况,要大力推广。要靠飞机撒种子,当然也可以骑马撒种,也可以用人力播种。用飞机撒种,无非是多浪费些种子。"❷这说明,"大跃进"时期,国家非常重视黄河中上游的水土保持工作,把它作为解决三门峡水库泥沙问题的手段,力图短时间完成水土保持任务。

为了提前实现农业发展纲要,保证三门峡水库长期运用,1959年黄河水利委员会认为,黄河中上游水土保持的基本任务应该是"鼓足干劲,力争上游,大搞群众运动",从1960年开始苦战三年,二年巩固与发展,五年做到基本控制,八年全部控制。到1967年平均每年减少黄河泥沙50%,提前实现农业发展纲要,有效地增加农、林、牧副业的生产,改变西北山区和黄河面貌。为实现上述水土保持的目标,采取的措施是:"①加强党的领导,坚持政治挂帅,坚定不移地贯彻党的社会主义建设总路线,是保证这一任务的关键。②依靠人民公社紧密结合生产,组织共产主义大协作,大搞群众运动才能保证这一任务的完成。③作好劳力规划、大闹技术革命,开展社会主义劳动竞赛,就能使水土保持工作多、快、好、省地完成。"❸

在各级党委和政府的领导下,1959年黄河流域水土保持掀起了新高潮,各地许多人民公社在三秋生产一结束,就立即投入到水土保持和

---

❶ 李葆华:《反右倾、鼓干劲,掀起更大的水利高潮,为较短时间内实现水利化而斗争》,《当代中国的水利事业》编辑部编印《历次全国水利会议报告文件(1958—1978)》(内部发行),1987年,第71-72页。

❷ 《国务院副总理谭震林在水利会议上的报告》(记录稿),《当代中国的水利事业》编辑部编印《历次全国水利会议报告文件(1958—1978)》(内部发行),1987年,第98页。

❸ 黄河水利委员会:《关于黄河中上游水土保持规划的意见》(1959年10月),黄河水利委员会档案馆藏,档案号T2-2-3。

水利建设工作中。"河南省洛阳专区从 10 月初到 11 月 11 日,除了水利工程扩大灌溉面积八十一万多亩外,已经做成梯田、地埂、塘堰坝、谷坊、鱼鳞坑、植树造林、封山育林等水土保持工程,可控制水土流失面积五百九十多平方公里。这个专区的陕县,到 11 月上旬已完成今冬控制水土流失面积任务的 61%。陕西省投入这一运动的有一百五十五万人,初步控制水土流失面积二百四十多平方公里。甘肃省有二百五十万人参加水土保持工作,初步控制水土流失面积一点一万多平方公里。山西省临县参加水土保持的十万名劳动力,已修水平梯田近十五万亩,平整土地三千六百一十八亩,造林近五千亩,种草四千多亩,还有十三条灌溉渠和一座水库已开工。内蒙古自治区黄河流域的各盟、旗、县有二十五万多人在做植树造林等水土保持工作。宁夏回族自治区修灌渠、梯田和平整土地的规模也超过了往年。青海省东北部农业区有三十万各族人民,在黄河及其支流湟水流域大兴水利和水土保持工程。"❶

　　总的来说,1958 年"大跃进"运动以来,随着人民公社化的实现,黄河中上游水土保持工作形成了全党、全民性的群众运动。运动的特点是发展快、规模大、成效显著。"在三年'大跃进'中,黄河流域水土保持工作的发展和全国各项建设事业一样,全面地开展了群众性的治黄运动,出现了连续跃进的大好形势。投入劳力 15 亿工日,完成治理面积 6 万平方公里,连同 1958 年前共计 10 万平方公里,其中效益显著的 2 万平方公里,减少进入三门峡水库泥沙 10% 左右,发展速度超过大跃进前一倍。"❷

三、水土保持工作中存在的问题

　　由于对黄河流域水土保持的长期性、复杂性认识不足,要求过急,

---

❶ 《控制水土流失促进生产发展保护三门峡水库　七省协作治理黄土高原　近千万人修灌渠,建水库,植树种草,平整土地》,载《人民日报》,1959 年 11 月 18 日第 1 版。
❷ 中共黄河水利委员会党组:《关于 1959—1961 年黄河流域水土保持工作问题的报告》(草稿)1961 年 10 月 27 日,黄河水利委员会档案馆藏,档案号 T1-6-1。

产生了浮夸现象。"1959 年 9 月统计完成治理面积 17.4 万平方公里，占流失面积约 40%。1960 年统计完成 24 万平方公里占流失面积约 56%，最近落实为 10 万平方公里。在这 10 万平方公里中，1956 年以后完成的约有 6 万多平方公里，以前完成 4 万平方公里。1955 年和 1956 年每年平均抽 10% 左右的劳动力，治理一万平方公里，农业生产和水土保持都得到了适当的安排。但是，在'大跃进'三年中，每年抽 50% 左右的劳动力，搞 2 万平方公里的治理面积，挤了一部分农业上的劳动力，对农业生产有影响。"❶ "大跃进"时期黄河中上游水土保持工作取得的成绩，是靠运动式的人海战术完成的。三年困难时期到来后，为了集中力量发展粮食生产，就不能抽 30% 左右的劳动力来搞水土保持。黄河流域水土流失面广、量大，必须树立长期干、持久干的思想。

"大跃进"时期，黄河流域水土保持工作中，不能从实际出发，坚持群众路线，产生了不少缺点和错误，"主要由于我们对改造自然的长期性、复杂性认识不足，急于求成，战线过长，使用劳力过多；且动员群众，不讲经济，单靠行政手段，一平二调，违背了群众利益，影响了农业生产，挫伤了群众积极性，教训也是很深刻的。"❶ 同时，在水土保持工作中，没有坚持实事求是、因地制宜的原则，在推广的措施上，有不结合生产和形式主义的现象。例如，有些地区在农耕地里造林，为了参观搞了一些山顶公园等形式主义的东西；生搬外地经验，把原来很好的草坡挖成水平阶种树；打旱井不择地点，结果打了并无水可蓄。这些对生产的发展和群众的积极性都有不利的影响。

黄河流域水土保持工作中存在的问题，使我们清醒地认识到，水土保持工作不仅是减少进入三门峡水库泥沙的重要手段，更是黄河流域水土流失地区生产的生命线，是发展该地区生产的一项综合措施，因此必须全面规划、综合治理。由于改造自然的长期性，各项水土保持工作不是一劳永逸的，要坚持长期治理，使治理与巩固相结合。为了使水土

---

❶ 中共黄河水利委员会党组：《关于 1959—1961 年黄河流域水土保持工作问题的报告》（草稿）1961 年 10 月 27 日，黄河水利委员会档案馆藏，档案号 T1-6-1。

保持工作拥有长久的活力,必须从实际出发,以农业为主,修建梯田、坝地和水地的"三地"建设,使水土保持直接为增产粮食服务,维护人民群众的切身利益。只有这样才能充分调动群众的积极性,促进水土保持工作的健康发展。

第四节 "大跃进"时期黄河水资源的利用

"大跃进"时期,国家治水方针是以蓄水为主,以小型为主,以群众自办为主的"三主"方针。这样的治水方针认为,"为了全面、彻底地解决水旱灾害,综合开发水土资源,就必须发动亿万人民,在自己所在的土地上,广泛地治山治水,从山顶治到山脚,从河源治到河尾。在雨水降到地面后,就节节拦蓄,节节控制,节节利用,使水害变成水利。"[1]在"三主"方针的指导下,黄河流域的引黄灌溉事业过分强调蓄水,而忽视了排水,虽然引黄灌溉事业发展很快,但也造成了严重的土地盐碱化问题。

一、黄河中上游灌溉事业的发展

在 20 世纪 50 年代,甘肃沿黄灌区开始向电力提水方向发展。"1958 年建成兰州七里河区彭家坪电力提灌工程,提水能力 1 立方米每秒,静扬程达 164 米,装机容量 1 016 千瓦,设计灌溉面积 1 万亩,亩产粮食 150 公斤,比原来的旱塬地增产约 5 倍。"[2]山西中部的汾河灌区,从 20 世纪 50 年代,维修扩建已有灌区,兴修水库,修建新渠道,增辟新的灌区,采取"蓄、引、提并举,大、中、小结合"等综合措施,灌区面积迅速扩大。特别是汾河水库的建立,大大促进了灌区的发展。"1961 年 5 月建成的汾河水库,有效地控制和调蓄上游洪水,增加了汾

---

[1] 李葆华:《反右倾、鼓干劲,掀起更大的水利高潮,为较短时间内实现水利化而斗争》,《当代中国的水利事业》编辑部编印《历次全国水利会议报告文件(1958—1978)》(内部发行),1987 年,第 64-65 页。

[2] 水利部黄河水利委员会编:《人民治理黄河六十年》,黄河水利出版社,2006 年 10 月第 1 版,第 181 页。

河灌区工农业用水保证率,改善了灌溉用水条件。该灌区灌溉面积,由50年代初期的52万亩发展到150万亩,增加了2倍,效果十分显著。"❶

"大跃进"时期,宁夏回族自治区南部山区清水河流域的广大回族、汉族人民,以大兴水利与大搞水土保持相结合的办法,大力治理黄河中游的主要支流清水河,到1959年取得了较大成效。"从去年'大跃进'开始,回族、汉族人民就根据这条河流域干旱、水土流失灾害严重等自然特点,和为了发展山区生产、根治黄河和保护三门峡水库工程以及自治区境内正在兴修的黄河青铜峡水利枢纽工程等需要,采取'以蓄为主'和'综合治理'的方针,以充满革命的精神大力治理清水河。去年秋天人民公社化以后,沿河两岸各族人民就以大兵团作战的办法,县与县、公社与公社展开大协作,开展了一个气势磅礴的以大兴水库为中心的水利建设和水土保持运动,在干流和支流上,有八座水库工程同时兴起,几万人的劳动大军大战在数九寒天,今年春夏又和洪水展开了英勇搏斗。经过去年冬天和今年一年的苦战,这八座水库的主体工程都已基本完成,已经蓄水一亿多公方,有些已经进行了夏灌和冬灌。"❷

黄河中上游灌溉事业发展中,也存在一些问题。1958年2月,中共甘肃省第二次代表大会第二次会议,确定了引洮河水上董志塬的计划。"这个工程的总干渠全长一千四百公里,水面宽四十公尺,底宽十六公尺,水深六公尺,流量一百五十秒公方。整个工程需要跨过大、小河谷,沟涧八百余处,绕过和劈开崇山峻岭二百余座,需挖土石方约十八亿公方,建筑水闸、桥梁和消能建筑物数百座,兴修大型蓄水库两座:古城水库坝高四十公尺,野狐水库坝高七十公尺。两者有效容量为五亿公方。这条'山上运河'工程之浩大,任务之艰巨和技术之复杂是空

❶ 水利部黄河水利委员会编:《人民治理黄河六十年》,黄河水利出版社,2006年10月第1版,第183页。

❷ 《拦蓄洪水灌溉农田　防止泥沙流入黄河　宁夏治理清水河收大效益》,载《人民日报》,1959年11月18日第4版。

前的。"❶1958年6月,引洮工程开工,工程采取"边测量、边设计、边施工"的建设方式。最终因当时技术水平和经济条件的限制,被迫于1961年6月停建。这说明,水利建设要量力而行,不能超越客观条件急于求成。"在安排计划、确定项目时,一定要从劳力、财力、物力和技术力量的实际情况出发,不能只追求高指标、大计划,否则事与愿违,欲速则不达,甚至会造成骑虎难下的局面。如大跃进中上马的甘肃省引洮工程,由于不从实际出发,浪费资金1.6亿元。"❷

二、黄河下游引黄灌溉的大规模进行

自1952年引黄灌溉济卫工程建成发挥效益后,黄河下游两岸人们增强了引黄灌溉的信心,引黄灌溉,放淤改土,方兴未艾。特别是1958年到1960年的"大跃进"时期,引黄灌溉发展迅猛,1959年发展到高潮。"黄河下游两岸的广大地区,从7月份旱象露头开始,几年来修建的十六座闸门和三十八处共一百七十一道虹吸管就先后放水。这次引黄灌溉的面积非常广阔,西起豫北的太行山脚下,南到淮河大支流沙河北岸,东到山东省微山湖西岸,北达千里外的河北省天津市郊区。到8月10日的统计:黄河通过这些水利设施供应给各大小灌区的水量,共有二十六点五九亿立方米。放出的这些水,除了一部分用来保证河南、山东、河北的一些河道正常通航以外,绝大部分都输送到了各个引黄灌区。引用黄河水灌溉的面积,据不完全统计:河南省到8月8日已达一千多万亩,山东省仅位山引黄灌区到8月初已达四百八十九万亩;有些灌区的农田已经浇了两遍到三遍水。"❸其中,河南作为农业大省,为了发展农业生产,在"大跃进"时期,大力发展引黄灌溉,规模很大。"一九五七年到一九五八年,在'大跃进'的形势下,相继修建了郑州东风渠、兰考三义寨人民跃进渠、新乡共产主义渠、封丘红旗渠等大型引黄

---

❶ 《山上运河》,载《人民日报》,1959年6月7日第5版。

❷ 《水利部关于三十年来水利工作的基本经验和今后意见的报告》,《当代中国的水利事业》编辑部编印《历次全国水利会议报告文件(1979—1987)》(内部发行),1987年,第124页。

❸ 《滚滚黄水造福冀鲁豫人民,千万亩受旱秋田喜逢甘露,引黄灌溉工程大显抗旱威力》,载《人民日报》,1959年8月15日,第1版。

灌溉放淤工程和东明黄寨、濮阳渠村两处引黄灌区。河南黄河两岸，共建成引黄涵闸 9 处，设计引水能力 1 555 立方米每秒。为了保证共产主义渠、人民胜利渠和东风渠的引水，一九六〇年六月兴建了花园口枢纽工程。至此，整个引黄灌区分布于新乡、安阳、许昌、开封、郑州、商丘 6 个地（市）的 42 个县，设计灌溉面积 216.5 万多公顷。一九五九年至一九六〇年，引黄灌溉面积达 170 万多公顷比一九五七年增长 44 倍多。"❶

三、黄河下游引黄灌溉中存在的问题

由于不尊重科学技术，把除涝排水沟河占用为引黄输水渠道，只考虑引水，不管排水，地下水位上升，造成大面积耕地次生盐碱化。以河南为例，"由于引黄灌溉发展过快，缺乏合理规划设计，工程不配套，有的无排水渠道，实行大水漫灌，用水量过大，一九五九年、一九六〇年分别引水 133 亿立方米和 112.7 亿立方米，比一九五七年增加 80 倍和 70.4 倍；加上一九五八年平原地区又贯彻'以蓄为主，以小型为主，以社办为主'的水利建设方针，利用部分排涝沟河作引黄输水渠道；黄河下游两岸又盲目修建平原水库，进一步破坏了灌区自然排水系统，致使灌区内的雨水和灌溉退水无法排泄，地下水位上升，造成大面积内涝和大面积次生盐碱地。一九五七年灌区范围内盐碱地面积 13.8 万多公顷，到一九六二年就扩展到 33 万多公顷，粮食产量猛降。"❶

对于引黄灌溉中存在的问题，后来黄河水利委员会原主任王化云作了深刻的总结和检讨。他认为，"下游的引黄问题是'三大一关'，一是筑拦河大坝，为了大引，位山、花园口枢纽后来又扒了，洛口、王旺庄枢纽停建；二是建引黄大闸，如河南兰考、三义寨引水流量达五百秒公方；三是大灌，三年引水四百亿立方米，造成严重恶果。最后来了个一'关'，关闭闸门，停止引黄。四百亿立方米水，加上一九六〇年到一九

❶ 《当代中国》丛书编辑部：《当代中国的河南》（上），中国社会科学出版社，1990 年 11 月第 1 版，第 235 页。

· 98 ·

六二年的几次大雨,造成了严重恶果。一是发生了大涝;二是加重了盐碱化面积,当时统计增加了一千多万亩;三是淤塞了主要排水骨干河道;四是破坏了原来的排水系统,加重了水利纠纷。这不仅破坏了农业,给人民造成很大痛苦,而且损害了人民的团结。碰钉子后,来了个一百八十度的大转弯,于是,除了人民胜利渠没有堵死外,其他全部屯堵起来。关闸后,又发生大旱,不准引黄灌溉,这就又一次造成了严重恶果,从一个极端走到另一个极端。"❶在没有摸清黄河水沙规律的情况下,不尊重科学技术,贸然大规模引黄灌溉,必然会造成巨大损失,教训是深刻的。但治黄工作者敢于自我批评的精神是值得赞赏的。

哲学家培根说过:"人类要征服自然,先要服从自然的规律。"治水是与大自然的斗争,矛盾的转化非常灵敏,稍有不慎,水利就变成水害。1980年9月28日,时任水利部部长的钱正英在《全国水利厅(局)长会议总结讲话》中指出:"如果不尊重科学,违背自然规律,主观臆断,搞瞎指挥,实际工作中就会碰钉子,甚至受到大自然的惩罚。例如在'大跃进'期间,冀、鲁、豫大量引黄灌溉,当时只看到抗旱灌溉的一面,忽视引起盐碱化的一面,结果'一年增产,二年平产,三年减产,四年绝产',好心办了坏事。"❷

---

❶　黄河水利委员会:《王化云同志在治黄规划座谈会大批判会上的发言摘要》(1970年12月),黄河水利委员会档案馆藏,档案号 A0-2(1)-13。

❷　钱正英《全国水利厅(局)长会议总结讲话》,《当代中国的水利事业》编辑部编印《历次全国水利会议报告文件(1979—1987)》(内部发行),1987年,第97页。

【第五章】

国民经济调整时期的治黄方略
与实施(1961—1965)

  "大跃进"运动后,中国面临着严重的经济困难。1960年冬,中共中央开始纠正农村工作中的"左"的错误,决定对国民经济实行"调整、巩固、充实、提高"的方针。从1961年到1965年,国民经济进行了全面调整。为顺应国民经济的调整,根据当时水利形势和发展要求,国家水利工作方针调整为"巩固提高,加强管理,积极配套,重点兴建,并为进一步发展创造条件"。按照国家水利工作方针,国民经济调整时期,黄河治理的中心工作是纠正"大跃进"时期的错误,提出了从黄河全流域着眼的"上拦下排"治黄方略并予以实施。经历了"大跃进"时期的挫折,在黄河治理工作中,国家能够认真听取各方面意见,慎重处理三门峡水库改建问题,经过初步改建,取得了预期效果;水土保持逐渐把黄土高原水土流失严重的地区作为工作的重点。这一时期的黄河治理处于纠错阶段,在纠正"大跃进"时期错误的基础上,黄河治理取得了很大成绩;但在纠错中往往是解决当时迫切的问题,一些治黄政策缺乏连续性、全局性。如黄河下游引黄灌溉由大灌到停灌,从一个极端走向了另一个极端。

第一节　国民经济调整时期黄河治理的历史背景

一、中央水利方针对黄河治理的影响

"大跃进"时期的国家水利建设取得了巨大成绩,但也存在一些问题。特别是1959年冬季,不顾人力、物力、财力和技术的现状,大量动工兴建大、中型骨干水利工程。这不仅在当时过多地使用了农村劳动力,以及国家和人民的财力、物力,直接影响了当时的农业生产、人民生活和其他国民经济建设,而且造成后来水利工作中一系列的问题。为了贯彻党的八届十中全会的决定和国民经济调整、巩固、充实、提高的方针,根据当时水利形势和发展要求,1962年12月,水利电力部在《水利工作的基本总结与今后的方针任务》(修改稿)中指出,国家水利工作方针是"巩固提高,加强管理,积极配套,重点兴建,并为进一步发展创造条件"。并提出了治理黄河的设想,"黄河流域:大力加强水土保持,续建三门峡水库工程,力求减轻三门峡水库的淤积。整治下游河道和渭河,加强堤防,确保安全。继续改善和发展甘肃、宁夏、内蒙古灌区,研究和试办下游引黄淤灌。"❶这为国民经济调整时期的黄河治理指明了方向。

针对"大跃进"时期,许多灌区水利工程不配套,导致内涝和盐碱化严重,灌区不能充分发挥灌溉效益的问题。1963年11月30日,《人民日报》在《积极做好今冬明春的水利建设工作》社论中指出:"从许多地方的计划安排来看,一九六四年的农田水利建设的基本要求是,一手抓管理,一手抓配套。这也就是说,今冬明春的水利建设工作,应当是在积极加强灌溉管理的同时,切实做好水利工程和排灌机械的配套工

❶ 《水利工作的基本总结与今后的方针任务》(修改稿),《当代中国的水利事业》编辑部编印《历次全国水利会议报告文件(1958—1978)》(内部发行),1987年,第183页。

作,充分发挥现有水利设施的作用。"❶这有利于加强黄河流域引黄灌区的排灌配套工程建设,逐步解决引黄灌溉中造成的土地盐碱化问题。1962年3月,三门峡水库运用方式由"蓄水拦沙"改为"滞洪排沙"后,三门峡水库的淤积问题还非常严重,亟需解决。为此,1964年1月11日,时任水利电力部副部长钱正英在《全国水利会议总结提纲》中提出,黄河:继续巩固提高防洪能力,解决三门峡水库遗留问题。为此,应完成下游堤防加固和河道初步整治工作,确保花园口22 000立方米每秒的洪水不决口,并力争在更大洪水时,保证下游不发生严重的决口,更不许改道。在上下游兼顾的原则下,研究合理方案,解决三门峡水库的淤积问题,尽快对三门峡水库增建工程作出决定。开始治理泾河、洛河、渭河,解决三门峡库区淤积对渭河、洛河下游河道的影响问题。❷这客观上推动了三门峡水库的改建进程。

二、黄河治理面临的问题

"大跃进"时期黄河治理取得了很大成绩,但也留下许多问题。黄河存在的主要问题是下游防洪和三门峡水库淤积问题。原来认为三门峡水库的修建可以解决黄河下游的防洪问题,放松了下游的修防工作,下游的堤防工程削弱了,导致下游堤防高度不足,堤身偏瘦,防御1958年洪水难度很大。"原来设想在三十至五十年内就可解决泥沙问题和洪水问题,在上游大搞水土保持,干支流修水库……因此我们放松了下游的修防工作,对大堤加高、险工加固认为是不必要了,下游的堤防工程削弱了,1958年前下游平均每年修做一千九百万方土,1958年后又不过三百万方土,石方过去每年做三十万方,1958年后只不过十几万方,黄河上的一些设施破坏了,花园口的铁路拆了,树木被砍伐烧了,獾狐又重新为害,继续破坏堤防。"❸1962年3月,三门峡水库运用方式

---

❶ 《积极做好今冬明春的水利建设工作》,载《人民日报》,1963年11月30日第1版。

❷ 钱正英《全国水利会议总结提纲》,《当代中国的水利事业》编辑部编印《历次全国水利会议报告文件(1958—1978)》(内部发行),1987年,第265页。

❸ 黄河水利委员会:《黄委会主任王化云在防汛会议上的讲话》(1962年5月23日),黄河水利委员会档案馆藏,档案号3-1962-74y。

改为"滞洪排沙"后,黄河下游面临严重的防洪形势。

三门峡水库按照"蓄水拦沙"运用后,水库淤积问题非常严重,造成当地农业生产的损失,导致了一些社会问题。"根据一九六〇年中央批准的运用方案,水库的移民水位三三五米,汛后蓄水位三三三米。经过两年的实际运用,发现进库泥沙比原设计要快得多,出库泥沙比原设计少。因此,水库淤积比原设计要快得多,回水影响也比原估计更为严重。一九六一年由于我们缺乏运用经验,对来水和用水情况估计不足,汛前泄水较少,汛末蓄水较早、较多,致使汛末上游发生暴雨时,潼关以上淤积较多,库区的秋季生产也受到一定损失。目前库区移民工作存在问题仍然很多,部分移民由于生产没有很好解决,动荡不安,三三五米以上受回水影响的居民,也需要适当安排。"❶

除此之外,黄河流域引黄灌溉中,有灌无排造成的土地盐碱化问题也很严重。"再是灌溉,近几年大家吃了灌溉的亏,碱化了不少土地,主要是排水不好,不在黄河水而在排水。黄河水含碱性不太大,像历史上秦渠、汉渠和西北河套等地都是用黄河水灌溉,都没有碱化土地,碱化土地主要是有灌无排造成的。过去用黄河水想一滴水不流入东海,前两年大家争水,将来黄河水要有一半进海,一半灌溉,否则就不能维持河道。"❶"水利是农业的命脉",发展农业就要灌溉,黄河是西北、华北地区的主要水源,土地盐碱化问题亟需解决。黄土高原治理难度大,水土保持减沙效果不太明显,需建设水库拦沙和开展水土保持拦沙。

三、黄河治理的指导思想

黄河治理中的下游防洪、三门峡水库淤积和土地盐碱化问题,让大家认识到根治黄河问题的复杂性与艰巨性。不论三门峡水利枢纽增建或不增建,单靠它是不能根本解决问题的,必须全面考虑、上下游兼顾。只有投入更大的力量继续努力,才能较快地达到根治黄河的目的。为此,根据党的八届十中全会精神和1962年全国水利会议确定的水利工

---

❶　黄河水利委员会:《黄委会主任王化云在防汛会议上的讲话》(1962年5月23日),黄河水利委员会档案馆藏,档案号3-1962-74y。

作方针,1963年3月,时任黄河水利委员会主任的王化云,在黄河水利委员会治黄工作会议上指出:"结合黄河情况,我们认为治黄工作的近期方针任务应该是以下游防洪为中心,大力巩固堤防,保证不决口;积极开展水土保持,继续进行黄河近期规划;做好各项基本工作,加强调查研究,为进一步发展治黄工作,更好地支援农业创造条件。"❶这表明,黄河治理由以黄河中游蓄水拦沙为主,转为以下游防洪为中心、上下游兼顾。在这样思想的指导下,"上拦下排"的治黄方略逐步形成并实施。

第二节 "上拦下排"治黄方略的提出与实施

一、"上拦下排"治黄方略的提出

三门峡水库出现问题后,黄河水利委员会开始重新审视"蓄水拦沙"的治黄方略,并进行新的探索。1962年3月,三门峡水库运用方式由"蓄水拦沙"改为"滞洪排沙",黄河水利委员会认为,"治理黄河这是个转折,也是开始,是否走过去的路就是潘季驯的路'筑堤束水,以水攻沙',历史上光治下游,现在不能走治下游的老路,上游还得蓄水拦沙。"❷这说明,当时黄河水利委员会已经认识到改变治黄方略的必要性,但还没有从"蓄水拦沙"的治黄思维中完全走出来。1962年4月,在全国二届人大三次会议上,陕西省代表提出第148号提案,要求三门峡增建泄洪排沙设施。黄河水利委员会对此持反对意见,担心走回头路。"三门峡工程是根据蓄水拦沙的指导思想设计的,而这个指导思想是在总结历代治河经验教训的基础上提出来的,现在三门峡工程要增建泄流排沙设施,我担心会不会又要回到历史上'把水和泥沙送走'

---

❶ 黄河水利委员会编:《王化云治河文集》,黄河水利出版社,1997年6月第1版,第257页。

❷ 黄河水利委员会:《黄委会主任王化云在防汛会议上的讲话》(1962年5月23日),黄河水利委员会档案馆藏,档案号3-1962-74y。

的老路上去。"❶黄河水利委员会认为,当时解决问题的最好办法是在三门峡以上干支流修建拦泥水库,减少进入三门峡水库的泥沙。可见,突破旧治黄方略的思想束缚并产生新的治黄方略,需要一个过程。

1963年3月,黄河水利委员会召开了治黄工作会议,时任黄河水利委员会主任王化云在《治黄工作基本总结和今后方针任务》报告中提出:"如果在洪水适当控制、泥沙适当减少(比如说减少50%左右)的条件下,设想利用下游河道的排沙能力,采取束水攻沙的办法,排沙泄洪入海,使不同的洪水通过复式河槽下泄,使下游河道少淤、不淤或向地下河发展,应该是努力争取的目标。根据以上的设想,在上、中游拦泥蓄水,在下游防洪排沙,即上拦下排,是今后治黄工作的总方向。"❷这样,从黄河全流域的角度治理黄河的"上拦下排"方略,第一次被明确地提出来了。这一治黄方略的提出是经过对长期治黄实践的思考得出的。1963年10月,时任黄河水利委员会主任的王化云,在《黄河下游堤防、闸坝工程管理会议上的报告》中对此作了说明。"我们提出了'上拦下排'的治河方向,这个方向只增加了'下排'两个字,但是这两个字是经过了9年的实践,花了很大的学费换来的。过去我们认为黄河治本是在上、中游,上、中游问题解决了,下游就没事干了,这就是三门峡工程兴建后对下游防洪防沙问题有些松劲的原因。这个认识上的缺陷,来源于对黄河规律摸得不透,又经过实践现在才有了进一步的认识,是否完全正确,有待于再实践。就目前的认识来说,黄河治本不再只是上、中游的事,而是上、中、下游整体的一项长期任务。"❸这说明,治理黄河是一个长期的任务,治黄工作者在实践中不断总结,在总结中不断创新的可贵精神,值得学习。

1964年10月,在北京治黄会议上,时任黄河水利委员会主任的王

---

❶　王化云:《我的治河实践》,河南科学技术出版社,1989年,第187页。

❷　黄河水利委员会编:《王化云治河文集》,黄河水利出版社,1997年6月第1版,第257页。

❸　黄河水利委员会编:《王化云治河文集》,黄河水利出版社,1997年6月第1版,第267页。

化云在《关于近期治黄意见的报告》汇报中,进一步阐明了"上拦下排"的治黄方略。他说:"历史经验告诉我们,由于黄河水少沙多,如果只'拦'不'排',其结果必然是下游河道大量淤积,游荡加剧,最后导致泛滥、决口以致改道的历史灾害反复重演,这是行不通的。十几年的治黄经验又说明《黄河技经报告》设想依靠水土保持,加上用淹没大片良田换取库容的办法是不行的;来修建支流拦泥水库和依靠三门峡水库巨大库容,将80%的泥沙都拦截在三门峡以上,这种片面地强调'拦',忽视适当地'排'的方法,同样也是不行的。"❶因而,他认为治好黄河必须全河统筹、各方兼顾、有拦有排,全面有效地解决泥沙问题。在这个阶段,黄河水利委员会虽然提出了"上拦下排"的治黄方略,但并没有把上拦和下排等同看待,认为重心是在三门峡以上筑库拦泥。这说明"上拦下排"的治黄方略还不够成熟,需要继续完善。

而北京治黄会议上的"拦泥派"与"放淤派"之争,客观上推动了"上拦下排"治黄方略的发展。1965 年 1 月,《水利电力部党组关于黄河治理和三门峡问题的报告》对"拦泥派"与"放淤派"作了分析。报告指出,"去年五月,我们曾向中央写过报告,对黄河的泥沙,主张'上拦下排'。经过半年多的研究,我们认为,在综合治理的基础上,还要有个主攻方向,才能打歼灭战。近期的主攻方向,应该摆在哪里? 这就出现了'拦泥'和'放淤'两个对立面。在会上,放淤派是少数,但这是一个新方向。看来,如果在下游能找到出路,三门峡的问题就比较容易解决,我们的工作就可以比较主动。"❷从这里可以看出,当时的水电部是倾向于"放淤",与黄河水利委员会力主在中上游"拦泥"有冲突。但是,治理黄河的方略是一致的,都主张"上拦下排",主攻方向的分歧与争论,有助于取长补短,不断完善"上拦下排"的治黄方略。

对于"拦泥派"与"放淤派"之争,周恩来提出:"暂不作结论,分头

---

❶ 黄河水利委员会编:《王化云治河文集》,黄河水利出版社,1997 年 6 月第 1 版,第 284 页。

❷ 水电部党组:《水利电力部党组关于黄河治理和三门峡问题的报告》(1965 年 1 月 18 日),黄河水利委员会档案馆藏,档案号 3-1962-74y。

规划"。1965年1月,黄河水利委员会和长江流域规划办公室分头做试验、搞规划。当时黄河水利委员会的规划方针是:"治黄应是上拦下排,除害兴利,逐步变害河为利河。在中游积极采取措施控制水土,减少泥沙,确保西安的安全,保持三门峡水库的长期运用,使下游河道由严重淤积变为微冲或微淤,同时利用水土发展生产;在下游,继续加固和改造两岸大堤,进一步完善滞洪工程,逐步进行河道治理,确保花园口22 300立方米每秒的河水不决口、不改道。"❶"上拦下排"治黄方略的提出,解放了思想,有利于进一步开展治黄工作。随后,按照"上拦下排"的治黄方略,在中上游大力开展水土保持的同时,开始拦泥试验坝;中游开始改建三门峡水库,增强排水能力;下游破坝固堤,力图把大部分泥沙排入大海。

二、"上拦"治理措施的实施

在三门峡水库改建问题上,黄河水利委员会主张在三门峡以上干、支流修建拦泥水库,减少入库泥沙才是积极主动的措施。因此,在20世纪60年代,围绕兴建拦泥水库问题,进行了多次调查和规划。为了探索减缓三门峡水库淤积的途径,20世纪60年代初期,时任黄河水利委员会主任的王化云曾带领有关人员,先后分赴陕、甘、晋等省和泾、洛、渭等多沙支流进行调查研究。经过实地考察,他认为1954年黄河规划选定的拦泥水库存在"小、散、远"(控制面积小、库容小、工程分散、离三门峡远)的问题,应该改为"大、集、近"(控制面积大、库容大、集中拦沙、离三门峡近)。1963年11月,黄河水利委员会在《对根治黄河水害、开发黄河水利规划的设想》中提出:"在现在的情况下,单靠水土保持,水库也会很快淤满不能发挥应有的作用,现在已经建成的许多水库,不久的将来也都是泥库。因此在多泥沙河流上研究把蓄水拦泥分开,分别选择适当地方修建拦泥坝、拦泥库,可能是合适的(拦泥坝

---

❶ 王化云:《我的治河实践》,河南科学技术出版社,1989年,第215页。

和拦泥水库可以发展淤灌,发电效益)"。❶

时任黄河水利委员会副主任的李赋都主张在中游地区修建沟壑土坝拦泥。"在中游拦泥蓄水、在下游防洪排沙,以拦为主的治河总方向。实现这一治河方向所采用的方法,除积极地推进黄河中游水土流失地区的水土保持工作,减少泥沙的生成以外,就是在这个地区大力开展以打淤地坝为主的沟壑治理工作,并在水土流失严重的支流和黄河三门峡以上干流的适当河段,修建拦泥库。淤地坝在拦泥方面的优越性,表现在它的拦泥作用来得快,而且彻底。在沟口只要修上一个大型淤地坝,或者在沟里修上几座淤地坝,就可以很快把上游全沟的泥沙控制住。"❷

1964年12月,周恩来在北京治黄会议的总结讲话中,对黄河水利委员会主任王化云提出要搞巴家咀拦泥试验坝,表示同意。1965年1月,水利部组织现场审查组到巴家咀工地进行审查,并指出:"为了研究逐步减少三门峡库区和下游河道淤积,并为发展黄河中下游地区的水利创造条件,同意在巴家咀进行试验研究关于大型拦泥库的技术经济问题,以便取得经验,逐步推广为治黄措施之一。"❸1965年3月,为了搞好具有重要意义的试验任务,黄河水利委员会专门成立了巴家咀拦泥坝试验工程处。由于各方面通力协作、互相配合,拦河土坝坝后加高8米的任务于1966年7月基本竣工,共完成土石方47万立方米。但由于"文化大革命"的冲击,致使拦泥坝试验未能按计划进行,"上拦"工程的设想无法实现。

三、"下排"治理措施的实施

1958年以后,在"大跃进"的形势下,黄河主管部门和各级政府认为随着水土保持工作大规模开展,三门峡水库即将投入运用,黄河泥沙

---

❶ 黄河水利委员会:《对根治黄河水害,开发黄河水利规划的设想》(1963年11月),黄河水利委员会档案馆藏,档案号A0-3(1)-5。

❷ 李赋都:《解决黄河泥沙问题的重要途径》,载《人民日报》,1966年1月26日第5版。

❸ 水利部黄河水利委员会勘测规划设计院编:《黄河规划志》,河南人民出版社,1991年11月第1版,第172页。

可以大量减少,下游洪水威胁即将解除。对治黄的进程作出了错误的估量和安排,认为今后治黄任务是兴利,削弱了黄河下游修防工作。河南省大炼钢铁砍掉了黄河大堤的树,拆除了兰考至东坝头和广武至花园口的两条防汛铁路专用线,河南、山东两个河务局曾一度与两省水利厅合并。"由于这些原因,使得下游修防工作一度遭到削弱,如当时每年用于加固堤防、险工的土石方仅为 1957 年以前的 1/4 左右。工程管理也放松了,有的防洪设施遭到破坏。"❶

　　三门峡水库开始"蓄水拦沙"后,黄河下游的防洪形势有所好转,但河势摆动造成了新的堤防隐患,下游防洪仍然紧张。"清水下泄以后,下游河道开始由淤积变为冲刷。去年一年,虽然有冲有淤,但一般冲的多,淤的少。由孟津至海口间,共从河道中冲走泥沙约 8 亿吨,河道冲深,这对防洪是个有利条件。但清水冲刷后,河势摆动规律有了新的变化,护滩坝垛被冲走 74 道,塌滩 10 余万亩,特别是封丘、长垣、东明、菏泽、郓城、寿张等县所属河段,不断出现新险,有的老险工搜根淘底,局部冲深达 17 米,严重威胁堤防安全。甚至在低水时期,仍有不少堤段在紧张抢险。据统计,去年全河抢险达 860 余坝次,这是过去没有的新情况。加上全河堤防险工连年失修,沿河灾情较重,如不加强修防,仍有可能决口成灾。"❷

　　三门峡水库由"蓄水拦沙"改为"滞洪排沙"以后,下游防洪问题十分突出。为了保证黄河下游的防洪安全,必须加强"下排"措施,一要搞好大堤的培修和加固,保证不决口;二要破除下游的拦河枢纽,以利于排洪排沙。为了加强防洪工程,从 1962 年冬开始,进行了下游堤防的第二次大培修。这次工程主要以防御花园口站洪峰流量 22 300 立方米每秒为目标,按照 1957 年的堤防标准,培修临黄大堤和北金堤580 千米,整修补残堤段 1 000 千米。经过 4 年的大培修,黄河下游修防工作明显加强。"从 1962 年到 1965 年,第二次大修堤历经 4 年,共

❶ 王化云:《我的治河实践》,河南科学技术出版社,1989 年,第 196 页。
❷ 水电部:《水电部党组关于一九六二年黄河防洪问题的初步意见》,中国社会科学院、中央档案馆《1958—1965 中华人民共和国经济档案资料选编·固定资产投资与建筑业卷》,中国财政经济出版社,2011 年 5 月第 1 版,第 895 页。

完成土石方 6 000 万立方米,一些比较薄弱的险工坝岸工程也进行了重点加固,河道整治工作也重新展开,从而下游排洪排沙能力逐步得到恢复。"❶为了适应三门峡水库运用方式的变化,尽快恢复黄河下游河道的防洪能力,1963 年先后破除了花园口和位山两座枢纽的拦河坝。花园口和位山两座枢纽拦河坝的破除,说明在黄河治理过程中,要有科学的态度,不断探索和认识黄河规律,切忌主观主义瞎指挥。

第三节　三门峡水库的初步改建

一、三门峡水库初步改建的原因

三门峡水库建成后,1960 年 9 月开始蓄水拦沙,一年的时间造成的淤积非常严重。"三门峡大坝截流,流齿过水,自然调节时期,一九五九年到一九六〇年(包括丰沙年和枯沙年),来沙三十八点一四亿吨,库区淤积三点五一亿吨(潼关以上一点七八亿吨),占百分之九点二,排沙三十四点六三亿吨,占百分之九点八。水库蓄水运用的一九六一年,为平水平沙年,来沙十四点八亿吨,淤积十三点七亿吨(潼关以上二点七九亿吨),占来沙的百分之九十二点五,排沙一点一亿吨,占来沙的百分之七点五。"❷到 1961 年 10 月下旬,"当库水位 332.5 米时,渭河口形成'拦门沙';华县水位达 337.84 米时,渭河下游两岸及黄河朝邑滩区 5 000 人受洪水包围,淹没耕地 25 万亩。"❸为了减轻库区淤积回水影响,延长水库寿命,使水库能充分发挥防洪作用。1962年 3 月,水电部在郑州召开会议认为,"从蓄水以后的实际情况看来,当库水位在 325 米以上时,入库泥沙淤积在潼关以上的占 70%;当库水位在 320 米以下时,淤积在潼关以下的占 70%(一般在死库容内)。

---

❶　王化云:《我的治河实践》,河南科学技术出版社,1989 年,第 225 页。

❷　陕西省水利厅三门峡库区管理局:《陕西省三门峡库区淤积发展情况和治理意见》(1964 年 11 月),黄河水利委员会档案馆藏,档案号 3-1964-97y。

❸　水利部黄河水利委员会勘测规划设计院编:《黄河规划志》,河南人民出版社,1991年 11 月第 1 版,第 157 页。

因此,为了减少淤积,尽量延长水库寿命,使水库能充分发挥防洪作用,经反复研究,我们建议:当前水库的运用应以防洪排沙为主,汛前尽量泄空水库;汛期水库最高拦洪水位,仍应按中央规定移民水位335米运用,并在保证下游安全的前提下,尽量放水下泄,降低水库水位;汛后适当蓄水灌溉,估计近期灌溉用水较少,1962年汛后蓄水位尽量不超过320米;凌汛、桃汛时期根据防汛需要,可适当提高。"❶后经国务院批准,三门峡水库的运用方式由"蓄水拦沙"变为"滞洪排沙",汛前尽量泄空水库,汛期拦洪水位控制在335米。

水库运用方式的改变使库区淤积有所减慢,渭河"拦门沙"冲出了一条深槽,但潼关河底高程并未降低,库区淤积"翘尾巴"现象仍在继续发展。此后改为防洪排沙运用,情况已有所改善,淤在库内的泥沙已由百分之九十多降为百分之五十,排到下游的泥沙已增至百分之五十。此设计下泄泥沙由百分之二十增大了百分之三十。库区淤积影响最大的是渭河。由于渭河口拦门沙的形成,引起了渭河下游河道的淤积,比降变平,洪水位升高。一九六二年汛前与一九六一年汛前相比,在华县高出一米八,一九六三年五月渭河华县站发生了一次四千七百立方米每秒的洪水,即淹没了三三五高程以上农田十三万亩(以往五千立方米每秒不出槽)。同时库周地下水位上升,三三五高程以上盐碱沼泽化面积增加了二十一万亩,影响了当地居民的生产生活。如水库继续大量淤积,遇到二百年一遇的特大洪水,据陕西省估计,回水淹没影响三三五高程以上的居民将达十五万人,耕地五十三万亩。❷ 因此尽量减缓库区淤积,成为当时三门峡水库迫切需要解决的问题。

二、三门峡水库改建的争论

(一)两次三门峡水利枢纽问题座谈会上的争论

三门峡水库出现问题之后,引起了社会各方面的关注,议论颇多,

---

❶　水电部:《水电部党组关于一九六二年黄河防洪问题的初步意见》,中国社会科学院、中央档案馆编《1958—1965中华人民共和国经济档案资料选编·固定资产投资与建筑业卷》,中国财政经济出版社,2011年5月第1版,第895-896页。

❷　黄河水利委员会:《对根治黄河水害,开发黄河水利规划的设想》(1963年11月),黄河水利委员会档案馆藏,档案号A0-3(1)-5。

存在各种不同的看法和主张。1962 年 4 月,在全国二届人大三次会议上,陕西代表提出第 148 号提案,要求三门峡工程增建泄洪排沙设施,以减轻库区淤积。人大会议后,周恩来召集相关人员座谈这一问题。他认为黄河问题复杂,需要认清问题再做调整。"是不是我们现在对困难的情况都弄清了呢? 还不能这样说。趋势是看清了,调整的时期会长一些也看清了,但是具体情况常常是由极复杂的因素形成的,往往是现象发生了我们才看到。这类事情很多。例如三门峡的水利枢纽工程到底利多大、害多大,利害相比究竟如何,现在还不能作结论。原来泥沙多有问题,现在水清了也有问题。水清了,冲刷下游河床,乱改道,堤防都巩固不住了。上游清水灌溉,盐碱就不能统统洗刷掉,洪水出乱子,清水也出乱子。这个事情,本来我们的老祖宗有一套经验,但是我们对祖宗的经验也不注意了。三门峡水利枢纽工程既要防洪,又要灌溉、又要发电、又要运输,综合利用。修三门峡的方针是对的,但是办法不对,现在不能发电,泥沙又淤塞,还要大调整。"❶

在周恩来三门峡水库改建思想的指导下,为了摸清黄河治理中存在的问题,水电部多次组织召开大型会议,讨论三门峡工程改建问题。1962 年 8 月 20 日至 9 月 1 日,水电部在北京主持召开第一次三门峡水利枢纽问题座谈会,着重讨论三门峡水库的运用方式和是否需要增建泄流排沙设施等问题。关于三门峡水库运用问题,多数代表主张近期采用拦洪排沙方式,远景为综合利用。少数代表认为,不论近期与远期都应采取拦洪排沙方式。关于增建泄流排沙设施问题,多数代表认为增建泄流排沙设施十分必要,但对于采用什么方案和泄流规模大小仍存在分歧。这次讨论会没有形成一致意见,普遍认为需要进一步加强观测试验,深入开展理论研究,更多地掌握黄河泥沙冲淤情况,再召开第二次讨论会研究这些问题。

1963 年 7 月 16 日至 31 日,水电部在北京主持召开三门峡水利枢

---

❶ 周恩来:《周恩来:认清形势,掌握主动》,中国社会科学院、中央档案馆编《1958—1965 中华人民共和国经济档案资料选编·综合卷》,中国财政经济出版社,2011 年 5 月第 1版,第 385 页。

纽问题第二次技术讨论会,是否需要增建泄流排沙设施是本次讨论会的焦点。与会代表们形成了两种不同意见,不同意增建或主张最好不增建泄流排沙设施的代表认为,"增建后虽可减少三门峡水库的淤积和移民困难,但不能彻底解决问题,大量泥沙下泄,将增加黄河下游及河口区的淤积,河床随之抬高,加重了下游防洪困难。"❶主张立即增建的代表认为,"如果维持现状,水库淤积严重,寿命缩短,淤积末端延伸很快,淹没、浸没损失很大,移民问题不易解决。为了保证黄河下游所需防洪库容,保证西安不受浸没影响和减轻近期淹没移民困难,增建泄流排沙设施是非常迫切的,应当立即进行,这不是水土保持和拦泥水库所能代替的。"❷本次讨论会对是否需要增建泄流排沙设施,仍有较大分歧,但鉴于三门峡水库淤积发展的严重情况,代表们都希望能早日定案。

（二）北京治黄会议上的争论

1964年3月,周恩来详细询问了水电部副部长钱正英关于三门峡工程情况后,认为解决三门峡水库改建问题的时机已经成熟,决定召开一次治黄会议,并指示水电部到三门峡现场进一步摸清情况,积极筹备会议的召开。1964年6月,水电部在三门峡现场继续讨论工程改建方案。同年8月初,中共水电部党组召开扩大会议,讨论三门峡水库的改建问题。在会议筹备期间,水电部和黄河水利委员会收到全国各地寄来的信件和文章,阐述各自对三门峡水库的改建和治理黄河的主张。其中具有代表性的意见有,北京水科院(现为中国水利水电科学研究院)院长汪胡桢在信中说:"泥沙是使黄河成为害河的根本原因,故欲治理黄河首先必须解决它的泥沙问题。黄河泥沙主要来自中游的黄土高原,所以做好这一地区的水土保持工作才是正本清源的办法。但黄河中游水土流失面积很广,完成水土保持工作,并使其完全生效必须较

❶ 水利部黄河水利委员会勘测规划设计院编:《黄河规划志》,河南人民出版社,1991年11月第1版,第161页。

❷ 水利部黄河水利委员会勘测规划设计院编:《黄河规划志》,河南人民出版社,1991年11月第1版,第161-162页。

长时间。这个时间只有建筑若干能够拦住泥沙的水库作为缓冲,才能腾挪出来。现在降低蓄水位和开凿隧洞都还未定案。但如果万一成为事实,则郑州以下危如累卵的黄河,势将发生大变。反之如果正确执行利用三门峡水库来拦住泥沙的策略,则黄河将得到大治。"❶可以看出,汪胡桢是反对增建泄流排沙设施的,主张通过水土保持解决黄河治理问题,水土保持未生效前,建筑若干能够拦住泥沙的水库作为缓冲。

清华大学黄万里教授在信中说:"阅一九六二年九月三门峡枢纽座谈会记录。知已决定改闸开洞排沙的策略。策者认为,这个策略实施后,将来对于渭河下游淤积,较之目前不开洞的情况是要减轻些;但是,从绝对年淤积量来讲,渭河下游仍将淤积,而且在近二年将年年加甚,渭河下游将闹水灾……目前这样开洞已不是以挽救渭滨之患。潼关现已淤起拦门沙,潼陕山峡内堆积了很多沙,新的潼关控制断面在上述堆沙未冲走之前,纵使三门峡洞开沙流,却仍将壅高渭水,使下行泥沙淤在潼关以上……这个策略的实施,即所开洞的尺寸和位置,对于将来发现有更好的办法而实施时,未必可能在已有基础上改造,甚至反起障碍,因而是不利的。由此观之,这个策略现不能解脱秦川近年之淤,又放弃了水库兴利的大部分功效,又不利于将来改造成为更好的措施,所以不是妥善可取的。"❷黄万里认为,改闸开洞排沙的策略不是解决库区淤积的好方法。

陕西省三门峡库区管理局李隼在信中说:"水土保持对减少黄河泥沙作用不大,只能看作农林方面的增产措施。至于治河方案的改变,我提出下面几项建议:①完全放弃水力发电的计划,把三门峡水库改为滞洪水库,在大坝下面开凿泄水洞,可容汛期中四千秒公方流量无障碍通过,大于四千秒公方的流量就发生滞洪作用,减少下游洪峰流量以免下游发生危险。②黄河在内蒙古至甘肃青海的水,本来是清水数量也

❶ 汪胡桢:《北京水科院院长汪胡桢的信》(1964年),黄河水利委员会档案馆藏,档案号3-1964-97y。

❷ 黄万里:《清华大学黄万里的信》(1964年),黄河水利委员会档案馆藏,档案号3-1964-97y。

很大,占全年全河总流量近60%,但均匀分布于全年以内,每秒的流量值太小,所以从来不曾发生过显著的刷淤作用,如今可在包头以下,河曲附近,建筑蓄清水库,存蓄上游全年清水,在汛期中以较大的流量放下,如此,滞洪同蓄清刷淤同时进行,下游不止可免溃决之害,而且可以逐年刷深下游河槽,河行地上的现象即可消灭。③三门峡以下黄河河槽中所有枢纽工程需全部拆除,大规模的引黄灌溉计划亦须放弃,下游河槽只可作为排洪输沙之用。"❶李隼主张把三门峡水库改为滞洪水库,在大坝下面开凿泄水洞。以上说明,北京治黄会议召开之前,全国各地寄来的信件对三门峡水库的改建和治理黄河的主张分歧是很大的。

1964 年 12 月 5 日至 18 日,国务院在北京召开治黄会议,参加会议的有国务院办公厅,国家计委,建委,经委,陕、甘、晋、豫、鲁五省水利厅,水电部水电总局,规划局,水科院,北京院,中原电管局,三门峡工程局,黄河中游水土保持委员会,陕西省三门峡库区管理局,清华大学,武汉水电学院,北京水利水电学院,长办和黄委会等 22 个单位,以及水利界的知名专家、学者和长期从事黄河研究的代表共 100 余人。经过三年多的讨论,除了个别代表外,大多数代表同意增建泄流排沙措施并控制运用,认为增建工程虽没有从根本上解决黄河泥沙问题,但能减轻一部分水库淤积,并可赢得时间进行其他工作。同时,与会代表也提出各自的治黄主张,在发言中,分歧大的有以下几种意见。

其中,对于三门峡水库有截然不同的两种看法。一是北京水利水电学院院长汪胡桢主张维持现状。他认为,"1955 年人大通过的治黄规划正确地提出治黄应采取的方针不是把水和沙送走,而是加以控制和利用。根据这一原则,提出要在黄河干支流上修建一系列拦河坝与水库,节节蓄水,分段拦泥,并开展水土保持。三门峡水库修建后,黄河起了革命性变化,停止了向下游输送泥沙,下游不再淤高而是刷深。他

---

❶ 李隼:《陕西省三门峡库区管理局李隼的信》(1964 年),黄河水利委员会档案馆藏,档案号 3-1964-97y。

指出挖开三门峡拦河坝或就坝旁开隧道是走回头路,结果泥沙大量下泄,恢复到建库前的状态,黄河下游仍将淤积,决口改道的灾难将会重演,因此应该坚决贯彻原规划控制泥沙的原则,兴建入库干支流拦泥库,厉行水土保持。"❶二是河南科委副主任杜省吾主张炸坝。他认为,"水土流失是地球变化的必然趋势,黄河的运土填海是自然法则,绝非人力所能阻止,修建三门峡水库后,使下游平原地下水升高,故应撤除,否则黄河平原盐渍化不能消除,耕地沼泽化,是农业之大害。"❶治理黄河必须根据黄河自然规律,在接近平原的边沿,有广大地区任秋水泛滥、停蓄,然后落水归槽,减少冲淤,达到不冲不淤之中和状态,由宽浅的河槽变为地下河。"黄河本无事,庸人自扰之",他力主炸掉三门峡大坝。以上这两种观点是相反的,他们从不同的角度阐述了对三门峡水库的观点,有一定的合理性,但漠视水库淤积对西安工业区的危害和任由黄河泛滥淹没下游的观点都是有片面性的。

而对于治理黄河的方法也有两种针锋相对的观点。一是黄河水利委员会主任王化云主张拦泥。他向与会代表汇报的《关于近期治黄意见》中,除了提出加快水土保持和同意在三门峡枢纽增建两条隧洞外,着重汇报了在中游干支流兴建拦泥水库和拦泥坝的设想。"提出首先在北干流、泾河、北洛河建成三座大型拦泥水库,估计约可减少三门峡入库泥沙近半数。在这种情况下,利用现有 12 个深孔和增建的 2 条隧洞排洪排沙,库内淤积及渭、洛河下游的淹没影响将大为缓和。同时下游配合整治河道,可望不淤或微冲,初步达到稳定下游河道的目的。"❷水利电力部规划局总工程师须恺的看法与这一观点趋同。他认为,"治黄的关键在于泥沙。对付泥沙必须上拦下排两条腿走路,首先必须充分利用下游河道排沙能力,同意三门峡增开两条隧道和利用四条钢管泄流并加以适当控制。但三门峡增建工程并不能解决泥沙问题,要根本解决泥沙问题,只有依靠水土保持。水土保持必须坡面与沟壑

---

❶ 治黄会议秘书处:《治理黄河会议简报》第二期(1964 年 12 月 6 日),黄河水利委员会档案馆藏,档案号 3-1964-97y。

❷ 王化云:《我的治河实践》,河南科学技术出版社,1989 年,第 207 页。

同时治理,将工程措施与生物措施结合一体。"❶

二是长江流域规划办公室主任林一山主张大放淤。他认为,"流域规划是一个认识过程,但在规划中提出的各项重大工程措施都必须是正确的。在根治方针无法确定时,过渡性工程应尽量不过多改变现状,不新建大工程。黄河规划必须是水与泥沙的统一利用规划。这个规划应该包括河源的水土保持、河流治程的水土回收利用和泥沙运行控制等三大措施。他认为水土保持需要很长的过程才能完成,而且不可能完全解决泥沙问题。因此大量泥沙流入支流以后应该采用引洪放淤的方法,从河源沟壑到海口,沿程放淤灌溉,可以基本做到全部回收利用。此外应研究和利用水流和泥沙的运行规律,把泥沙送到需要的地方,目前应积极试行下游灌溉放淤工程,为群众性的引洪放淤创造条件。"❶关于三门峡水库增建工程,从已有计算成果来看,他认为315米的方案较好,这样可以基本解决库区淹没、浸没问题,还可以有20亿立方米的稳定库容,如在技术上有条件,建议除再增建一个隧洞和打开三个底孔外,仍可力争多增加下泄洪水。315米的改建方案,在随后三门峡增建工程中被采纳。温善章认同放淤观点并提出了具体方法,他认为,"将全部来沙输送入海的方法有危险,水土保持没把握,拦泥库投资大不宜考虑。他提出'在黄河下游大量引沙,用沙淤高两侧地形,便黄河为地上河'的方案,下游两侧分为两区。上区在花园口修建引沙枢纽集中引沙,下区在两岸设虹吸管分散引沙,就地淤沙。"❶不管是拦泥的观点,还是放淤的观点,都是"蓄水拦沙"方略在三门峡工程的实践上出现问题后,力图寻找一个合适的方法继续治理黄河的探索。这两个治理黄河的方法,虽然还不够成熟,但都是有益探索,有利于丰富和发展治黄方略。

问题的争论有利于看清问题并解决问题,避免贸然采取措施而导致错误。清华大学教授钱宁从黄河全流域角度提出了自己的观点,较为全面。他认为,"三门峡必需增建,并加以控制运用,但三门峡增建

---

❶ 治黄会议秘书处:《治理黄河会议简报》第六期(1964年12月12日),黄河水利委员会档案馆藏,档案号3-1964-97y。

效益只能调整上下游淤积量的分配,使控制运用有更大的灵活性,黄河泥沙问题并未因此而得到解决,因亟应编制一个以三门峡水库上下游为中心,以防洪防沙为主要任务的近期治黄规划,开展水土保持和泥沙控制工作,加强下游防洪防沙工作并开展河道治理。"❶

三、三门峡水库初步改建的进行

北京治黄会议的最后一天,周恩来在广泛听取各种意见的基础上,作了总结讲话。周恩来对治黄规划和三门峡工程没有全面肯定也没有全面否定,并提出了治理黄河总的战略方针。"治理黄河规划和三门峡枢纽工程,做得全对还是全不对,是对的多还是对的少,这个问题有争论,还得经过一段时间的试验、观察才能看清楚,不宜过早下结论。总的战略是要把黄河治理好,把水土结合起来解决,使水土资源在黄河上、中、下游都发挥作用,让黄河成为一条有利于生产的河。"❷他同时要求各派都要克服片面性,要从全局看问题。他说:"不管持哪种意见的同志,都不要自满,要谦虚一些,多想想,多研究资料,多到现场去看看,不要急于下结论。泥沙究竟是留在上、中游,还是留在下游,或是上、中、下游都留些? 全河究竟如何分担,如何部署? 现在大家所说的大多是发挥自己所着重的部分,不能综合全局来看问题。"❸周恩来认为泥沙淤积是燃眉之急,对三门峡水利枢纽工程的改建问题,要下决心开始动工,不然泥沙问题更不好解决。最后决定三门峡大坝左岸增建两条隧洞,改建四根发电引水钢管,以加大泄流排沙能力,先解库区淤积之急。

三门峡水库第一次改建工程由水电部北京院设计,三门峡工程局施工。1966 年 7 月改建的四条钢管投入运用,增建的两条隧洞分别于1967 年 8 月和 1968 年 8 月建成投入使用。改建后,当坝前水位 315 米

---

❶ 治黄会议秘书处:《治理黄河会议简报》第二期(1964 年 12 月 6 日),黄河水利委员会档案馆藏,档案号 3-1964-97y。

❷ 水利部黄河水利委员会勘测规划设计院编:《黄河规划志》,河南人民出版社,1991年 11 月第 1 版,第 164 页。

❸ 曹应旺:《周恩来与治水》,中央文献出版社,1991 年,第 89 页。

时,下泄流量由原来的3 080立方米每秒增至6 000立方米每秒,水库排沙比增至80.5%,库区淤积有所缓和,潼关以下库区由淤积转为冲刷,但潼关以上库区及渭河下游仍旧继续淤积。三门峡水库的初步改建过程中,国家非常重视、非常谨慎,能够充分发扬民主,听取各方面不同意见,循序渐进地推进改建工作。这说明,党和政府能够在错误面前,勇于承认错误、敢于改正错误、善于吸取教训,不断创新,开拓了治理黄河的新局面,值得肯定。

四、三门峡水利枢纽工程的评价

(一)三门峡水利枢纽工程的失误

三门峡水库运用方式由原来设计的"蓄水拦沙"综合利用,变为"蓄清排浑"部分利用,没有实现设计的目标,是当代治黄史上一次失败的探索。当代水利专家张瑞瑾在《治黄十问》中,对三门峡水利枢纽工程作了较为中肯的评价,"在仓促制定的不正确的治黄规划中,确定了不正确的三门峡水利枢纽工程,并且不正确地把它放在第一期工程中仓促上马。在忽视黄河基本特点和规律的情况下,三门峡水利枢纽严重地改变了其上、下游冲积过程,把大量泥沙搅入库区,同时使下游河段在无准备的情况下朝着不正确的方向发挥其冲蚀能力(侧重)。以致造成坝区高而难于充分蓄水,电站虽大而难于一一装机,导致底孔已塞而又欲令其重开的被动局面。"❶后来,黄河水利委员会原主任王化云在总结三门峡工程的经验教训时说:"由于缺乏经验,三门峡工程有失误,集中表现在对大量淹没良田和大批迁移人口的影响和困难估计不足。对我国地少、人多的国情认识不够。"❷他认为,由于对黄河泥沙规律认识不足,对水土保持效益估计过于乐观,在处理三门峡水库泥沙问题上重拦轻排,也是失误的重要原因。三门峡水利枢纽的教训告诉我们,对于涉及复杂问题,引起自然过程发生重大改变,投资巨大的

---

❶　张瑞瑾:《治黄十问》(简要提纲)1964年12月15日,黄河水利委员会档案馆藏,档案号3-1964-97y。

❷　王化云:《我的治河实践》,河南科学技术出版社,1989年,第193页。

重要技术措施，应持十分慎重的态度，在规律未基本摸清以前，不宜轻易动手。

（二）修建三门峡水利枢纽工程的积极意义

任何事物都有两面性，三门峡水利枢纽工程也是这样，我们应当用一分为二的观点来看待它。看待三门峡水库，我们既要理性认识它存在的问题，也要看到三门峡水库的功劳。它一方面将三门峡以上来的洪水大幅度削减，大大减轻了下游防洪压力；另一方面拦沙60多亿吨，缓解了黄河下游河道淤积。虽然三门峡水利工程没有达到原来设计的效益指标，但是仍然发挥了巨大的综合效益。三门峡水库对一般洪水不加控制，但控制三门峡以上大洪水的作用仍然可靠。对三门峡以下洪水虽不能控制，但与小浪底水库、陆浑水库、故县水库及东平湖滞洪区联合运用，可以大大减轻下游防洪压力，增加防洪调度的灵活性和可靠性。同时，三门峡水库保证了黄河下游凌汛安全。三门峡水库建成后，防凌措施逐步发展为利用水库调节下游河道水量为主，人工破冰为辅的阶段。"1967年至1985年的19年中，凌情严重的有6年，河道最大冰量都在5 000万立方米以上，封冻长度超过400公里，均产生冰塞、冰坝。利用三门峡水库调节，最高防凌蓄水位达327.91米，相应蓄水量18.1亿立方米，加上配合其他措施，六次严重凌汛都先后被战胜，保证了防凌安全。"[1]

三门峡水利枢纽工程的实践，为治理黄河提供了宝贵的经验，认识到了治理黄河的复杂性、长期性。"水利上犯了错误，也要一代一代传下去，使他们接受经验，才会少犯错误。把理想变为现实，得几代到几十代。想把儿孙的事都办完，哪有这个事；一定要通过不断实践，世世代代地实践，不断修正错误，要走许多弯路。黄河到现在还没有走出来，搞水利可不容易。"[2]通过对三门峡水库淤积问题分析，使治黄工作

---

❶ 王化云：《我的治河实践》，河南科学技术出版社，1989年，第191页。

❷ 中国共产党水利电力部委员会：《总理谈话纪要》（1965年9月6日），黄河水利委员会档案馆藏，档案号1-1965-123y。

者明白,黄河的主要矛盾是水沙关系不协调。为了提高下游河道的排沙能力,减轻河道淤积,在黄河上修水库,必须对水和沙进行调节,变水沙关系不协调为水沙相适应。三门峡水库的实践证明,在黄河上修水库,只要实行"蓄清排浑"的运用方式,水库就不会淤废,可长时期保持一定的有效库容进行综合利用,为后来修建小浪底、碛口等干流水库提供了实践依据。

第四节　国民经济调整时期水土保持工作的开展

一、水土保持工作的方针

1963 年 4 月 18 日,国务院发出《关于黄河中游地区水土保持工作的决定》(简称《决定》)。《决定》指出,黄河流域是全国水土保持工作的重点,其中从河口镇到龙门的 10 万平方千米、42 个县是重点中的重点,水土保持不单是点线上的工作,主要是面上的工作。治理水土流失必须依靠群众,以群众力量为主,国家支援为辅;治理水土流失要以坡耕地为主,把坡耕地的治理提高到水土保持工作的首位,但也不能放松荒坡、沟壑和风沙的治理,要造林种草和封山育林育草。对水土保持工程设施,贯彻"谁治理,谁受益,谁养护"的原则,要坚决制止陡坡开荒和毁林开荒。

1963 年 11 月,国务院农林办公室召开黄河中游水土流失重点地区水土保持工作会议指出,"从内蒙古河口镇到山西龙门一段黄河两岸约十一万平方公里的地区,包括陕西、山西和内蒙古三省(区)的四十二个县(旗),水土流失最为严重,是黄河水土保持的重点……初步提出了一个黄河中游水土流失重点地区一九六四年到一九八〇年的水土保持规划草案。规划的主要内容是通过水土保持工作,逐步建立起旱涝保收的、产量较高的基本农田,实行精耕细作,改变广种薄收的旧

习惯,合理利用土地发展农业生产,并开展林、牧、副业多种经营。"❶

国民经济调整时期,水土保持工作逐渐把黄土高原水土流失严重的地区作为黄河流域水土保持工作的重点。其中,从内蒙古河口镇到山西龙门一段黄河两岸约十一万平方公里的地区,包括陕西、山西和内蒙古三省(区)的四十二个县(旗),水土流失最为严重,是黄河水土保持的重点。这块地区光山秃岭、风沙多、土地瘠薄。因此,集中力量把这块地区的水土流失治理好,就能够在很大程度上发展当地农、林、牧业生产,改善人民生活,根本改变这块地区的贫瘠落后面貌。国民经济调整时期,重点地区的水土保持工作已经取得了一些成绩。据陕西有关部门调查,陕北各地多年来所修建的水土保持工程和培育的树草,有一些已经发挥了作用,还有一些加以维修养护也将逐步发挥作用。许多生产队把流失水土的坡地修成梯田,增产显著;打坝封沟所淤成的坝地产量更高。事实证明,只有搞好水土保持工作才能改变这个地区低产面貌。而且不少水土保持试点社、队和水土保持试验站的经验证明:兴修各种有效的水土保持工程,加强农田基本建设,改粗放耕作为精耕细作,再加上农林结合,种草植树,一个地方经过持续努力,就可初步改变面貌。

二、水土保持工作的进行

黄河中游地区认真贯彻国务院《关于黄河中游地区水土保持工作的决定》,各级党委积极组织当地人民开展水土保持工作,经过一年多的不懈努力,获得了很大成绩。"去冬今春沿黄河中游两岸的荒山秃岭上,有二百多万人进行水土保持工作。一般县份和整个黄河中游地区都超额完成了计划治理面积,新治理的土地达五千八百多平方公里,其中新修水平梯田一百多万亩,同时植树造林一百二十五万多亩,种草八十八万亩。山西省完成的工作量相当于前三年的总和,陕西省完成的治理面积为年计划的百分之一百三十以上。在工作中,还发现

---

❶ 《把水土流失严重的山区建成多种经营综合发展的新山区 黄土高原重点治理即将开始》,载《人民日报》,1963年11月21日第1版。

了近千个群众性的水土保持工作典型,其中比较突出的有二百多个。这些典型多数是大寨式的,它们发扬了自力更生、艰苦奋斗的精神,一般治理水土流失的面积已达水土流失总面积的百分之二十到百分之六十。治理水土流失后,粮食增产百分之三十到百分之五十。"❶

1964 年 8 月 29 日至 9 月 10 日,黄河中游水土保持委员会在西安召开了黄河中游水土流失重点区第三次水土保持会议。会议对 1964 年的工作作了基本总结,研究部署了 1965 年的工作任务,印发了《1965—1980 年黄河中游水土保持规划的初步设想》(第二稿)。会议确定将泾河、渭河、北洛河流域的 58 个县列为黄河中游水土流失重点县,使重点县由原来的 42 个增加到 100 个。黄河中游水土流失重点区的一百个县积极部署,开展了轰轰烈烈的水土保持运动,取得了很大成绩。"据黄河中游一百个水土保持重点县(旗)统计,共出动一百九十万人,兴修梯田三十多万亩,造林种草一百多万亩,育苗九万多亩,总计初步治理流失面积达两千九百多平方公里。这一百个县一九六五年度(去年十月到今年十月)计划治理面积为五千多平方公里,去年冬天治理了三千平方公里。现在,已经提前超额完成了这个年度的治理计划。"❷

黄河中游年雨量不多,但大都集中在七、八、九月,而且暴雨特多。大量的黄土被水冲走,平整的原地被水切割成无数的沟壑。在高原沟壑区有一半以上的土地都成了深沟,塬上的耕地面积越来越小。在冲蚀更严重的丘陵地带,我们所看到的全是千沟万壑和分割成为一块一块的黄土山丘。这些黄土丘陵沟壑区有的是童山秃岭,人迹稀少;有的是人烟稠密,广种薄收,整个山坡都被开垦了,结果植物被覆,荡然无存,三料(饲料、肥料、燃料)俱缺,十年九旱,人民生活不能迅速提高。

---

❶ 《黄河中游地区大规模水土保持群众运动即将展开,治山治水治土,根本改造自然,第三次水土保持工作会议在西安举行,总结今年经验研究明年任务和远景规划,会议要求一百个重点县旗大兴大寨之风,以革命精神和科学方法完成十项任务》,载《人民日报》,1964 年 10 月 28 日第 1 版。

❷ 《黄河中游百县修田种树保持水土,提前超额完成治理五千平方公里的年度计划,兴修梯田三十多万亩,造林种草一百多万亩》,载《人民日报》,1965 年 6 月 13 日第 1 版。

淤地坝在拦泥方面的优越性，表现在它的拦泥作用来得快，而且彻底。黄河水利委员会从一九五三年到一九五五年在绥德无定河的支沟韭园沟修建了五座大型淤地坝，控制了韭园沟全沟的流域面积。经过历年几次的加高，截至一九六四年，这些坝就拦蓄泥沙五百多万立方米，淤出肥沃坝地六百多亩。自一九五九年起，群众就在坝地上种庄稼。在一九六二年和一九六五年异常干旱的情况下，庄稼仍然长得特别旺盛，显示出坝地突出的优越性。一般来说坝地的单位面积产量要比水平梯田高出二倍到三倍，要比山坡地高出四倍到五倍。❶ 由于坝地平坦肥沃，抗旱保墒能力强，耕作方便，粮食打得多，群众普遍反映说："打坝如修仓，增地又增粮。"

三、水土保持工作中存在的问题

国民经济调整时期，由于国家投入不多，黄河流域水土保持工作的成绩是靠坚持政治挂帅，充分发挥群众的集体力量，大搞群众运动的方式获得的。"当然，国家对于黄河中游地区水土保持也给了一定的帮助；但是，国家的支援主要的还只能用在人口较少地区的一些较大工程上和有关的科学实验上。而且，就国家兴办的工程设施和科学实验来说，也必须有广大群众参加，也必须开展群众运动。除了在人烟稀少、水土流失比较严重的地区，有关部门将选择若干重点地方，由国家负责进行治理外，更大量、更主要的还是在各个农村人民公社统一领导下，由基本核算单位结合农业生产，开展水土保持的群众运动。"❷国家试图用政治挂帅，社会主义教育运动，不断提高农民群众的政治觉悟，开展水土保持的群众运动，实现水土保持的目标。但是，在这种水土保持的群众运动中，农民获得直接的利益不多，很难长久地调动农民参与水土保持的积极性，消极怠工、出工不出力的现象时有发生。

1965 年 8 月，时任国务院副总理谭震林在全国水利会议上指出：

---

❶ 李赋都：《解决黄河泥沙问题的重要途径》，载《人民日报》，1966 年 1 月 26 日第 5 版。
❷ 《开展黄河中游地区群众性的水土保持运动》，载《人民日报》，1964 年 10 月 28 日第 1 版。

"黄河中游水土保持工作,群众做了这样一个结论,水土保持有三个阶段:第一阶段,雇佣观点。你给多少钱,我搞多少水土保持,你不给钱,我就不干。第二阶段,'任务'观点。你规定了任务,像一个生产队必须搞多少面积,那么只好应付差事,完成任务,当然可以弄虚作假来完成任务。第三阶段,主人翁观点,自己管自己的事。现在也还仅仅是向这个方向发展。"❶水土保持的群众运动中不能切实维护群众利益,他们开展水土保持积极性降低,直接影响黄河流域水土保持的绩效。"水土保持,目前在大流域大面积上还未收到像小流域小面积这样显著的成绩。其原因是多方面的。第一、从整个黄河中游来看,水土保持治理面积比重还小,治理的重点比较少,现有的点还没有连成片;第二、已治理地区大部分标准偏低,还要经过加工维修,逐步提高,才能发挥应有的作用;第三、人为破坏引起水土流失的现象还没有完全制止,还有新的水土流失发生。这些都需要继续努力提高和克服。"❷

第五节　国民经济调整时期黄河水资源的利用

一、黄河下游引黄灌溉方针的调整

"大跃进"时期,河南、山东两省引黄灌区由于错误地执行了大引大灌的方针,有灌无排,土地盐碱化加重,农业产量降至中华人民共和国成立以来最低水平。1962年3月5日,黄河水利委员会通过对河南、山东两省引黄灌区进行调查,收集各种资料印证得知:截至1961年底,河南省引黄灌区次生盐碱化面积519.88万亩,山东省为391.94万亩,合计911.82万亩(不含原有盐碱化土地面积)。为了解决引黄灌溉中存在的问题,1962年3月17日,国家在范县召开下游引黄灌溉总结会。时任国务院副总理的谭震林在会议上指出:"三年引黄造成了

❶ 《国务院副总理谭震林在全国水利会议上的讲话》(摘要),《当代中国的水利事业》编辑部编印《历次全国水利会议报告文件(1958—1978)》(内部发行),1987年,第310-311页。
❷ 张森:《黄河中游水土保持的几个问题》,载《人民日报》,1963年6月4日第5版。

一灌、二堵、三淤、四涝、五碱化的结果。"会议经过研究确定:①由于引黄中大水漫灌,有灌无排,引起大面积土地盐碱化,根本措施是停止引黄,不经水电部批准不准开闸;②必须把阻水工程彻底拆除,恢复水的自然流向,降低地下水位;③积极采取排水措施。范县会议后黄河下游引黄涵闸,除河南省的人民胜利渠、黑岗口,山东省的盖家沟、簸箕李等涵闸,由于供应航运及城市工业用水继续少量引水外,其余均相继暂停使用。从大灌大引到全面停灌,虽然可以用行政手段暂时刹住土地盐碱化扩大问题;但也说明国家在黄河治理中,由于不尊重科学,对黄河规律认识不够,缺乏全盘的科学规划,导致引黄灌溉政策缺乏连续性。

二、黄河流域引黄灌溉事业的缓慢发展

国民经济调整时期引黄灌溉事业吸取了"大跃进"时期的教训,按照"巩固提高,加强管理,积极配套,重点兴建,并为进一步发展创造条件"的水利工作方针,不断探索引黄灌溉的方法,加强灌溉配套,使引黄灌溉事业缓慢发展。黄河中上游灌区改变了"大跃进"时期缺乏管理大水漫灌的局面,从各方面改善灌溉管理和灌溉条件,努力管好水,用好水。以1962年宁夏黄河灌区为例,"今年,各地特别重视计划用水和适时适量的灌溉。凡是灌溉面积超过一个县、市的灌溉渠道,由自治区水利部门统一管理;超过一个公社或大队的渠道,由县、市或公社统一管理。在配水计划上,也采取上下结合的办法,按照不同作物的需水情况,制订了用水定额,并按渠系、种植面积和各种作物的组成,制订配水计划……在灌水中,各地普遍整修疏通了田间支毛渠沟,同时平整好田地,进一步提高水的利用率。"[1]而山西、陕西两省在1962年春灌前,积极整修水利工程,健全管理组织,制订灌溉制度,为春耕用水积极做好准备。"黄河流域的山西、陕西、河北等省许多地区纷纷检修水利工程,整顿灌区的灌溉管理组织,准备春灌。山西省大部分地区正进行渠道清淤和检修提水机具,同时积极整顿,充实管理组织,拟订和落实春灌计划,制订管水用水的规章制度。晋中平川地区春灌任务较大的文

---

[1] 《宁夏黄灌区放水浇灌麦稻》,载《人民日报》,1962年5月13日第1版。

水、交城、汾阳等七个县已普遍检查了灌溉设施,拟订了春灌计划。汾河、潇河、文峪河等大灌区已成立了河系的专管机构。汾河灌区已开始放水春灌。陕西关中地区的泾惠渠、洛惠渠和陕南的褒惠渠、冷惠渠等大型灌区都已制订了春灌用水计划,并且也已开始放水春灌。"❶

为了发展农业生产,黄河下游沿岸人民在各级党委领导下,积极探索排涝除碱的方法,逐渐走出了成功的引黄灌溉之路。1964年6月,河南省东部和北部四百多万亩盐碱地小麦普遍获得了好收成。获得这样的丰收,是豫东和豫北地区的各级党委积极领导广大社员,不断努力兴修排涝治碱工程的结果。"豫东豫北的盐碱地主要分布在黄河故道两岸。最近几年来,这些地区的党委领导广大社员,兴修了上亿土方的排涝治碱工程,疏通河道,开挖排水沟渠,初步建成了支、斗、毛渠配套的田间排水系统,降低了地下水位,使盐碱危害日益减轻。今年春天,这个地区下了一百七十到二百毫米的大雨,由于有了比较完整的排涝工程,麦田积水一般都在三五天内就排出去了,有的地方还随下随排。因为排水及时,大雨反起了淋盐洗碱的作用。使碱害更加减轻,保证了小麦苗壮的生长。"❷在黄河下游两岸排涝除碱获得成功之后,引黄灌溉逐步恢复。人与自然的斗争,是在反复实践中不断地总结经验教训,逐步认识事物的规律,最后取得胜利的。黄河下游引黄灌溉的过程中,中国共产党领导人民经历了试办、大灌、停灌和复灌的反复实践,不断总结经验教训,逐步认识黄河规律,最终实现了兴利除害的目的。中国共产党领导人民历经挫折,不断实践,勇于探索的可贵精神,是值得称颂的。

---

❶ 《整修水利工程健全管理组织制订灌溉制度　各地为春耕用水积极做好准备　河北抓紧雪后有利时机开展耙地保墒活动预防春旱》,载《人民日报》,1962年2月25日第1版。

❷ 《排涝除碱　精耕细作　加强农田基本建设　河南山东八百万亩盐碱地小麦增产》,载《人民日报》,1964年6月27日第1版。

【第六章】

"文化大革命"时期的治黄方略与实施（1966—1976）

　　"文化大革命"初期,黄河治理事业受到了极大冲击,各级治黄机关瘫痪,人员下放,正确的治黄方针被否定,治黄工作陷入停滞。直到1969年后,在周恩来的直接关怀和主持下,广大干部和群众抵制林彪、"四人帮"的干扰破坏,黄河治理工作逐渐发展起来。"文化大革命"时期,按照"发扬大寨精神,大搞小型,全面配套,狠抓管理,扩大稳产高产田,促进农业现代化。"的水利方针,继续实施并发展了"上拦下排"的治黄方略,三门峡水库续建完成,黄河中游水土保持工作恢复并发展,黄河下游引黄灌溉得到发展,黄河治理工作取得了较大成就。"文化大革命"时期的黄河治理,处于曲折发展阶段,虽然取得了一定成就,但"极左路线"造成的危害极大,教训深刻。这一时期,黄河治理工作中出现了不顾客观条件,主观主义瞎指挥,造成了严重的不良后果。如1970年以后,黄河治理中要求短期内建成每人一亩旱涝保收高产田,黄河下游引黄灌溉中,为了追求数量,导致灌区配套跟不上,用水效率低,灌区粮食不高产。

第一节 "文化大革命"时期黄河治理的历史背景

一、"文化大革命"使黄河治理遭受挫折

搞好黄河治理要有正确的政治路线和思想路线的指导,还要有安定团结的政治局面。当代黄河治理是在中国共产党领导下亿万人民参与的事业。当代治黄事业,不仅受到科技水平和人们对黄河认识水平的制约,而且还受到社会条件的影响。党的政治路线和思想路线正确与否,对黄河治理有决定性作用。"文化大革命"时期,治黄事业同其他事业一样,遭到了大破坏。从 1966 年下半年开始,在"极左路线"影响下,黄河水利委员会陷入混乱,下属各级机关处于瘫痪状态,大部分人员下放,特别是科技力量受到严重摧残。"'文化大革命'是由文化领域的'批判'开始的,文化界、科技界自然首当其冲,黄河水利委员会作为一个治河科技业务部门,是知识分子成堆的地方,也因此而成了动乱的'重灾区'。一大批热爱党、热爱社会主义祖国,为黄河治理事业做出卓越贡献的专家、领导干部及工程技术人员,被扣上'资产阶级反动学术权威''走白专道路''三反分子'等帽子,有的被迫中断了苦心研究多年的科研项目,有的被下放进行劳动改造,更有的被当作专政对象遭到残酷迫害。"❶动乱伊始,新中国成立 17 年来被事实证明正确的治黄方针,被诬蔑为修正主义治黄路线而给予全盘否定,这一方针统领下的各项治黄工作也都被罗织以种种罪名横遭批判。黄河下游修防工作被指责为"只管一条线,不管两大片";水土保持工作是"单纯拦泥,不问生产"。直到 1969 年后,在周恩来的直接关怀和主持下,以及在邓小平主持工作期间,广大干部和群众抵制林彪、"四人帮"的干扰破坏,

---

❶ 水利部黄河水利委员会编:《人民治理黄河六十年》,黄河水利出版社,2006 年 10 月第 1 版,第 212 页。

以下游防洪为中心的黄河治理工作才逐渐发展起来。

二、国家水利建设方针对黄河治理的影响

随着农村社会主义教育运动的深入发展，1965年农业生产高潮在继续发展。"水利是农业的命脉"，农业生产的发展对水利工作提出了更高要求。但是，当时全国还有许多地区缺乏水利设施，已有水利设施的地区，配套工作量还很大，田间管理很差，管理工作跟不上，满足不了农业发展需要。为了更好地为农业增产服务，1965年8月在全国水利会议上提出："目前各地正处在水利建设的新高潮中，保证和促进这个高潮的持续、健康发展，对于发挥水利对农业生产的保证作用，战胜水旱灾害，促进国民经济的发展具有重要意义。因此，必须充分运用已有的经验，认真贯彻'大寨精神，小型为主，全面配套，狠抓管理，更好地为农业增产服务'的水利建设基本方针，特别是要十分重视调动五亿农民的积极性，依靠人民公社的集体力量，发扬大寨精神，自力更生，艰苦奋斗，因地制宜地继续兴修适合生产需要的水利工程，并且管好、用好现有水利设施。"❶"文化大革命"时期，黄河中游水土保持工作与"农业学大寨"的群众运动相结合，有利于水土保持工作的开展。1973年时任水利电力部副部长的钱正英，在黄河下游治理工作会议上指出："黄河中游地区，是全国的缺粮地区。不少地方，粮食人产不过三百斤，亩产不过百斤。因为粮食不够吃，水土保持不能巩固，所以根本的是要开展'农业学大寨'，要以粮为纲，全面发展。水土保持要纳入'农业学大寨'的轨道，要下功夫建设基本农田，要以土为首，土、水、林综合治理，这样才能绿化荒山，保持水土，改变面貌。黄土高原改变面貌，也就对下游做出了贡献。"❷随后，黄河中游水土保持工作与"农业学大

---

❶ 《大寨精神 小型为主 全面配套 狠抓管理 依靠农民修好管好用好水利 全国水利会议强调水利要更好地为农业增产服务》，载《人民日报》，1965年9月9日第1版。

❷ 钱正英：《黄河下游治理工作会议开幕讲话》（摘要），《当代中国的水利事业》编辑部编印《历次全国水利会议报告文件(1958—1978)》（内部发行），1987年，第472页。

寨"相结合,得到较快发展。"文化大革命"时期,按照"大搞小型,全面配套,狠抓管理,扩大稳产高产田,促进农业现代化"的方针,在黄河下游引黄灌溉中,加强了管理,灌排配套,促进农业生产的发展。

三、黄河治理面临的形势

"文化大革命"时期,由于三门峡水库运用方式的改变,工农业用水增加等原因,河道淤积加重,河槽抬高,有些地方形成悬河中的悬河,排洪能力降低,不仅大洪水有危险,而且中小洪水也有顺堤行洪、冲决大堤的可能,严重威胁两岸安全。而黄河下游大堤在"文化大革命"中遭到了人为的严重破坏,使黄河下游防洪形势雪上加霜。"1970 年 6 月,河南河务局所辖堤段竟然多处被开挖防空洞。郑州铁路局下属某单位在西大王庙附近的堤后开挖一条长 10 米、深 3 米、宽 1 米的防空洞;郑州西牛庄邮电所在背河堤挖了一条防空洞,长约 7 米、深 2 米多、宽近 1 米;更为严重的是,在所谓'备战备荒'口号的冲击下,负责管理郑州黄河堤防的郑州修防处,竟然置防洪责任重于泰山于不顾,在管辖范围内的花园口将军坝和 116 号坝坝头上开挖了防空洞,两个防空洞各长 10 余米、深 3 米多、宽 2 米左右。"❶这些行为严重破坏了黄河大堤的完整,给黄河防洪安全带来了新的隐患。黄河安危,事关大局,解决黄河下游防洪问题成为当务之急。此外,三门峡水库经过初步改建后,三门峡库区淤积虽有所缓和,但问题没有完全解决,需要进一步改建。水土流失依然严重,需要建设水库拦沙和开展水土保持。黄河流域干旱缺水情况仍较严重,农业产量低而不稳,有些地区人畜吃水尚有困难,各省(区)工农业用电供不应求的矛盾也很大,因此必须积极开发利用黄河水资源,予以解决。

---

❶ 水利部黄河水利委员会编:《人民治理黄河六十年》,黄河水利出版社,2006 年 10 月第 1 版,第 217 页。

第二节 "上拦下排"治黄方略的继续实施与发展

一、三门峡水利枢纽工程的进一步改建

三门峡水库的初步改建缓解了三门峡水库的泥沙淤积,但仍有20%的来沙淤积在库中,冲刷范围也没能影响到潼关,潼关以上库区与渭河淤积的局面没能得到改变。1967年黄河倒灌渭河,致使渭河口近9公里长的河槽几乎被淤满。1968年渭河华县段防护堤决口,造成大面积淹没,关中平原人民的生产生活面临的困境并没能解除。这一切表明,三门峡水库还需要进一步改建。

1969年6月13日至18日,在三门峡市召开陕、晋、豫、鲁四省会议,研究三门峡工程进一步改建问题。与会代表提出按照"确保西安、确保下游的前提下,合理防洪、排沙放淤、径流发电"的原则,进一步改建三门峡工程。具体方法是打开1~8号导流底孔,下卧1~5号发电引水管进口,要求坝前水位在315米时,下泄流量10 000立方米每秒,一般洪水回水不影响潼关。第二次改建工程于1969年12月开工,至1971年10月,先后打开8个施工导流底孔,1~5号发电引水钢管进水口高程降至287米。安装5台机组,第一台机组于1973年底发电。

1973年三门峡水库变为"蓄清排浑"方式运用,即汛期泄流排沙,汛后蓄水。三门峡水库经过两次改建后,泄流排沙能力有所提高,水库泥沙淤积问题基本上得到解决,潼关以下峡谷段的库容可以长期使用。"潼关以下库区由淤积变为冲刷,潼关以上库区在部分时段也已有冲刷。潼关水文站1 000立方米每秒流量的水位比第二次改建前降低了约两米,330米高程以下的库容比第二次改建前增加了5亿多立方米,潼关以上库区淤积量由1960年至1967年的年约3亿吨,降至1968年至1973年的年均1.5亿吨,渭河下游淤积速度也减缓,土地盐碱化有所减轻。同时也加大了下游河道的排沙入海能力,每年下游河道泥沙

淤积减少约 6 000 万吨。三门峡水库 330 米高程以下可长期保持有效库容约 30 亿立方米,335 米高程以下可长期保持防洪库容约 60 亿立方米。"❶

　　两次改建后的三门峡水利枢纽工程发挥着防洪、防凌、灌溉、发电的综合效益,为我国开发利用多泥沙河流提供了经验。1973 年三门峡水库"蓄清排浑"结合防凌进行春灌蓄水运用后,为缓和下游引黄灌溉的紧张状况发挥了重要作用。"1973 年以来,利用三门峡水库防凌,每年春季蓄水 12 亿 ~ 14 亿立方米,增加下游 5、6 月流量 200 ~ 400 立方米每秒,缓和来水与灌溉用水的矛盾。平均引黄水量 92 亿立方米(河南 34 亿立方米,山东 58 亿立方米),引沙量 1.79 亿吨(1—6 月引沙量 0.38 亿吨),平均抗旱灌溉面积 1 861 万亩(河南 504 万亩,山东 1 357 万亩)。在灌区内实浇地面积约 1 200 ~ 1 600 万亩(河南 300 ~ 500 万亩,山东 800 ~ 1 200 万亩)。每年还向灌区外送水抗旱面积约 300 ~ 800 万亩。"❷三门峡水库利用低水头径流发电的效益也很可观,"从 1973 年 12 月到 1979 年 1 月,已有 5 台机组先后投入运转,共装机 25 万千瓦,截至 1986 年发电已超过 100 亿度,产值六亿多元,相当于工程总投资的一半以上,在一定程度上缓和了中原电网供电的紧张状况。"❸三门峡水库的两次改建,使水库运用的方式由"蓄水拦沙"变为"蓄清排浑",在当时缓解了水库淤积所造成问题。但是,从治理黄河的全局看,这两种运用方式都是缺乏全面考虑的。2004 年 2 月,时任黄河水利委员会主任的李国英,在研究 2004 年调水调沙试验方案会议上指出:"要汲取三门峡水库的教训,三门峡水库的运用有两个极端,一个极端是'顾尾不顾头',仅考虑下游河道的防洪和淤积问题,没有考虑关中地区的淤积和淹没;另一个极端是'顾头不顾尾',仅考虑保

---

❶ 水利部黄河水利委员会编:《人民治理黄河六十年》,黄河水利出版社,2006 年 10 月第 1 版,第 229 页。

❷ 水利电力部办公厅宣传处:《现代中国水利建设》,水利电力出版社,1984 年,第 68 页。

❸ 王化云:《我的治河实践》,河南科学技术出版社,1989 年,第 192 页。

三门峡和减少渭河淤积,而不管下游淤积。"❶

二、黄河下游下排工程的继续实施

20世纪60年代末至70年代初,黄河下游处于枯水期,加上三门峡水库改建后集中排沙,下游河道出现了严重的淤积。"一九六九年到一九七二年,下游河道平均每年淤积泥沙近六亿吨,比以往每年的淤积量增加两亿吨,使河流迅速淤高。过去河槽可以过七八千流量,现在有的河段过二三千流量就出槽。艾山以上宽河道,有的河段河槽比滩面还高,一般的滩面又高于背河地面三五米,成为'悬河'中的'悬河'。艾山以下窄河道,也由过去的少量淤积变为严重淤积。一九七三年汛期五千立方米每秒左右的小洪水,花园口到长垣县石头庄一百六十公里的河段内,水位比一九五八年二万二千三百立方米每秒的大洪水水位还要高二至四公寸,东明、兰考滩区被淹,大堤险工多处出险。"❷

为了解决黄河下游防洪问题,1973年11月22日至12月5日,由黄河治理领导小组主持,在郑州召开了黄河下游治理工作会议。河南、山东沿黄13个省(市)和水电部及其所属有关部门一百余人参加这次会议。会议分析了沿黄形势和黄河下游出现的新情况、新问题,讨论了下游治理十年规划(1974—1983)。会议指出,一方面,由于三门峡改建运用,大量泥沙下泄,下游堤防防洪负担加重,必须加固大堤。另一方面,1958年以后,在黄河滩区修筑的生产堤有七百多公里,保护耕地二百多万亩,对农业生产起了一定作用。但是,"由于生产堤挡水,该漫滩的洪水不能漫滩,加重了河槽淤积,形成'悬河'中的'悬河'。由于河槽是排洪的主要流道,一般占全断面排洪能力的百分之六七十,主河槽淤积后,排洪能力显著降低,水位抬高,横比降加大,给防洪带来严重威胁。同时,由于槽高滩低,排水困难,土地碱化,出现'先碱后淹'

---

❶ 李国英:《创新思维 勇于实践 确保基于人工扰动方式的调水调沙试验成功——在研究2004年调水调沙试验方案会议上的讲话》(2004年2月18日),黄河水利委员会档案馆藏,档案号W1-2004-29。

❷ 水电部黄河水利委员会革命委员会:《关于废除黄河下游滩区生产堤实施的初步意见》(1973年12月5日),黄河水利委员会档案馆藏,档案号3-1974-157C。

的局面,对农业生产也很不利。"❶因此,从长远考虑,从大局出发,应废除生产堤。会议提出,确保下游安全的措施首先是大力加高加固堤防,5年内完成土方1亿立方米,10年内把大堤险工及薄弱地段淤宽50米,淤高5米以上;其次是废除滩区生产堤,修筑避水台,实行"一水一麦"。会后,以黄河治理领导小组名义向国务院写了《关于黄河下游治理工作会议的报告》。黄河下游修防段按照治理工作会议的要求,开始修筑避水台工程。其中,河南河务局长垣县黄河修防段工作积极,到1974年取得很大成绩。"为了确保黄河防洪安全,根据下游治理工作会议提出的要求,我县修筑滩区避水台工程,于去年十二月上旬开工,在批林批孔运动的推动下,参加施工的干部、群众,情绪高涨,干劲很大,截至四月五日,生产队已完成修台土方一百八十四万六千多立方米,占计划任务的百分之六十四点五。多数为一队一台,部分是多队一台,少数为大队统一修台,已修成五百五十二个。"❷

1974年3月22日,国务院批转黄河治理领导小组《关于黄河下游治理工作会议报告》(简称《报告》),"国务院同意《报告》中对一九七四年黄河下游防洪工程计划的安排,认为从全局和长远考虑,黄河滩区应迅速废除生产堤,修筑避水台,实行'一水一麦'、一季留足全年口粮的政策;对薄弱的堤段、险工和涵闸要加紧进行加固整修。"❸ 1974年11月25日,黄河水利委员会革命委员会(现为黄河水利委员会)制定了黄河下游大堤近期(1974—1983)加高加固工程初步设计,报经水电部批准,从1974年开始,进行黄河下游第三次大修堤。河南、山东两省积极组织动员群众加固大堤。"两省沿黄地区动员了三四十万群众,大力加固黄河大堤,积极维修涵闸等。在短短几个月内,就完成土方工程三千四百万立方米,石方工程二十多万立方米。加上去冬的工程,共

---

❶ 水电部黄河水利委员会革命委员会:《关于废除黄河下游滩区生产堤实施的初步意见》(1973年12月5日),黄河水利委员会档案馆藏,档案号3-1974-157C。

❷ 黄河水利委员会革命委员会:《一九七四年黄河下游工作会议的典型资料》(1974年4月13日),黄河水利委员会档案馆藏,档案号3-1974-157C。

❸ 中华人民共和国国务院:《国务院批转黄河治理领导小组关于黄河下游治理工作会议的报告》(1974年3月22日),黄河水利委员会档案馆藏,档案号3-1974-157C。

加高加宽黄河大堤二百多公里，加修险工和控导工程十四处，坝垛四百九十三道，使黄河大堤防洪抗洪能力得到进一步增强。"❶

在黄河下游第三次大修堤过程中，涌现出了许多先进典型。其中，1974年河南河务局范县第二黄河修防段修堤工作成效显著。"经过充分准备，于三月一日全面开工，基本做到了开工早、上工齐、干劲大、质量好、速度快。台前工委所属七个公社总动员，上堤民工一万四千二百多人，拖拉机二十九台，施工中由于紧紧抓住了批林批孔这个纲领，认真落实政策，加强施工管理，调动了群众的积极性，于三月三十日提前十二天完成了任务。完成下方土六十八万多方，占计划的96.6%，基本工效六点二七方，基本工加辅助工工效四点八二方。七项工程质量合格率达93.7%，劳动出勤率达99.8%，预计节约投资八万余元，施工中没有发生任何重大事故，基本达到了优质高效，安全施工。"❷

"文化大革命"时期，黄河下游修堤中放淤固堤的工程措施运用成为第三次大修堤的一大亮点。放淤固堤是利用多沙河流汛期挟带的大量泥沙在两岸滩地或堤背后洼地落淤，以达到巩固堤防的工程措施。在1964年的北京治理黄河会议上，周恩来作出了"使水土资源在黄河上、中、下游都发挥作用，让黄河成为一条有利于生产的河"的指示。黄河水利委员会认真贯彻周恩来的讲话精神，同意山东河务局用泥浆泵进行堤防冲填试验。山东河务局选定在济南泺口险工下首、铁桥上首进行试验。"试验从1965年2月开始，同年10月结束。试验人员发扬自力更生的精神，用一只木船，装上一个75千瓦电机带动泥浆泵，一个20千瓦电机带动高压水枪泵，在泺口险工下首进行了水力冲填试验，试验方法是用高压水枪冲搅河底泥沙，再用泥浆泵抽吸，通过管道输送到堤背修筑的淤区内，排走清水，沉沙固堤。试验结果表明，每立

---

❶ 《河南山东积极做好黄河防汛工作　两省动员数十万群众，大力加固黄河大堤，维修涵闸等，为战胜洪水创造了条件》，载《人民日报》，1974年8月6日第4版。

❷ 黄河水利委员会革命委员会：《一九七四年黄河下游工作会议的典型资料》（1974年4月13日），黄河水利委员会档案馆藏，档案号3-1974-157C。

方米河水含沙量达 200 多公斤,共淤填土方 14 000 多立方米。"❶在淤背固堤试验的成功和完善发展的基础上,1973 年黄河下游治理会议把淤背固堤列入第三年修堤的规划。山东河务局博兴黄河修防段在放淤固堤工作中成绩突出。从 1966 年开始,博兴黄河修防段职工和沿河广大群众利用涵闸、虹吸工程把淤背固堤和灌溉改土结合起来,粗沙淤背,细沙改土,清水灌溉,加固了堤防。"从一九六九年至一九七二年四年间共修做淤背土石方一百六十五万方,修建中小建筑物四十余座,总投资八十七万元,沿堤二十四点七公里(包括南展新堤三公里)修做了淤背固堤,加快了淤背步伐。"❷1971 年河南黄河两岸开始大规模的放淤固堤,全年淤背长度 20 余公里,淤筑土方 630 万立方米。1974 年河南河务局在开封和郑州等地开始制造简易钢质吸泥船,加大了放淤固堤工作力度。同年 6 月,黄河水利委员会革命委员会在山东齐河召开放淤固堤现场会,明确将制造吸泥船淤背固堤作为黄河下游治理的重要措施之一,并把它列入国家计划,加快了放淤固堤的步伐。放淤固堤是利用黄河泥沙淤积的规律来达到治河的目的,并和灌溉改土结合起来,既加固了堤防,又促进了引黄灌溉事业的发展。

三、"上拦下排"治黄方略的发展

由于受到"文化大革命"的冲击,黄河治理工作陷入瘫痪。1968 年10 月,根据上级精神,黄河水利委员会革命委员会建立抓革命、促生产指挥部,黄河治理工作开始逐步恢复。1969 年 2 月,中断两年的全国计划会议召开,为黄河治理的展开提供了契机。1969 年 6 月,在三门峡市召开的晋、陕、豫、鲁四省治黄会议,提出了拦、排、放相结合的方针,丰富和发展了"上拦下排"的治黄方略。对这一方略,1970 年 7 月,黄河水利委员会革命委员会在《关于黄河治理基本总结和四五计划意

---

❶ 水利部黄河水利委员会编:《人民治理黄河六十年》,黄河水利出版社,2006 年 10 月第 1 版,第 235 页。

❷ 黄河水利委员会革命委员会:《一九七四年黄河下游工作会议的典型资料》(1974 年4 月 13 日),黄河水利委员会档案馆藏,档案号 3-1974-157C。

见报告》中作出了评价。"在去年三门峡现场四省(晋、陕、鲁、豫)治黄会议上,提出了拦(拦蓄洪水泥沙)、排(排洪排沙入海)、放(引黄放淤改土)相结合的原则。我们认为,这是治黄历史经验的总结。它一方面克服了古代治河的'只排不拦'和近代治河'有拦无排'的片面性和局限性,更重要的是用'一分为二'的观点,看待洪水泥沙,它既是祸害,又是财富。实行拦、排、放的处理原则,可以除害兴利,变害为利,充分利用水沙资源,为生产服务,使黄河逐步变成为有利于生产的一条河。"❶

随着三门峡水库改建工程全部投入使用,集中排沙,下游河道淤积愈加严重,黄河水利委员会原主任王化云逐渐认识到"下排"的重要性。"这几年,通过对治黄工作的反思和对黄河近年出现的新情况的分析,我的想法已从偏重于'拦'逐渐转向'拦排'并重,只是由于'文化大革命'的动乱,我一直没有说话的机会。"❷20世纪70年代中期,由于工农业用水增加等原因,河道淤积加重,河槽抬高,黄河下游有些地方形成悬河中的悬河,排洪能力降低,不仅有大洪水危险,而且中小洪水也有顺堤行洪、冲决大堤的可能,严重威胁两岸安全。这样,黄河下游防洪就成为治理黄河的中心工作,需要制定以下游防洪为中心的治黄方略。

1963年海河暴雨成灾;1975年8月淮河发生特大洪水,造成巨大灾害。黄河水利委员会革命委员会依据实测洪水资料,参考历史洪水,并根据气象和地形条件,在海河、淮河两次暴雨发生后,经综合分析认为,利用三门峡水库控制上游来水,花园口站仍可能出现46 000立方米每秒左右的特大洪水。为了应对可能到来的特大洪水,1975年12月31日,河南省革命委员会、山东省革命委员会和水利电力部联名向国务院上报了《关于防止黄河下游特大洪水意见的报告》。该报告中提出:"目前三门峡到花园口之间,尚无重大蓄洪工程。如果发生特大

---

❶ 黄河水利委员会革命委员会:《关于黄河治理基本总结和四五计划意见报告》(修改稿)(1970年7月),黄河水利委员会档案馆藏,档案号A0-4(1)-6。

❷ 王化云:《我的治河实践》,河南科学技术出版社,1989年,第241页。

洪水,既吞不掉,也排不走。因此,拟采取'上拦下排,两岸分滞'的方针,即在三门峡以下兴建干支流工程,拦蓄洪水,改建现有滞洪设施,提高分洪能力,加大下游河道泄量,排洪入海。"❶国务院于 1976 年 5 月 3 日以国发〔1976〕41 号文件批复:国务院原则同意你们提出的《关于防止黄河下游特大洪水意见的报告》。该报告中提出的"上拦下排,两岸分滞"的治黄方略与"上拦下排"治黄方略是一脉相承的,是它的发展。正如黄河水利委员会原主任王化云所说:"这里有一点应该特别指出的,就是报告中的'上拦下排,两岸分滞'主要是针对下游防洪提出来的方针,但它与 60 年代初期我们提出的'上拦下排'治河指导方针,其基本思想都是一致的,这说明经过 10 多年的争论,对于这个问题的认识已经基本一致,并得到国务院的确认,这对于治黄事业,是一个有力的推动。"❷

"上拦下排,两岸分滞"的治黄方略是黄河水利委员会在多年的治河实践中,总结摸索出来的一条行之有效的黄河治理方略。虽然,"上拦下排,两岸分滞"的治黄方略是针对黄河下游防洪而提出的。但是,它不拘泥于下游的防洪而防洪,而是从全河统筹的角度解决黄河下游的防洪问题。与单从下游着手防洪的"宽河固堤"方略相比,是一个很大的进步。随着 1976 年"文化大革命"的结束,"上拦下排,两岸分滞"就成为改革开放初期的治黄方略,并得以逐步实施。

第三节 "文化大革命"时期的水土保持工作

一、水土保持工作的恢复

"文化大革命"的发动,使黄河中游地区的水土保持工作遭到严重

---

❶ 河南省革命委员会、山东省革命委员会、水利电力部:《关于防止黄河下游特大洪水意见的报告》(草稿)(1975 年 12 月)。黄河水利委员会档案馆藏,档案号 A0-4(1)-18。

❷ 王化云:《我的治河实践》,河南科学技术出版社,1989 年,第 245 页。

破坏。"水土保持机构从上到下几乎全部砍光,人员下放,工作停顿,科学研究中断,不仅大量水土保持设施被破坏,而且毁林、毁草,致使水土流失加重,对山区生产和治黄危害很大。"❶在周恩来的关怀和支持下,黄河中游地区水土保持逐步发展起来。1970年7月,黄河水利委员会革命委员会在《关于黄河治理基本总结和四五计划意见报告》(修改稿)中提出:"认真贯彻执行'小型为主,配套为主,社队自办为主'的方针,深入开展'农业学大寨'的群众运动,大力抓好平川区水利建设和山区水土保持工作……要集中兵力打歼灭战,一条一条支流、一道一道沟壑的治理,大的支流治理,要求各省(区)有自己的重点,黄河水利委员会革命委员会协助,作出规划,集中治理,连续治理,治理一条,控制一条,小的沟壑治理,要因地制宜发展小片水地,打坝淤地,引洪造地,缓坡修梯田,树、草上山,逐步做到水不下山,泥不出沟。"❷

随后,黄河中、上游各省(区)广大干部和群众以农田基本建设为中心,开展了大规模的水土保持运动,取得了显著的成效。"去冬以来,黄河中、上游地区的青海、甘肃、宁夏、内蒙古、陕西、山西等省(区)的广大干部和群众,大搞以农田基本建设为中心的水土保持,因地制宜地治山、治水、治沟、治塬、治沙、治滩。在黄土丘陵沟壑区和土石山区,建设梯田,打坝淤地,引洪漫地,发展水浇地,改变广种薄收的耕作制度,发展林业牧业;在黄土高原沟壑区,大修水平条田,平整土地,固沟保塬;在风沙区,引水拉沙造良田,造林种草锁风沙。甘肃省黄河流域地区的广大群众,一年来就建设条田六十三万二千多亩,水平梯田六十一万二千多亩,完成各种小型水利工程一千九百多项,并且发动群众大面积植树种草,对控制水土流失起了良好的作用。青海省黄河流域地区的广大贫下中农,大力治山治水,使水土保持工作出现了新的局面。陕西省延安、榆林地区,山西省吕梁地区,甘肃省庆阳地区等重点水土流失区,一年来,新修梯田、坝地、塬面条田、水浇地一百六十多万亩,相

---

❶ 王化云:《我的治河实践》,河南科学技术出版社,1989年,第232页。

❷ 黄河水利委员会革命委员会:《关于黄河治理基本总结和四五计划意见报告》(修改稿)(1970年7月),黄河水利委员会档案馆藏,档案号 A0-4(1)-6。

当于新中国成立以来'四田'建设总面积的百分之三十五。"❶由于大搞水土保持,减少了泥沙的流失,有些地方显著地提高了农田抗御旱涝灾害的能力。

同时,"农业学大寨"的群众运动与黄土高原水土保持相结合,推动了水土保持的恢复发展。甘肃省正宁县永正公社地处黄河中游的黄土高原。全社四万七千多亩耕地,分布在八坳、十岭、二十一个塬嘴上。过去,塬面支离破碎,水土流失严重,每年都有大量的泥沙流进泾河,通过泾河涌进黄河,给黄河下游人民的生命、财产造成了威胁。1964年永正公社的干部和社员以大寨为榜样,从大搞水土保持入手,拦洪筑坝,建设塬面条田,并摸索出一套经验。在统筹安排下,充分发动群众,大搞以改土为中心的农田基本建设,到1971年取得了很大成绩。"六年来,全公社在八坳、十岭、二十一个塬嘴上,打坝四十八座,打椽帮埝八百一十四条,长达五百五十里,治理了百分之八十以上的塬面,修成条田二万八千多亩,兴修水平梯田三千三百多亩。同时,办林场十个,植树造林四千八百多亩,使原来水土流失严重的穷山旱塬,成了条田连片、泥不下山、水不出沟的富塬。水土流失基本得到控制后,减少了涌入黄河的大量泥沙,为治理黄河做出了贡献。"❷

二、水土保持工作的开展

1973年第一次黄河中游地区水土保持工作会议以后,在两次全国"农业学大寨"会议精神的推动下,黄土高原的水土保持工作被纳入了"农业学大寨"的轨道,实行"以土为主,土、水、林综合治理,为发展农业生产服务"的方针,进入了新的发展阶段。从1973年开始,黄河流域各级党委带领广大干部和群众,坚持党的基本路线,排除"四人帮"的干扰破坏,开展"农业学大寨"的全党性、全民性的水土保持运动。经

---

❶ 《积极响应毛主席关于"要把黄河的事情办好"的伟大号召 黄河中上游地区广大群众为治理黄河作出新贡献》,载《人民日报》,1971年10月31日第2版。

❷ 《永正公社大搞水土保持 穷山旱塬变成条条梯田》,载《人民日报》,1971年2月5日第2版。

过四年的努力,到 1977 年收到了很好的效果。"据一百一十五个水土流失重点县统计,四年来,共建成水地、坝地、梯田、条田一千四百多万亩,比原有面积增加百分之七十六;造林九百多万亩、种草五百五十万亩,分别比原有面积增加百分之六十到百分之一百一十。在第一次黄河中游地区水土保持工作会议上被誉为这个地区水土保持榜样的山西省河曲县曲峪大队,四年来又取得了新成果。但是,黄土高原地区水土保持工作发展还不平衡。从总的看,步子还是缓慢的,高产稳产农田数量还很少,粮食产量低而不稳,大部分地区没有摆脱靠天吃饭的局面。"❶

黄土高原水土保持在工程措施上也有了突破性进展,快速施工的水坠坝就是这时产生的。位于陕北、晋西等地黄土丘陵沟壑区的群众,在筑坝蓄水、淤地中,利用黄土疏松、深厚的特点创造了水坠筑坝的施工方法❷。广大科学技术人员用心总结群众的实践经验,在水坠坝的基础上,先后开展了水枪冲土、定向爆破等多项试验研究,使水坠法筑坝不断得到完善提高。水坠法施工配合水枪冲土,为治理千沟万壑提供了多快好省的方法。当地群众赞扬说:"水坠坝实在好,不运不夯工效高,质量稳定投资少,小队能把大坝搞。"这一方法的出现,使淤地坝工程有了突飞猛进的发展,仅陕北地区 70 年初,就修筑了 3 000 多座。"据榆林、延安两地区统计,近年来已建成水坠坝三千多座,其中坝高十五米以上的就有一千三百座。筑起的坝库,发挥了蓄水灌溉、防洪拦泥、淤地增产、发电养鱼等效益,对于保持水土、发展水利、减少入黄泥沙起了显著作用。"❸这一时期,黄河中游水土保持中,支流治理对减少入黄泥沙发挥了重要作用。"大理河是无定河的支流,面积 3 393 平方

---

❶ 《加速改变黄土高原面貌 参加黄河中游地区水土保持工作会议的同志表示战天斗地的决心》,载《人民日报》,1977 年 7 月 5 日第 2 版。

❷ 即用机械抽水或自流引水,冲击土料,形成泥浆,输入坝面,经脱水固结,形成坝体。这种施工方法,比以往的夯碾法筑坝,省去装、运、卸、夯(碾)四道工序,泥浆流入坝基和岸壁的缝隙,结合紧密,具有工效高、投资省、质量好、适应范围广等优点。

❸ 《文化大革命和批林批孔促进科技人员思想革命化 黄河中游地区水土保持科研成绩大》,载《人民日报》,1976 年 2 月 7 日第 4 版。

公里,截至 1975 年,流域内共修梯田 169 平方公里,造林 241 平方公里,种草 128 平方公里,封山育林 32.1 平方公里,共计 570.1 平方公里,占流域面积的 16.8%,还有库容 100 万立方米以上的坝库 80 座,百万立方米以下的坝库 2 949 座,总库容将近 8 亿立方米,控制面积达 70%,其主要拦沙作用的坝库工程大部分是 70 年以后修建的。"❶

三、水土保持工作中存在的问题

"文化大革命"时期,实施水土保持措施的地方有效地拦截了泥沙。"根据有关站所的测验和分析,各项水土保持措施的拦泥效果显著。一般坡地修成水平梯田,在一般雨量下减少泥沙 80% 左右,经过整地工程的 6 龄林地,可减少泥沙 70% ～80%,基本郁闭的草地可减少泥沙 60% ～80%,打坝淤地每亩可拦蓄泥沙 3 000 ～4 000 吨。实践证明,坡面水土保持措施与沟壑骨干工程相结合,能够更有效地拦截洪水和泥沙,一些综合治理程度达到 30% ～60% 的小流域,可减水 50% 左右,减沙 50% ～80%。水土保持具有减少河流泥沙的作用,根据陕西省 11 条黄河支流的输沙量,除窟野河略有增加外,其余 10 条在 1970—1978 年平均减少 2% ～52%。"❷

虽然,"文化大革命"时期黄河流域水土保持工作取得了较大成就,但也存在一些问题。"文化大革命"时期黄河流域水土保持工作是靠"农业学大寨"的群众运动完成的,工作中同群众利益结合不够,水土流失严重的地区,不少社队吃粮靠统销,花钱靠贷款。"如甘肃省在黄河流域内的 37 个水土流失重点县中,据 1980 年统计,有 21 个县人均产量低于 1949 年水平。山西吕梁地区 1980 年统计,九个山区县中,有 42% 的生产队人均集体分配收入在 40 元以下,20% 的队集体分配口粮在 300 斤以下,集体欠国家贷款平均每个队 1 万元,社员欠集体贷

❶ 黄河水利委员会水土保持处科技科:《黄河中游水土保持和支流治理对减少入黄泥沙的作用》(1979 年 9 月),黄河水利委员会档案馆藏,档案号 T5-4-42。
❷ 黄河水利委员会水保处:《黄河流域水土保持工作总结及今后意见》(初稿)(1981 年 11 月),黄河水利委员会档案馆藏,档案号 T2-1-6。

款,每户平均 50 多元。"❶而新中国成立后,从 1949 年到 1985 年,黄土高原地区人口剧增,全区人口净增 4 500 万人。黄土高原地区人们为了生存,因粮食及燃料、饲料、肥料"三料"匮乏所产生的"滥垦、滥伐、滥牧、滥樵"现象,是在所难免的。这种现象新增了水土流失,进一步引发和加剧了侵蚀,并产生了"边治理、边破坏"的严重后果,使水土保持的成效大打折扣。

第四节 "文化大革命"时期黄河水资源 的开发利用

一、黄河下游引黄灌溉的恢复

1965 年除涝治碱工程逐渐发挥作用,次生盐碱化问题得到逐步解决,随着农业发展,依靠降雨和地下水,满足不了农业生产的用水需求,引黄灌溉逐步恢复。1966 年 3 月 21 日,水电部水电规字〔1966〕第 50 号文件批转部工作组《关于山东省恢复和发展引黄灌溉问题的调查报告》,对恢复引黄灌溉提出了一些意见,强调要注意解决泥沙问题,防止再次发生盐碱化。此后,黄河下游的引黄提灌事业进入了积极而又慎重的恢复发展阶段。以山东省惠民县簸箕李引黄灌区小郭灌片为例,为了从实践中取得经验,搞好引黄灌溉,小郭灌片决定首先在一些队进行试验。通过试点,取得经验,再逐渐扩大。1966 年小郭灌片的孙家庙、幸福、四合、张田、周家五个大队合搞了一座电力提灌站。他们修渠挖沟,平整土地,实行提水灌溉、深沟排水、速灌速排、合理用水的方法,结果,当年浇灌的八百亩小麦获得丰收,平均亩产量比旱田增产一百多斤。经过两年的实践,不但没有碱地,还使碱地又变成了良田。这个经验推广以后,附近的生产队因地制宜地建设引黄提灌工程,合理

---

❶ 钱正英:全面贯彻执行《水土保持工作条例》为防治水土流失、根本改变山区面貌而斗争,《当代中国的水利事业》编辑部编印《历次全国水利会议报告文件(1979—1987)》(内部发行),1987 年,第 245-246 页。

利用黄河水浇灌农田,促进了农作物的增产。经过五年的发展,山东省惠民县簸箕李引黄灌区小郭灌片的引黄提灌事业取得了显著的成就。"五年来,他们自己投资、自己动手,先后修建了二十一处扬水站,架设输电线路四十华里,挖沟修渠一百二十五条,修建桥涵闸建筑物八座,使二万多亩耕地实现了水利化,平均每人有了一亩半水浇地。由于引黄提灌事业的不断发展,生产面貌有了很大改变。现在,灌片里二十八个大队已全部实现粮食自给有余,做到粮棉双贡献。近三年来,他们向国家交售粮食就达一百七十万斤,皮棉二百五十二万斤。"❶

"文化大革命"时期,河南省孟津县送庄公社的社员群众和干部,在"农业学大寨"的群众运动中,坚持"自力更生"的方针,经过四年的艰苦奋斗,1970年在黄河岸上建成了一座扬程一百五十一米的大型电力提水站,把黄河水引上邙山灌溉农田,为建设旱涝保收稳产高产田创造了条件。"这个提水站,可浇地四万多亩,加上池塘、水库、机井灌溉面积,全公社基本实现了水利化。一九七〇年和建站前的一九六五年相比,粮食平均亩产量增长了一点三倍。一九六五年全公社还吃国家返销粮二十七万多斤,一九七〇年就为国家提供商品粮一百七十七万多斤,提供皮棉七十一万九千多斤。如今的送庄公社,渠道成网,绿树成行,自然面貌发生了巨大变化。"❷黄河下游的引黄灌溉经过恢复发展,积累了成功的经验,为大规模发展奠定了基础。

山东省沿黄河下游两岸的广大人民在与黄河洪、凌灾害进行斗争的同时,反复实践,综合利用黄河水沙资源,加固堤防,治碱改土,放淤造田,发展灌溉事业,为当地建设稳产高产田、发展农业生产提供了经验。以山东省历城县为例,历城县人民巧取黄河之利,巧避黄水之害,积极引黄淤灌,加固黄河堤防,改造盐碱涝注,促进了农业生产的发展。从1964年开始,他们综合利用黄河水沙资源展开了引黄淤灌、治理碱注的顽强斗争。"几年来,全县广大群众,因地制宜,自力更生,先后修

---

❶ 《引黄提灌建良田 粮棉连年创高产》,载《人民日报》,1971年5月26日第3版。

❷ 《引黄灌溉,变害为利——河南省黄河下游两岸人民利用黄河水沙资源发展农业生产》,载《人民日报》,1971年5月28日第3版。

建起十一处引黄提水站、一千三百多座桥闸涵洞和纵横长达两千五百多华里的排灌渠道。与此同时,他们合理改革耕作制度,改旱田为水田,积极种植水稻,从而基本上改变了低产面貌。从一九六五年大面积改种水稻以来,全县粮食平均亩产量由过去的一百五十来斤,提高到一九七〇年的四百三十多斤;其中十万亩稻田平均亩产量达到五百五十斤。"❶这个县在引黄灌溉过程中,还利用引黄所沉落的泥沙,在黄河大堤背水的一面,淤起了总长四十四华里、宽二百多米、高两米左右的堤背,初步改变了汛期黄河大堤临水、背水两面都受水浸泡的状况,巩固了堤防。同时,还利用坑、塘、沟、渠,发展了鱼、苇、蒲、条等多种经营,增加了集体收入。

二、黄河水资源开发利用的发展

为了贯彻"备战、备荒、为人民"的战略方针,尽快扭转南粮北运,实现《全国农业发展纲要》,1971 年 3 月 20 日,水利电力部在《水利电力部关于治黄工作座谈会的报告》(摘要)中指出:"黄河流域的旱灾很严重。全流域平均每人只有水地 6 分。今后山区和塬区,要大力发展小型水利,并有条件地发展提水灌溉。在平川地区,要首先解决现有灌区的碱化问题,提高单位面积产量。同时,积极慎重地发展新灌区。'四五'期间,拟发展灌溉面积 3 600 万亩,使全流域灌溉面积达到8 000万亩,基本实现每人一亩水地。"❷

黄河中上游地区积极发展新灌区,促进了引黄灌溉事业的发展。芮城县位于山西省南端、黄河北岸,为高塬丘陵地区。黄河流经这个县一百五十里,但是过去这里长期是"塬下河水滚滚流,塬上用水贵如油",干旱成为农业生产的严重威胁。1970 年 10 月,芮城县人民开始兴建大禹渡电灌站,进行引黄灌溉。"这项工程分两级提水,总装机容

❶ 《巧取黄河之利巧避黄水之害　盐碱洼建成大片稳产高产田》,载《人民日报》,1971年5月26日第3版。
❷ 《水利电力部关于治黄工作座谈会的报告》(摘要),《当代中国的水利事业》编辑部编印《历次全国水利会议报告文件(1958—1978)》(内部发行),1987 年,第 334 页。

量一万九千瓩(千瓦的旧称),总扬程二百一十四米,提水量五点七到八点零五个秒公方,浇地面积二十八万四千亩。全部工程建成后,可以使受益的七个公社、一百一十个生产大队的十万多人口,平均每人达到二亩多水浇地;全县农田的灌溉面积将扩大一倍多,达到四十八万亩,平均每人一亩多,为迅速发展农业生产创造了有利条件。"❶经过四年多的奋战,第一期工程于 1974 年 10 月 1 日胜利竣工上水。滔滔的黄河水从二百多米深的峡谷里被抽上来,灌溉塬上大片干旱缺水的农田。

1975 年 12 月 4 日,黄河青铜峡水利电力灌溉区的东干渠工程建成并放水冬灌,使宁夏引黄灌区增添了一条新的灌溉渠道。"东干渠工程从青铜峡水库大坝东侧开始,穿越青铜峡、吴忠、灵武三县,总长五十四点四公里。整个渠道用水泥板砌成,有各种建筑物一百三十七座。渠道经过地段有不少荒山,为了防止山洪威胁,在五条较大山洪沟上修建了滞洪水库,总库容三百万立方米。干渠设计总引水量五十四立方米每秒,灌溉面积近五十五万亩,相当于古老灌区秦渠、汉渠灌溉面积的总和。其中自流灌溉二十二万多亩,扬水灌溉三十二万多亩。"❷

黄河下游两岸人民在各级党委领导下,认真贯彻北方地区农业会议和治黄工作会议精神,开展"农业学大寨"的群众运动,引黄淤灌发展较快,效果很好。"1972 年大旱之下,两岸共引 83 亿立方米,抗旱灌溉面积 1 200 多万亩,其中配套面积 500 多万亩,水稻田 160 多万亩。淤地改土累计达到 170 余万亩,沿黄地区粮食总产达到 282 亿斤,较上年增产 5%。据山东德州、聊城、菏泽三个地区调查,去年引黄浇地 680 万亩,一般较非灌区增长二至三成。粮食总产达到历史上最高水平,引黄灌溉起到重要作用。河南新乡人民胜利渠灌区 60 万亩耕地,在去年旱情严重情况下,粮食亩产仍达 606 斤,棉花亩产(皮棉)65 斤。"❸

---

❶ 《山西省一座大型引黄灌溉工程　大禹渡电灌站枢纽首期工程竣工》,载《人民日报》,1974 年 10 月 15 日第 4 版。

❷ 《宁夏引黄灌区又添一条新灌渠　黄河青铜峡水利电力灌溉区的东干渠工程建成并放水冬灌》,载《人民日报》,1975 年 12 月 7 日第 2 版。

❸ 《黄河下游近期治理规划要点(草案)》(1974—1983),《当代中国的水利事业》编辑部编印《历次全国水利会议报告文件(1958—1978)》(内部发行),1987 年,第 491 页。

在"文化大革命"时期,为了缓解华北城市用水危机,黄河水被多次调往华北。1972 年,天津发生了严重的用水危机,为了确保天津的供水安全,党中央和国务院决定从黄河引水接济天津。从 1972 年底到 1976 初,先后三次引黄济津,对于缓解天津市的供水紧张局面,保证天津市社会经济的稳定发展起了重要作用。"1972 年 12 月 25 日至 1973 年 2 月 16 日,从河南省人民胜利渠引黄河水 1.61 亿立方米,天津市九宣闸实收黄河水 1.03 立方米。这是历史上第一次引黄济津。1973 年 5 月 3 日至 6 月 22 日,第二次引黄济津,河南省人民胜利渠放黄河水 1.25 亿立方米送往天津,天津市九宣闸实收 1.08 亿立方米。1975 年 10 月 18 日至 1976 年 1 月 31 日,从河南省人民胜利渠第三次引黄济津,放水 2.28 亿立方米。"❶

三、黄河水资源开发利用中存在的问题

"文化大革命"时期,为了支撑经济社会的发展,黄河水资源得到较大规模的开发利用。虽然,黄河水资源开发利用取得了不少成绩,但也存在一些问题。黄河下游引黄灌溉中用水效率低,大部分灌区不高产,原因在于"①灌区工程配套比较差。现有抗旱灌溉面积中,配套面积还占不到一半,而且标准较低。多数是干、支、斗三级配套,灌区土地深翻、平整就更差些。②部分骨干排水河道标准低,面上排水工程不健全,一般只有干、支两级,易形成'大河无水小河满,小河无水平地淹'的局面。由于黄河河床日益抬高,金堤河、天然文岩渠排水出路有困难。③引水过多,灌水定额偏高,浪费水的现象比较严重。有的灌区,仍然搞大水漫灌,造成地下水上升,个别灌区开始出现返碱现象;还有的地方水旱作物布置不合理,如插花种稻等。部分排水沟道发生淤积,降低了排水能力。"❷黄河中、上游用水量增加,用于冲刷河道的生态用

---

❶ 水利部黄河水利委员会编:《人民治理黄河六十年》,黄河水利出版社,2006 年 10 月第 1 版,第 263 页。

❷ 《黄河下游近期治理规划要点(草案)》(1974—1983),《当代中国的水利事业》编辑部编印《历次全国水利会议报告文件(1958—1978)》(内部发行),1987 年,第 503-504 页。

水被大量挤占,导致黄河下游河道淤积严重。"河道淤积加重的原因主要是中、上游灌溉用水增多和水库发电需要拦蓄大量清水,进入下游的水量减得多,沙量减得少,水流含沙浓度增加,便在河道中大量淤积。"❶由于20世纪70年代初期黄河处于枯水期,加上黄河下游引黄灌溉和城市生活用水量大,1972年4月23日至6月29日,黄河下游首次出现了断流。但是,当时的党和政府一直忙于政治运动,对断流的影响认识不到位,对于黄河断流没有给予高度重视。

---

❶ 《黄河治理领导小组关于黄河下游治理工作会议的报告》,《当代中国的水利事业》编辑部编印《历次全国水利会议报告文件(1958—1978)》(内部发行),1987年,第486页。

【第七章】

改革开放初期"上拦下排,两岸分滞"方略的实施(1978—1991)

改革开放开创了黄河治理的新局面,在"加强经营管理,讲究经济效益"的水利方针指导下,黄河治理工作开始走上有序发展的轨道。按照"上拦下排,两岸分滞"治黄方略,完成了黄河第三次大修堤工程,小浪底水利枢纽工程列入了国家"八五"计划;户包小流域治理蓬勃发展,黄河水资源得到大规模开发,黄河治理工作取得了很大成就,支撑了经济社会的快速发展。但改革开放初期,国家削减了黄河治理的资金投入,迟滞了黄河治理的步伐,使小浪底水利枢纽工程迟迟不能上马。在黄河治理过程中,一味地强调经济效益,过度开发黄河水资源引起断流加剧,给黄河治理带来更大难度。

第一节 改革开放初期黄河治理的历史背景

一、国家水利建设方针对黄河治理的影响

改革开放初期,经过三年的国民经济调整,农业和工业都获得了较大发展,用水的需求量大幅增长,使经济社会的发展与水资源不足之间的矛盾变得十分尖锐。改革开放前水利工作重建设,不计效益,无法适应社会经济发展的新形势,必须转变水利建设的传统观点。1983年3月,时任国务院总理的赵紫阳视察陕西时明确指出:"水利建设,过去成绩很大,但浪费也很大。长此以往,无以为继。今后水利建设要实行这样一条方针,加强经营管理,讲究经济效益。"[1]这一方针为改革开放初期水利建设指明了正确的方向。1983年5月,水利部召开全国水利工作会议。会议确定了加强经营管理,讲究经济效益的水利建设指导方针,强调将水利工作转到以提高经济效益为中心的轨道上。"加强经营管理,讲究经济效益"的水利建设方针有利于指导黄河治理有序健康的发展。注重经济效益不仅有利于改变引黄灌溉中不计成本大水漫灌的做法,发展节水灌溉;而且注重维护农户经济利益,有助于以户承包小流域为形式的水土保持工作的开展。

改革开放促进了经济的发展,到20世纪80年代中期,由于粮棉连年丰收,温饱问题已初步解决,中央进一步调整农村产业结构。农村经济向专业化、商品化、现代化转变,乡镇企业异军突起,中小城镇得以发展。水利工作必须适应农村变革的新形势,积极主动地调整服务方向,扩大服务内容。同时,城市工业和能源交通的发展对水资源的综合利用和统一管理提出了进一步的要求。经济社会发展的新形势和新要求使水利事业发展到一个新阶段。为了主动迎接新形势,搞好水利改革,1984年12月,全国水利改革座谈会上水利部部长钱正英提出了水利改革方向是"从以农业为主转到为社会经济全面服务的思想;从不讲投入产出到以提高经济效益为中心的轨道;从单一生产型转到综合经营型。也可简化为'转轨变型,全面服务'"。[2]这就指出,在新形势下水利既是农业命脉也是社会经济的命脉。既要继续为农业服务,也要为社会经济各部门服务。在"转轨变型,全面服务"水利改革思想的指

---

[1]　《水利建设、旱作农业和节约用水问题——赵紫阳同志在陕西省和一些同志的座谈纪要》,《当代中国的水利事业》编辑部编印《历次全国水利会议报告文件(1979—1987)》(内部发行),1987年,第347-348页。

[2]　钱正英《迎接新的挑战》,《当代中国的水利事业》编辑部编印《历次全国水利会议报告文件(1979—1987)》(内部发行),1987年,第409-410页。

导下,黄河水资源开发的力度加强。在改革开放初期,黄河水资源不仅满足于黄河流域工农业发展和城市用水需求,而且向流域外输水,如引黄济青工程。

虽然改革开放初期水利方针的调整促进了黄河治理的有序健康发展。但是20世纪80年代初期,在肃清"文革"期间"左"的流毒时,有人提出水利也是"左"的产物。这导致改革开放初期国家削减了水利建设的资金。"国家用于水利基本建设的投资占全国基本建设总投入的比例在'一五'至'五五'时期均为6%以上。'六五'时期,国家投入水利基本建设资金93亿元,占同期全国基本建设总投入的比例陡降到2.7%;'七五'投入165亿元,占2.3%;'八五'投入640亿元,占2.8%。❶改革开放初期,国家水利建设资金的削减迟滞了黄河治理的进程和规模,使小浪底水利枢纽工程迟迟不能上马,黄河中游的水土保持规模受到限制。

二、黄河治理面临的问题

经过改革开放前30多年的努力,黄河的治理已经取得了很大成绩。但是,黄河是多泥沙河流,与清水河相比,黄河治理是一个漫长的过程,改革开放初期依然面临着许多问题。具体表现在:"第一,下游洪水没有完全控制,花园口站还有出现46 000立方米每秒特大洪水的可能性,而且泥沙没有显著减少。30年来,除三门峡水库减淤作用外,下游河道淤积泥沙70亿吨,主槽抬高2米左右,河口延伸,排洪能力逐年降低,宽河道的主流摆动加剧,洪水威胁依然严重存在,确保黄淮海大平原安全仍然是治理黄河的当务之急。第二,广大黄土高原水土流失仍然十分严重,农业生产比较落后,迅速改变这一地区面貌是治黄的一项严重任务。第三,综合利用水土资源的水平还很低。目前,水资源还未完全开发,黄河干流的发电装机容量240万千瓦,只占到可开发总量的9%左右,每年还有二三百亿立方米水白白流到海里。特别是16亿吨泥沙的控制和利用,还是长期的、艰巨的任务。流域内水旱涝碱等

❶ 夏珺:《投资水利值不值?》,载《人民日报》,1996年5月10日第2版。

灾害还未完全解决，而且从长远看，黄河水源不足。"❶上述问题的存在说明根除黄河水害、开发黄河水利、综合利用水土资源、改变流域落后面貌的治理黄河工作非常艰巨。

三、黄河治理指导思想的发展

改革开放初期，黄河防洪问题没有解决，洪水依然威胁着黄淮海大平原的生命财产安全，制约着黄河下游区域经济的发展。黄河中、上游水土保持工作还很滞后，一方面，造成大量泥沙继续流入黄河，下游河道淤积大量泥沙，给防洪工作带来很大困难；另一方面，黄河中、上游水土保持工作进展迟缓，造成当地农业生产的落后，当地农民的温饱问题难以解决。随着改革开放的发展，工农业和沿岸城市生活对黄河水资源的需求日益增加，亟需进一步综合开发利用黄河水资源。以上说明，黄河治理的任务非常繁重，需要大量人力、物力、财力的投入。但是，改革开放初期，国家大量削减了治理黄河的投资，治理投资减少与治理任务增加之间的矛盾十分尖锐。在治理黄河的工作中，如何利用较少的投资取得最好的经济效益，对黄河水利委员会来说，是一个很大的挑战。根据"加强经营管理，讲究经济效益"的水利建设方针，结合黄河的实际情况，黄河水利委员会提出了"除害兴利，综合利用，加强管理，提高经济效益，更好地为四化建设服务"的治黄指导思想。

根据"除害兴利，综合利用，加强管理，提高经济效益，更好地为四化建设服务"的治黄指导思想。黄河水利委员会制订了改革开放初期的黄河治理计划。"'六五'和'七五'期间，要继续抓紧防洪工程建设，扎实做好防御大洪水的准备，确保防洪安全。同时，积极做好干、支流工程的前期工作，逐步建设以防洪安全为主，包括防凌、供水、发电综合利用的工程体系。在上、中游大力总结推广水土保持的先进经验，加强水土保持的科研工作，并且通过深入的调查研究，提出新的切实可行的

---

❶　王化云：《人民治黄三十年》(1980 年 1 月 25 日)，黄河水利委员会档案馆藏，档案号 3-1980-145y。

措施,加速上、中游治理的速度。"❶

"除害兴利,综合利用,加强管理,提高经济效益,更好地为四化建设服务"的治黄指导思想,在强调防洪重要地位的同时,更加突出了治黄工作中的经济效益。这一指导思想反映了改革开放初期以经济建设为中心,突出经济效益的时代要求,有助于黄河治理中充分利用有限的资金,保障防洪安全的同时,实现治理效益的最大化,配合了国家的经济建设。改革开放初期,黄河治理把防洪安全放在重要地位,推动了"上拦下排,两岸分滞"治黄方略的实施,但由于国家削减了治理黄河的资金投入,使小浪底水利枢纽工程迟迟不能上马,迟滞了黄河治理的进程。虽然这一时期,黄河断流问题愈演愈烈,但由于过分强调黄河水资源的开发,对黄河断流关切不够,加上黄河中游缺乏控制性水库,没有针对黄河断流提出新的治黄方略。

第二节　"上拦下排,两岸分滞"治黄方略的实施

改革开放前,在中国共产党的领导下,开展了大规模的防洪工作,修建了三门峡、陆浑等水库,先后进行了3次大堤加培工程,增强了堤防抗洪能力。由于黄河下游淤积严重,河槽逐年抬高,河道日益恶化,形成悬河中的悬河,河槽排洪排沙能力削减,威胁着大堤和滩区人民生命财产安全。"黄河每年的输沙量达16亿吨,其中一部分淤积在下游河道,使河床平均每年升高10厘米,现在河床滩地已普遍比背河地面高出三五米至八九米,成为高出地面的悬河。因此,中常洪水漫滩后,也可能因直冲大堤或顺河行洪而出乱子。"❷面对严峻的防洪形势和黄河投入经费的减少,改革开放初期黄河水利委员会只能按照"上拦下

---

❶　黄河水利委员会编:《王化云治河文集》,黄河水利出版社,1997年6月第1版,第409页。

❷　《水利电力部关于做好七大江河防汛工作的报告》,《当代中国的水利事业》编辑部编印《历次全国水利会议报告文件(1979—1987)》(内部发行),1987年,第351页。

排，两岸分滞"的治黄方略，首先开展"下排"的第三次大修堤工程，其次力争早日上马"上拦"的小浪底水利枢纽工程。

一、黄河第三次大修堤工程的实施

鉴于黄河防洪的严峻形势，在 1979 年全国水利会议上提出了具体的防汛工作要求，"黄河，要防御花园口 2.2 万立方米每秒洪水，临黄大堤、放淤固堤、涵闸改建、险工备料以及废除滩区生产堤等，还有一系列工作要做。如果黄河大堤出问题，北决乱海河，南决乱淮河，整个国民经济都将打乱。"❶黄河下游防洪事关大局，第三次大修堤工程必须加快进行。为了减轻沿黄地区修堤用工的负担，提高修防系统的机械化水平，1979 年经国家计委批准，开始组建机械化专业施工队伍。1980 年修黄河下游大堤开始由机械化专业队施工，效果良好。"今年开始出现机械化专业队施工，代替沿河群众的手工劳动岁修黄河下游大堤。目前，河南、山东两省黄河河务局的机械化施工队已发展到八千多人，拥有铲运机、挖掘机、吊车、汽车等动力机械一千多部，吸泥船二百五十只。这支机械化施工队正在或积极准备加高培厚黄河大堤。今年他们担负的施工任务占治黄总任务的三分之一以上……组织专业队实行机械化施工，既减轻了沿黄两岸农民的负担，又加快了治黄步伐。"❷

20 世纪 80 年代初，国家对国民经济进行调整，压缩基建规模，削减了治黄投资。1981 年 5 月 4 日，国务院批准国家计委提出的《关于安排黄河下游防洪工程的请示报告》。该报告对 1981 年至 1983 年最急需工程作了安排，决定 3 年投资 3 亿元，每年 1 亿元；大体上使下游堤防达到防御花园口站 22 000 立方米每秒洪水标准。1981 年所需投资由国家预备资金中拨 5 000 万元作为基建投资，增拨水利部专用于

---

❶ 钱正英《全国水利会议总结讲话》，《当代中国的水利事业》编辑部编印《历次全国水利会议报告文件（1979—1987）》（内部发行），1987 年，第 39 页。

❷ 《机械岁修黄河下游堤 既减轻沿河群众负担，又加快治黄步伐》，载《人民日报》，1980 年 1 月 15 日第 1 版。

黄河下游治理工程。由于国家投资有限,黄河水利委员会只能按轻重缓急的原则进行合理分配使用,把大堤放在第一位,严格按防御花园口站 22 000 立方米每秒的洪水标准修筑。由于中央政府的大力支持,在黄河水利委员会保证重点方针的指导下,经过河南、山东两省人民和黄河水利部门职工的共同努力,到 1985 年第三次大修堤工程基本竣工。"截至 1985 年,第三次大堤加高培厚工程全部完成,平均加高 2.15 米,除个别缺口外,大堤普遍达到防御花园口 22 000 立方米每秒的设防标准,累计完成筑堤土方 2.14 亿立方米。大堤加高的同时,对依附在堤身的 158 处险工,5 489 道坝、垛、护岸的一部分进行了加高改建,共用石方 275.11 万立方米。还对穿过大堤的 32 座引黄灌溉涵闸、28 处虹吸工程进行了改建、重建,并新建了 8 座引黄涵闸。"❶第三次大修堤的工程建设使黄河下游防洪能力增强。

二、小浪底水利枢纽工程的决策

(一)兴建小浪底水利枢纽工程的必要性

改革开放初期,随着经济社会的发展,黄河下游面临两个亟待解决的问题,一是防洪减淤问题。根据"确保西安"的原则,干流上的三门峡水库对花园口发生 22 000 立方米每秒以下的中常洪水并不起控制作用。中常洪水,流势多变,易形成"横河""斜河""滚河",或串沟夺溜顺堤行洪,加之堤防隐患难以消除,堤防溃决和冲决的危险很大。水少沙多是黄河的主要特点之一。黄河进入下游冲积平原,以每年实测不足 500 亿立方米的水量携带 16 亿吨的泥沙,致使大量泥沙沿程落淤,形成一条高踞于华北大平原之上的"悬河"。河床淤高,泄洪能力相应减少,为保障防洪安全,新中国成立后黄河下游已多次加高大坝,耗费了巨大的人力、物力,给沿黄人民群众造成沉重的负担。随着下游河道淤积的不断发展,堤防还将不断加修,大堤越修越高,越高越险。因此,单靠加修堤防与黄河淤积赛跑来进行防洪,终非长策。

二是水资源供需矛盾日益突出。新中国成立以来,随着经济社会

---

❶ 王化云:《我的治河实践》,河南科学技术出版社,1989 年,第 259 页。

的发展，黄河流域用水量增加，导致黄河断流出现；同时黄河中游缺少蓄水调节工程，导致断流和弃水同时存在的矛盾现象。"自 70 年代以来，黄河入海水量由五六十年代的年平均约 490 亿立方米，锐减至 320 亿立方米左右，其中汛期由 295 亿立方米减至 200 亿立方米，非汛期由 190 亿立方米减至 115 亿立方米，1—6 月的水量减少一倍以上。每年五、六月份黄河下游引黄灌区进入灌溉用水高峰期，来水少、用水多，常造成断流。1987 年汛期断流 16 天，是黄河有实测资料以来的第一次断流。黄河断流，使胜利油田、沾化电厂供水受到限制，水产与航运亦受到影响。1972—1987 年，共断流 19 次，累计达 146 天，其中 1981 年断流达 32 天之久。另一方面，1974 年以来每年入海水量平均 323 亿立方米，其中非汛期 110 亿立方米，1986—1987 年枯水年份，非汛期入海水量还有 49 亿立方米。"❶

设计的小浪底水利枢纽工程位于控制黄河下游洪水泥沙的关键部位，是黄河干流在三门峡以下唯一能够取得较大库容的控制性工程。坝址以上控制流域面积 95.1%，占花园口的 70%，控制进入下游近 100% 的沙量和绝大部分洪水来源。小浪底水库是一个能够全面担负黄河下游防洪、防凌、减淤、供水、灌溉、发电的综合性枢纽。因此，兴建小浪底水利枢纽工程，能够增强对黄河径流的调节能力，是解决防洪减淤问题和缓解下游水资源供需矛盾日益突出问题的根本措施，势在必行。

（二）围绕兴建小浪底水利枢纽工程的争论

早在 1975 年底，河南省、山东省、水电部在给国务院《关于防御黄河下游特大洪水意见的报告》中，就存在着是修小浪底水库，还是修建桃花峪水库的争论。后来对两个工程优缺点进行了规划比较认为："小浪底水库对于黄河下游有显著的防洪和减淤作用，与三门峡水库联合运用可以解决下游防凌问题和下游两岸二千五百万亩农田的灌溉用水，水电站装机一百五十万瓦，有很大电能效益。总之，小浪底水库

---

❶　黄河水利委员会：《小浪底水利枢纽工程情况介绍》（1990 年 4 月），黄河水利委员会档案馆藏，档案号 W1-1990-3。

综合利用效益比较大,体现了江河治理与水电开发相结合。缺点是防洪作用不及桃花峪水库,工程规模大,投资多,工期长。"❶桃花峪水库虽然控制性能好,对特大洪水可以有效地加以控制,使花园口站流量不超过 22 000 立方米每秒,保证黄河下游的防洪安全。但是,"如考虑非汛期蓄水综合利用,对于下游河道有一定的减淤作用;与三门峡水库联合运用,可解决下游防凌问题,灌溉下游两岸一千七百万亩至二千四百万亩农田。缺点是没有发电效益;水库淤积有一定年限,不能像小浪底水库那样可以利用峡谷地形蓄清排浑,保持库容,长期运用。"❶通过研究比较,小浪底水利枢纽工程综合利用效益比较大,主张选择兴建小浪底水利枢纽工程。

后来,为探求解决黄河下游防洪减淤的紧迫问题,学术界思想十分活跃,中外专家、学者提出了各种设想、意见和方案,归纳起来主要有三类。"一类主张以防御和控制洪水为主要目的,提出的建议有全线加高下游堤防;修建邢庙分洪闸并相应加高堤防以防御 1761 年洪水;在陶城埠以下修建分洪道;充分利用三门峡水库;修建桃花峪水库等。一类主张以减缓下游淤积为主要目的,提出的建议有加速水土保持;在滩区及下游两岸放淤,引江引汉刷黄;在北岸原阳以下大改道,利用高浓度水流排沙入海等。一类认为不解决洪水就解决不了燃眉之急,不解决泥沙淤积,就得不到长治久安,下游防洪减淤问题必须综合考虑,提出的建议有修建龙门水库、修建小浪底水库等,并辅以其他措施,进行综合治理。"❷

各种设想、意见和方案的提出,有助于多角度分析、比较修建小浪底水利枢纽的优劣,全面认识修建小浪底水利枢纽的积极意义。1983年 5 月,国家计委和中国农村发展研究中心联合组织了小浪底工程论

---

❶ 水电部黄河水利委员会革命委员会治黄规划办公室:《黄河小浪底和桃花峪水库工程规划简要报告》(1976 年 7 月),黄河水利委员会档案馆藏,档案号 A1-4(1)-1。

❷ 黄河水利委员会:《小浪底水利枢纽工程情况介绍》(1990 年 4 月),黄河水利委员会档案馆藏,档案号 W1-1990-3。

证会。参加会议的有国家计委、国家经委、中国农村发展研究中心、水利电力部、国务院有关部委、科研单位、高等院校、陕晋豫鲁四省水利厅等有关领导,以及知名专家、教授学者和水利工作者近百人。与会人员在这次会上争论较为激烈。大部分人认为修建小浪底工程非常必要,但对何时兴建意见不一。也有些专家、学者对兴建小浪底工程持谨慎态度,如张含英、张瑞瑾、崔宗培、张光斗、刘善建等人。他们认为:"小浪底水库是治理黄河下游很重要的一步棋,必须在充分研究的基础上,把小浪底放在全面规划中通盘考虑,只有在防洪减淤能取得较大利益时,才能上马。"❶还有少数人从不同角度提出不同意见兴建小浪底水利枢纽工程。

经过与会人员的充分讨论,大家对小浪底水库在治黄工作中的重要性认识已趋一致。认为解决泥沙是治黄的关键,"单纯加高堤防抗洪,既不能削减洪水,又不能减少泥沙淤积,是历史上修堤与泥沙淤积赛跑的继续,堤防越高,决口的危险越大,而且投资很大,并非长久之计……加强上、中游水土保持是减少黄河泥沙的根本措施,也是改变黄土高原面貌的必由之路,单单靠这一措施,短期(几十年内)难以奏效,不能用以解燃眉之急。"❷因此,兴建小浪底水库,防洪减淤,在治黄整体规划上是非常必要的。特别是利用小浪底水库调水调沙、减缓下游河道淤积的作用,是任何其他工程难以替代的。"龙门水库有较大的拦洪、拦沙库容,对减轻三门峡库区的洪水淹没和泥沙淤积有显著效果,同时有发电、灌溉、调节径流等综合效益。但水库位置偏上,不能控制泾、洛、渭河和三门峡至花园口区间的洪水,当发生千年一遇'大洪水'时,花园口洪峰流量仍有 30 900 立方米每秒,仍需使用北金堤滞洪区。水库拦泥后,经过龙门至潼关游荡性河段的冲沙调整,对黄河下游减淤作用相对较小,相当下游不淤年份只有 10 年左右。综合权衡,修

---

❶　王化云:《我的治河实践》,河南科学技术出版社,1989 年,第 274 页。

❷　黄河水利委员会:《小浪底水利枢纽工程情况介绍》(1990 年 4 月),黄河水利委员会档案馆藏,档案号 W1-1990-3。

建龙门水库不能较好地解决近期下游防洪减淤问题。至于引江引汉刷黄,分流放淤,利用高浓度水流排沙入海方案,或者由于工程浩大,近期难以实现,或者由于问题复杂,需要进一步研究。而且这些措施,其上游都需要有控制洪水,调节水沙的工程与之配合。"❶在这次论证会上,经过反复的论证,小浪底水库方案在大的方面已得到基本认可。

(三)兴建小浪底水利枢纽工程的决策过程

1975 年底,河南省、山东省、水电部在给国务院《关于防御黄河下游特大洪水意见的报告》中提出,为确保黄河下游安全,对干流上的小浪底水库和桃花峪滞洪工程必须考虑修建一处。国务院于 1976 年 5 月批复"原则同意"这个报告。经过有关方面反复研究比较,最后推荐优先建设小浪底水利枢纽工程。1983 年 3 月国家计委和中国农村发展研究中心联合组织了小浪底工程论证会。

1984 年 4 月 10 日,国务院总理赵紫阳在濮阳市接见黄河水利委员会主任王化云时指出:"当前黄河上最重要的是解决防洪问题,这是关键,如果这个问题解决了,即使降低一些其他效益,在国家财力紧张的条件下,是可以办的。"❷1984 年 6 月 30 日到 7 月 10 日,时任国务院副总理的万里在考察黄河时指出:"小浪底水库要加紧设计,争取早日开工。黄淮海大平原是我国的主要粮棉基地,又有中原、胜利两大油田,解除黄河洪水威胁,在政治上、经济上具有重大影响。"❷国家领导人的指示推进了兴建小浪底水利枢纽工程的决策进程。

1984 年 8 月,水电部原则同意黄河水利委员会提出的《黄河小浪底水利枢纽可行性研究报告》,认为小浪底水库对防洪减淤可以起到重大作用。"而其他一些在防洪减淤方面有较大作用的工程措施方案,有的矛盾较多,很难实现,有的效果较差,或问题复杂,需长期研究。为保护黄淮海平原广大国土上的人民生命财产安全,保证工农业生产,

---

❶ 黄河水利委员会:《小浪底水利枢纽工程情况介绍》(1990 年 4 月),黄河水利委员会档案馆藏,档案号 W1-1990-3。

❷ 《河南黄河志》(1986 年 4 月),黄河水利委员会档案馆藏,档案号 3(1)-85-20。

社会经济顺利发展，尽快兴建小浪底工程是非常必要的"。❶ 在这一期间，确定了小浪底工程以防洪减淤为主的开发任务，小浪底工程的设计标准和基本运用方式，小浪底工程的坝址、坝型和正常蓄水位。

鉴于小浪底工程的复杂性，经国家计委批准，黄河水利委员会先后于1979年至1980年间向法国四家公司进行了咨询。1984年，黄河水利委员会开始与美国柏克德公司联合进行小浪底枢纽工程的轮廓设计，并于1985年10月提出轮廓设计的最终报告。经水电部组织有关专家审查，认为轮廓设计对应研究确定的基本方案及应解决的各项重大技术问题，都进行了比较深入的工作，提出的成果在技术上是可行的，有关小浪底工程地质评价、枢纽布置、建筑设计、施工进度等方面的成果达到了我国初步设计的深度。

按照国家基建程序，1985年底，黄河水利委员会编制了《黄河小浪底水利枢纽工程设计任务书》，水电部于1986年1月报请国家审批。同年3月，国家计委委托中国国际工程咨询公司对设计任务书进行评估。咨询公司聘请中国科学院、清华大学等14个单位50多位专家，分别组成了综合规划、水文、泥沙、水工、地质、施工和经济7个专业组。经过认真的工作，对有关黄河下游治理和小浪底工程的一些主要问题有了比较一致的看法。在各专业组评估意见的基础上，评估专家于12月26日提出综合评估意见，中国国际工程咨询公司于12月30日向国家计委提出评估报告。国家计委对设计任务书和评估报告进行了审查，并于1987年1月向国务院写了《关于审批黄河小浪底水利枢纽工程设计任务书的请示》，同年2月得到了国务院领导同志的报批。经过评估，绝大多数专家一致认为，"从整个治黄规划看，兴建小浪底水库是其他方案难以代替的关键性工程，修建这一工程，与开发整理黄河的整体规划没有矛盾。小浪底水库防洪作用显著，又有部分减淤作用，

---

❶ 黄河水利委员会：《小浪底水利枢纽工程情况介绍》（1990年4月），黄河水利委员会档案馆藏，档案号 W1-1990-3。

技术上可行,经济上合理,在国家财力可能的情况下,以早建为好。"❶

遵照评估会议的精神,黄河水利委员会全面开展了小浪底工程初步设计的工作,进行了各种技术问题的论证和工程总体布置方案的比较,相应开展了大量的科学试验工作,召开了有关专题技术研讨会,邀请外国专家进行咨询并向水电部作了初步设计中间汇报。1988 年 5 月,完成了小浪底工程初步设计报告,1988 年 8 月,水利部有关领导同部分专家对报告进行了审查。一致认为,"小浪底初设中主要技术问题经有关专家多次审查和咨询,黄委会设计院对枢纽建筑物进行了大量的研究、试验工作,对初设作了多次修改和补充,主要技术问题已基本解决,会议基本同意《小浪底工程初步设计报告》,并决定上报国家计委请求审批"。❶ 1989 年 7 月,黄河水利委员会将《黄河小浪底水利枢纽泄水建筑物总布置优化设计报告》正式报水利部。

1990 年 11 月,国务院正式批准国家计委关于兴建小浪底工程利用世界银行贷款的报告。1990 年 12 月 1 日,黄河小浪底工程初步设计水工建筑物部分在北京通过评审。1991 年 2 月,江泽民视察黄河时指出:"我们大江大河的工程治理,要集中力量重点搞,小浪底工程是黄河的一个控制工程,要做好各方面工作,把这个工程搞上去,把黄河治理好,这是一件造福人民的好事。"❷江泽民的指示,进一步推进了兴建小浪底水利枢纽决策的步伐。1991 年 4 月 9 日,七届全国人大四次会议批准小浪底工程为国家"八五"期间开工兴建的重点建设项目。1991 年 8 月,水利部在郑州召开《黄河小浪底水利枢纽施工规划设计报告》审查会。与会专家听取了黄河水利委员会设计院就施工规划的汇报,对该报告进行了认真的审查,基本同意所提的设计报告。水利部随后以水建〔1991〕14 号文印发了审查意见,要求抓紧做好下一步工作,以满足工程建设的需要。1991 年 9 月 1 日,黄河小浪底水利枢纽

---

❶ 黄河水利委员会:《小浪底水利枢纽工程情况介绍》(1990 年 4 月),黄河水利委员会档案馆藏,档案号 W1-1990-3。

❷ 水利部黄河水利委员会编:《黄河年鉴》(1995),水利部黄河水利委员会黄河年鉴出版社,1995 年 12 月第 1 版,第 30 页。

前期工程开工。

小浪底水利枢纽工程的决策经历了一个漫长的过程。之所以决策时间较长，原因主要有以下两个方面：一是小浪底水利枢纽工程是一个设计复杂、技术含量高、投资大的工程项目，研究的问题涉及面大，需要较多的时间。投资方面，由于改革开放初期国家压缩了黄河治理的投资，没有大量资金去开展这一项目，延缓了决策的步伐。而技术问题的解决单靠自身也难以完成，随着改革开放的发展，国际技术合作逐步加强，通过国际合作技术问题得以解决。但这需要一个过程，也是决策缓慢的原因。二是三门峡水利工程失败的教训，使国家在决策重大水利工程项目时非常谨慎，决策和审批程序更加完善。小浪底水利枢纽工程的决策过程中，反复的论证和分析以及许多程序要走，也需要一定的时间。

小浪底水利枢纽工程的决策，说明在国家财政吃紧的情况下，中央政府始终把黄河治理作为经济社会发展的头等大事，把人民的生命财产安全放在第一位。与三门峡水利枢纽的决策相比，显示出中国共产党的治理能力更加成熟，决策中更加民主，更加注重遵循黄河自身规律和科学技术。

第三节　改革开放初期水土保持工作的开展

一、水土保持工作面临的形势

改革开放前，黄河流域水土保持工作在中国共产党领导下和广大干部、群众长期共同努力下取得了很大成绩。"到 1980 年底，上、中游水土流失地区已修建水平梯田(包括条田，埝地，引洪漫地，河滩造田) 3 824 万亩，坝地 264 万亩，小片水地(不包括大型灌区)683 万亩，造林 4 276 万亩，种草 1 029 万亩，共治理水土面积 7.5 万平方公里，占应治理面积 17.5%。"❶改革开放前的黄河流域各项水土保持措施发挥了巨大的增产作用。"由于大规模地开展了水土保持工作,配合其他措施,改善了水土流失区的生产条件,促进了农、林、牧、副业生产的发展。调查和试验的资料表明,一般梯田亩产粮食 200~400 斤,较坡地提高 4~8 倍,坝地亩产 500~800 斤,有的高达 1 000 斤以上。"❶

虽然,改革开放前的黄河流域水土保持工作成效很大,但也存在一些问题。"由于对防护管理重视不够,往往形成边治理边破坏的状况,宁夏固原县解放初期有天然林 72 万亩,现在只剩下 10 万亩,新造林只有 18 万亩。延安地区 1977 年到 1979 年开荒 180 万亩,同期只建设'三田'和林草地 60 余万亩。修路、开矿、打窑洞等基本建设不做防护,也造成新的水土流失。同时,由于管理不善也造成水保设施的破坏,1977 年陕北地区暴雨,仅延安地区即冲毁淤地坝 392 座,除了暴雨强度大,设计和工程布局上的不合理,管理不善是一个重要原因。"❶针对边治理边破坏的情况,亟需加强水土保持的防护管理。特别是加强法制建设,制定"水土保持法",依法进行管理。同时,改革开放初期黄河流域水土保持工作的任务还很艰巨。"黄河是历史有名的害河,根本问题是黄土高原的水土流失严重。这个问题不仅没有解决,而且情况日益严重。黄河每年下泄泥沙 16 亿吨,有的年份例如 1977 年达到 20 多亿吨。水土流失导致河床升高,水库淤积。黄河河床每年约升 10 公分。黄河干流和支流上的水库,例如刘家峡,淤积都很严重。"❷要防止黄河河床升高和水库淤积,必须重点进行多沙粗沙地区治理。但是,改革开放前的黄河流域水土保持工作主要是分散的点、片治理,很难集中对多沙粗沙地区进行重点治理。

为了解决改革开放前水土保持治理工作的问题,黄河水利委员会

---

❶ 黄河水利委员会水保处:《黄河流域水土保持工作总结及今后意见》(初稿)(1981 年 11 月),黄河水利委员会档案馆藏,档案号 T2-1-6。

❷ 《李先念副主席在全国农田基本建设会议上的讲话》,《当代中国的水利事业》编辑部编印《历次全国水利会议报告文件(1979—1987)》(内部发行),1987 年,第 61 页。

提出改革开放初期水土保持的方针和任务。"在方针方面，开展水土保持，必须以发展大农业生产，根治黄河为目的，因地制宜地实行土、水、林、草综合治理。在生产建设上，由于各地自然条件差异较大，应当是农、林、牧并举，因地制宜，各有侧重；'绝不放松粮食生产，积极发展多种经营'。"❶按照上述方针，结合农村家庭联产承包责任制，户包小流域综合治理逐渐兴起，黄河中游水土流失重点区的治理开始起步。

二、户包小流域治理的兴起

中共十一届三中全会以后，黄河流域水土保持工作获得了新的生机。1978 年 12 月，中共十一届三中全会顺利召开，会议精神强调农民参加水土保持必须按劳记工，按工付酬，之后农村逐渐普遍实行了家庭联产承包的生产责任制，这为"户包"小流域综合治理政策提供了条件。所谓小流域是指面积在 30 平方公里以下的流域，最多不超过 50 平方公里。"户包"小流域综合治理符合治理水土流失的规律。每一条小流域是一个自然集流区，是径流、泥沙的输送通道和产地。水土流失的发生、发展和危害，在流域内表现得清清楚楚。在冲刷过程中，水是主要动力，土是冲刷对象，要控制水土流失，不管是增加地面植被，改变地形地貌，还是增加土壤抗冲能力，最主要的是妥善处理地面径流问题，把其有害的活动变为有利的活动。一个流域内有山、川，有沟、坡，按不同地形、部位和径流量的大小，自上而下，因害设防，节节控制，建立多种措施的防护体系。如荒山荒沟造林种草，坡地修梯田并实施蓄水保土的耕作措施，沟谷修建谷坊、淤地坝、小水库、塘堰，力求使地面不产生或少产生径流；已经产生的尽量就地拦蓄；容纳不了的安全排走，从而达到有效控制水土流失的目的。1979 年，全国水利会议指出："水土流失严重的黄河中游地区的有关省、区，对现有水土保持费应集中使用，并在地方基本建设中单列项目，有计划地对小流域分批进行治

---

❶ 黄河水利委员会水保处：《黄河流域水土保持工作总结及今后意见》（初稿）（1981年 11 月），黄河水利委员会档案馆藏，档案号 T2-1-6。

理,力争在最短时间内做出效果来。"❶这指明了黄河流域水土保持工作方向是集中进行小流域治理。为探索小流域综合治理的技术经验和管理经验,1980年水利部在全国六大流域开展了水土保持小流域综合治理试点工作,其中黄河中游地区试点开展数量较多。试点的目的主要是研究不同水土流失类型区加速综合治理的经验,各种水土保持措施的标准、效益、综合治理的措施配置,特别要求研究如何加强小流域综合治理的管理,促进小流域水土保持管理工作正规化、制度化,要求每条流域都要系统地积累资料,提出有分析的科学报告;结合小流域综合治理开展以管理科学为重点的水土保持科研,为推动面上治理提供系统的经验和科学依据。

自1980年以来,黄河流域的小流域综合治理试点工作共开展了三批。晋西、陕北和内蒙古南部一些地方,在农村家庭联产承包责任制的基础上,出现了按户承包治理支、毛沟或"五荒地"的水土保持制。规定谁治理,谁管理,谁受益,长期不变,子女可以继承。这样,就使水土保持做到责权一致,治、管、用结合。在按户承包治理的基础上,有的地方根据不同条件,又发展为联户承包、专业队承包、劳动积累工治理,以及集体治理、分户管理等多种形式,适应了不同的情况,满足了水土保持用工的需要。

1980年6月,根据水利部的安排,黄河水利委员会在黄河中游水土流失严重的无定河、三川河、皇甫川等3条支流和山西吉县,内蒙古伊金霍洛,陕西清涧、延安、淳化等地共挑选了38条小流域作为试点,采取签订合同、定额补助等经济管理办法,以加快水土流失的治理。采取签订合同的经济管理办法,使户包小流域治理水土流失的新形式在黄土高原地区悄然兴起。1981年山西省河曲县农民苗混满,受到农业家庭联产承包制的启发,主动向公社党委提出承包过去集体没治理好的一条300亩面积的新尧沟,并愿意签订合同,五年为期,收益二八分成。从1981年冬季开始,苗混满全家老少齐出动,一连干了两年多,成

---

❶ 《三年调整时期的水利任务》,《当代中国的水利事业》编辑部编印《历次全国水利会议报告文件(1979—1987)》(内部发行),1987年,第14页。

效很好。"修成了45亩水平梯田,打小淤地坝5座,可淤坝地50亩,种树16 400株,种草40亩,育苗5亩。粗略估算,完成土方量10万立方米之多,初步治理了水土流失面积的80%……仅在1983年的治理中,全家总收入就达6 700元,人均1 116元,比1980年翻了三番还多。"❶苗混满的经验受到中央领导和有关部门的高度重视,很快推广开来。户包小流域治理是指以家庭为承包治理单位,以支毛沟小流域的荒山、荒坡、荒沟为治理对象,通过统一规划,综合治理,除害兴利,开拓山区新的生产领域,建立以林业或牧业为主的个户多种经营基地,达到山区治穷致富、改善生态环境的目的。它的显著特点是"谁治理谁受益",有利于调动水土流失地区群众开展治理水土流失的积极性,显示了旺盛的生命力。1983年,黄河水利委员会在山西省忻州地区召开现场会议,正式确立并推广"户包"小流域政策,这大大推动了"户包"小流域综合治理政策的实施。

例如,甘肃省定西县在关川河流域水土保持"户包"小流域综合治理中,制定了一套比较完善的组织管理体系和治理承包办法。其组织管理体系是:县里成立关川河流域治理指挥部,由一名主管农业的副县长任指挥。下设规划、治理、工程、财务等科室,从水利、水保、农业、林业、畜牧等有关部门调配技术人员,充实指挥部。关川河流域治理第一期工程实施范围的15个乡,分别成立流域治理项目管理站,由各乡乡长任站长,站内配备相应的规划、治理、工程、财务等方面的技术人员,组成流域治理的主要实施单位。

再如,陕西省榆林、延安两个地区,在治沟修坝和骨干工程的施工上,采取了两种承包责任制。第一种承包责任制是乡与村联合承包。县为甲方,乡与村为乙方,签订责任合同,统一组织施工所。县水保队负责按预算拨款,派一名施工员负责技术指导,监督经费开支,乡上负责全面组织领导工作;村上负责组织劳力、准备材料和后勤工作。第二种承包责任制是县与村直接签订承包合同。县水利水保部门组建施工

❶ 水利电力部办公厅宣传处编:《现代中国水利建设》,水利电力出版社,1984年9月第1版,第66页。

所,直接委派所长、会计员和施工员,掌握施工进度,进行技术指导。村只承包施工工作量,组织劳力,不承包材料费。❶

　　到 1983 年,户包小流域治理取得了很大成效。"黄土高原水土保持普遍实行以户承包责任制后,各省、自治区种草种树的年进度大都比过去加快三倍到五倍以上。实行以户承包责任制,把水土保持效益与社员切身利益直接结合起来,是这些地方种草造林进展快的重要原因。从去年下半年到今年上半年,山西省吕梁山区 29 个县,推行以户承包治理小流域的达 57.3 万户。这些承包户把工程措施和生物措施结合起来,注意蓄洪拦土,修整耕地,大力种草种树。在已完成的初步治理面积 273 万亩中,种草造林面积就占到 257 万亩。甘肃省黄土高原水土流失区各地、县种草种树由户承包,今年春季共造林 162.3 万亩、荒坡种草 56.8 万亩,比去年全年完成的种草种树面积总数还多 48.1 万亩。"❷吕梁地区实行以户或联户承包治理小流域,克服了过去的弊病,使治理工作出现新局面。这种做法的好处,"一是适应山区农村实行联产承包责任制后分散经营的特点,真正与农民切身利益联系起来,符合群众治穷致富的迫切愿望;二是有利于合理利用土地资源,发展多种经营,使群众既有眼前利益可得,又有长远利益可盼;三是有利于安排农村剩余劳力,进行必要的劳动积累;四是有利于重点流域治理与面上小流域治理紧密结合,加快建设速度,保证治理质量,巩固治理成果。"❸

　　但是,户包小流域治理在发展过程中也出现了一些问题。"黄土高原户包治理小流域的生产责任制蓬勃发展,水土保持工作进展迅速,形势很好,但做水土保持工作的各有关部门之间缺乏必要的协调。比如,种草形成植被是保持黄土高原水土的重要工作,然而这项工作管理

---

❶ 贺玉邦:《陕北治沟骨干工程施工和管护的几种承包形式》,载《人民黄河》,1988 年第 6 期。

❷ 张进兴:《黄河流域黄土高原水土保持实行以户承包　种草种树年进度比过去加快三倍到五倍以上,去年到今年上半年种草造林面积近 1 400 万亩》,载《人民日报》,1983 年 10 月 8 日第 1 版。

❸ 《依靠群众治理黄河的新经验》,载《人民日报》,1983 年 4 月 19 日第 1 版。

比较混乱。陕西与山西的许多县，水保、畜牧与农业三个部门都管种草，又互不通气，各有各的工作计划与经费来源，各搞各的种籽基地。1983年，榆林地区的水保、畜牧、农业各家因为争相采购草籽，互相抬价，致使农民采青（没成熟的种子），使草籽发芽率降低。这一地区林牧矛盾比较普遍。如山西兴县畜牧部门花了三十万元在双双山进行飞播种草和围栏，而林业部门却在上面挖鱼鳞坑造林。离石县关帝山有三万亩亚高山草地，历来为夏季牧场，林业局却在上面造林，十多年未成林，又开了几千亩种油料作物，引起水土流失。"❶许多地方还出现了技术指导、服务体系跟不上，治理质量差、效益低和包而不治等问题。

针对户包小流域治理出现的问题，1985年6月，中共中央书记处农村政策研究室和全国水土保持工作协调小组在郑州召开黄河中上游水土保持工作座谈会，会议指出："对户包治理责任制要加强科学指导，坚持按能承包，搞好治理规划，进一步落实各项政策，既注意生态效益，又注意经济效益，由过去单纯治理转向既重视治理，又重视开发，以开发促治理。在巩固、完善户包治理责任制的同时，还要帮助这些地区调整好农业生产结构，提高农田基本建设水平，积极稳妥地开展退耕还林还牧，并坚持生物措施和工程措施一齐抓，以工程养生物，以生物保工程，充分发挥治理的效益。"❷随后，黄河流域各省开展了有计划地复查整顿工作。经过整顿呈现出了稳定发展的好势头。据统计，"到1989年底，晋、陕、蒙、甘、宁、青6省（区）小流域治理承包户248.95万户，同1986年的大发展阶段相比，仅增加1.04%。承包面积7 437万亩，户均30亩左右，承包户基本稳定。1989年底共治理3 522万亩，占承包面积的47.4%，其中大部分承包户的小流域沟道和坡面都得到了初步治理，基本农田产量增产一倍以上，经济林木已进入结果期，开始

---

❶ 方正三：《黄土高原水土保持工作亟待协调》，载《人民日报》，1985年3月16日第3版。

❷ 陈开印、袁定乾：《推广户包治理责任制加快水土保持工作速度 黄河中上游千家万户治理千沟万壑 七省、区的百分之三十七的农户共承包治理小流域八千万亩》，载《人民日报》，1985年7月5日第1版。

收到效益,由前期治理为主转入加强管护和发展商品生产为主的新阶段。"❶黄土高原的水土流失量大面广,情况复杂,自然条件很差,经济基础薄弱;同时,治理措施中有些质量不高,效益不显著;许多地方边治理边破坏现象还相当严重。因此,防治水土流失的任务还是长期的、艰巨的。

三、水土流失重点区域治理的起步

长期的治河实践告诉人们,解决黄河问题的根本出路在于治理黄河中、上游水土流失。然而,黄土高原水土流失面积四十三万平方公里,治理从何处入手呢? 1979 年,清华大学教授钱宁提出,应该把粗泥沙来源区的治理作为治黄的首要任务。据他调查,"在黄河下游河道淤积的泥沙中,直径大于零点零五毫米的粗颗粒泥沙占一半以上。这些粗泥沙主要来自中游河口镇至延水河的两岸支流和白于山河源区,其中百分之六十的粗泥沙来自五万平方公里的范围内,百分之八十的粗泥沙来自十万平方公里的范围内。他们建议,在十万平方公里的粗泥沙区,采取集中力量打歼灭战的办法,首先治理皇甫川、窟野河等几条多粗泥沙的支流。"❷为了治理黄河中游水土流失重点区,促进当地经济社会的发展,1982 年 8 月,在全国第四次水土保持工作会议上,水利电力部长钱正英提出:"中央一级原来商定七个重点,即黄河中游的皇甫川、三川河、无定河,海河的官厅水库上游,辽河的支流柳河,南方的江西兴国县和湖北葛洲坝库区……列为重点的也不能由国家包办,仍应以自力更生为主,国家只能给以少量补助,主要的是加强规划和技术指导。"❸把黄河中游的皇甫川、三川河、无定河放在中央重点治理水土流失区的首位,可见国家对治理黄河中游水土流失重点区域的高度

❶ 水利部黄河水利委员会编:《人民治理黄河六十年》,黄河水利出版社,2006 年 10 月第 1 版,第 281 页。

❷ 陈保廉:《怎样加快治理黄河的步伐? ——黄河中下游规划学术讨论会侧记》,载《人民日报》,1979 年 11 月 30 日第 2 版。

❸ 《钱正英同志向万里副总理的汇报提纲》,《当代中国的水利事业》编辑部编印《历次全国水利会议报告文件(1979—1987)》(内部发行),1987 年,第 301 页。

重视。但是,由于国家财力有限,投入治理资金少,无法开展大规模的治理,在改革开放初期黄河中游水土流失重点区域的治理还处在起步阶段。

在黄河中游水土流失重点区域被确定为中央重点治理水土流失区域后,当地党委和政府高度重视,积极领导当地群众对水土流失重点区域开展小流域治理,收到了良好效果。"根据小流域治理经验,在国家支持下,1983年又开展了无定河、三川河、皇甫川、定西县等四个重点支流和地区的集中治理,四个地区总面积 422 710 平方公里,1983年和1984年分别完成初步治理面积 1 539 平方公里和 10 904 平方公里,年治理进度分别达到 4.8% 和 5.9%,为大面积开展水土保持,加快治理,提供了经验。"❶其中,黄河中游无定河的水土流失治理效果最为显著。"无定河是黄河中游水土流失严重的一条支流,流域面积三万多平方公里,其中水土流失面积达二万三千多平方公里,占总流域面积的76.5%,因为水土流失严重,被列为重点治理区。在各级党政领导下,依靠群众与科技人员,采取大面积造林种草、建设基本农田与打坝、拦泥、蓄洪相结合的综合治理方法进行治理,至 1982 年人均造林种草达三至十五亩,基本农田一亩多,不仅对增加林牧业生产与改善当地生态环境起了很大作用,而且对减少输入黄河的泥沙也有显著效果。据有关水文站观测,治理前的 1952—1960 年,无定河每年输沙量平均为二点五亿吨;1971—1980 年间,因水土保持起了作用,平均每年输沙量不到一亿吨,减少了 62.4%。每年输入黄河的泥沙减少一点五亿吨,相当于黄河年输沙量的十分之一。"❷虽然,由于国家投入资金有限,黄河流域水土流失重点区域的治理在改革开放初期还处于起步阶段,但是它抓住了水土保持工作的重心,为后续治理指明了正确的方向。将近半个世纪的黄河水土保持工作,起伏跌宕,时断时续,直到改革开放以后有了扎实稳定的持续发展。据 1990 年统计,"当时除无定河、三川河、皇甫川和定西县 4 个国家重点治理区外,全河有综合治理的小流域

❶　钱正英:《钱正英水利文选》,中国水利水电出版社,2000年,第342页。

❷　方正三:《黄河的治本之道——水土保持》,载《人民日报》,1986年2月13日第5版。

共 2 500 多条,治理程度已达到总面积的 47.2%。当时全河共有承包治理户 250 多万户,占总农户的 24.0%;已经治理了 240 万 hm^2,占承包面积的 48%。建成治沟骨干工程 190 座,加固 78 座。三门峡以上来沙每年减少 2 亿~3 亿吨,清水河、大黑河、无定河、三川河、汾河等支流的输沙量减少了 50%。"❶

每年输入黄河的泥沙量有 70% 来自中游的黄土高原,要控制泥沙就必须控制中游地区的水土流失。然而,由于过去分散治理,各自为政,防护体系十分薄弱,一遇暴雨就被冲毁,根本谈不上综合效益,加上人为的毁林开荒一直不断,使中游地区的水土治理的进度只有 1.4%。按这种速度,即使初步治理也要 70 多年。为了加快治理步伐,1991 年国家水利部决定在位于黄土高原的陕西长武、甘肃泾川首次开展以县为单位的大面积综合治理。长武、泾川两县制定了完整的水土保持总体规划,采取先治塬面,后治沟坡,层层设防,节节拦蓄的办法,每年分春、夏、秋三季集中治理。为了在治理中调动群众的积极性,这两个县还采纳"四荒地"拍卖、建立股份制林场等办法,既使群众直接受益,又吸收了社会闲散资金。为了加强防护监督,两个县在多年建立的林业水保管理队伍的基础上组建了水土保持监督站和县人民法院水土保持法庭,对重点工程确定专人管护;对幼林区封山管理;在水保工程竣工后,由乡村和农户签订管护合同。经过 5 年的努力,到 1996 年,长武、泾川的水土流失面积 80% 以上得到治理,拦水效益、减沙效益、林草覆盖都比过去增长了 1 倍左右。

四、水土保持工作中存在的问题

改革开放初期,在中国共产党的领导下,依靠当地群众,经过艰苦的努力取得了很大的治理成效。"截至 1989 年,黄土高原地区初步治理水土流失面积 11 万平方千米,重点治理小流域 2 000 多条,集中治理 30 000 多平方千米,涌现出上千处治理较好的典型。水土保持工作

---

❶ 黄河水利委员会老科协:《关于黄河水土保持方略问题的思考》(1996 年 4 月),黄河水利委员会档案馆藏,档案号 T1-3-162。

的进展促进了农牧业生产发展，不少地区初步解决了温饱问题。根据不同类型地区梯田、坝地、小片水地等耕地的实际平均产量核算，水土流失地区现有基本农田年增产粮食约 48 亿公斤，相当于 2 400 万人一年的口粮。黄河中、上游地区水利建设和水土保持的开展，特别是建成了大批淤地坝和支流水库，减少了进入黄河的泥沙。据综合分析结果，1970 年以来，河口镇年平均来沙量减少约 0.5 亿吨，河口镇至三门峡区间年平均来沙量减少约 2 亿吨，占三门峡以上年平均来沙量的 15%左右。大支流来沙量明显减少的有无定河、汾河，年平均入黄泥沙减少50% 左右。"❶

　　虽然，黄河中、上游水土保持工作取得了很大成效，但也一直存在边治理边破坏的现象。边治理边破坏现象之所以一直存在，与经济社会的发展紧密相关。改革开放之初，为了改变贫苦面貌，黄河中、上游地区群众砍伐树木、铲草积肥、开荒扩种，造成新的水土流失。为了做好水土保持工作，1982 年国务院颁布了《水土保持工作条例》，以此来保障水土保持工作的开展，边治理边破坏现象有所好转。后来，随着经济社会的发展，交通、工矿、建材等方面的开发建设，人为造成的水土流失不但触目惊心，而且有逐步增加的趋势。为了保障水土保持的质量和效果，1986 年召开的黄河中、上游水土保持委员会第二次会议上提出了"提高质量，稳定速度，突出效益，坚决保护"的指导思想。这一指导思想虽然使边治理边破坏现象受到一定的遏制，但是它着重强调经济效益，保护力度不够，导致边治理边破坏现象依然存在。"存在一些问题，如在有国家投资补助的地方工作进展得比较顺利，治理任务完成得较好，而没有国家补助的地方行动迟缓，制约人为破坏情况还没有得到有效制止，陕、蒙接壤区窟野河流域，开矿乱堆、遗弃破矿石的现象依然很突出。据 7 月 22 日暴雨洪水调查，窟野河的马家塔、活鸡兔等地

---

❶　黄河水利委员会办公室：《流域经济发展及治黄战略》（讨论稿）（1990 年 4 月 19日），黄河水利委员会档案馆藏，档案号 W1-1990-3。

在洪水过后冲走总弃渣量的 80%,问题比较严重。"❶ 1991 年 6 月 29
日,第七届全国人民代表大会常务委员会第 20 次会议通过了《中华人
民共和国水土保持法》,为运用法律手段遏制边治理边破坏现象提供
了法律依据。但是,仅仅依靠法律手段还不能从根本上遏制边治理边
破坏现象。水土保持本身是贫穷的产物,水土保持措施能够使当地群
众致富。由于黄河中、上游水土流失地区普遍落后,仅靠当地群众自力
更生完成水土保持是不可能的,需要国家加大资金投入,可在改革开放
初期投入资金却在削减。要想消除边治理边破坏现象,只有中央政府
加大扶贫资金投入,帮助当地人民群众真正脱贫致富,他们才不会以造
成新的水土流失为代价发展经济,才会全身心投入到水土保持工作中,
保护自己美丽的家园。

第四节　改革开放初期水资源的开发利用

一、黄河水资源开发利用面临的形势

改革开放前,黄河水利委员会在"根治黄河水害,开发黄河水利"
的总目标下,在国家的统一规划下,黄河水利水电资源得到了开发和利
用。但也存在管理不善、用水浪费的问题。"现有的自流大型灌区,大
部分存在用水量偏大,不仅降低了灌溉的增产效益,不少地方还加重了
涝碱危害。其原因主要是工程配套差。例如,内蒙古河套灌区,干、支
渠配套占 40% ,斗、农、毛渠配套的只占 13% ,黄河下游引黄控制灌溉
面积 2 830 万亩,三级渠道配套的仅 640 万亩,四级渠道配套的只有
250 万亩。内蒙古河套灌区生产一斤粮食用水 3 立方米,宁夏引黄灌
区生产一斤粮食用水 2.5 立方米,下游引黄灌区生产一斤粮食用水
1.5 ~ 2 立方米,而工程比较完善,管理较好的渭北台塬区,生产一斤粮

---

❶　黄河水利委员会水保处:《黄河流域 1989 年上半年水土保持工作开展情况的汇报》
(1989 年 8 月),黄河水利委员会档案馆藏,档案号 T2-1-15。

食只用0.3立方米水。"❶这充分说明,搞好工程配套,改善管理,节约用水,提高灌溉增产效益的潜力是很大的。

黄河是中国西北、华北地区最重要的水资源,加快黄河水资源综合开发利用的进程,对促进社会经济发展有极其重要的意义。十一届三中全会后,随着经济社会的迅速发展,黄河流域和流域外工农业开发及城市发展对利用黄河水资源提出了更高要求。而改革开放初期黄河水量调节程度低,用水缺乏保证,使水资源供求矛盾更加尖锐。"现有干、支流水库的蓄水库容共110亿立方米,只相当于黄河年径流量的20%,而且主要在上游河段。中、下游的干、支流上都缺乏蓄水调节工程,枯水季节用水没有保证。七十年代以来,随着灌溉引水量的增加,河口镇五、六月份的流量已有小于100立方米每秒的情况;下游利津站更是年年出现断流;泾、洛、渭、汾、沁河等支流,当地径流贫乏,现有灌区的需水量远大于实际可能的供水能力,每年五、六月份,实际引水量一般只有需水量的40%~50%,支流的下段经常断流。"❶但是,改革开放初期,由于国家压缩了治理黄河的投入资金,不可能修建大型的蓄水调节工程来调控黄河水资源从而加以利用。面对这些情况,黄河水利委员会充分发挥当时已有水利工程的效益,搞好工程配套,改善管理,节约用水,以满足黄河流域及流域外工农业发展和城市生活用水的需求。

二、黄河水资源开发利用的力度加大

改革开放初期,国民经济的全面发展对水资源提出了新要求,使水资源的综合开发出现了一些新矛盾。特别是随着工农业的发展,在北方缺水地区,工农业用水的矛盾越来越大,客观上要求扩大黄河供水的规模和范围。"黄河又是我国西北和华北重要水源,这里农业的稳产高产和畜牧业、林业的发展,城市工业建设和人民生活用水大部依赖黄

---

❶　黄河水利委员会:《黄河流域各省(区)利用黄河水资源规划及供需关系报告》(1983年4月),黄河水利委员会档案馆藏,档案号 A0-4(1)-22。

河供给。流域内已建成五万亩以上灌区二百多处,发展灌溉面积六千多万亩,其中豫、鲁两省引黄抗旱灌溉面积已达二千多万亩。沿黄各省要求进一步扩大引黄淤灌面积。沿黄城市和工业用水也在日益增加,内蒙、陕北、晋西北、河南煤炭基地建设,中原和胜利油田开发,北京、天津、青岛,以及河北的邯郸、邢台、石家庄等城市,都要求黄河供水。目前枯水期供水已十分紧张,扩大供水范围将使供需矛盾将更加尖锐,必须提高调节能力,控制和利用洪水。"❶

黄河流域内水资源利用规模随着黄河流域经济社会的发展迅速扩大。"随着工农业生产的发展和人口的增加,黄河流域用水量急剧增长,1949 年全流域耗水量为 72.4 亿立方米,1980 年达到 270 亿立方米,80 年代后期以来年均耗水量超过 310 亿立方米。"❷特别是山东利用黄河水资源成绩显著,引黄灌溉用水量增长很快,促进了当地农业快速发展。"地处黄河沿岸的鲁西北地区,降雨偏少且分布不均,地下水源不足,干旱对农作物生长影响很大。引黄灌溉是这一地区发展农业生产的一大优势。国家在近 10 年内对引黄渠道工程投资 7 020 万元,新建、改建引黄闸 26 座,虹吸管 32 条,总引水能力达到 2 150 立方米每秒,万亩以上的引黄灌区发展到 62 处,其中百万亩以上的大型灌区就有 5 处。10 年来,全省连续干旱,平均每年引黄河水 69 亿立方米,灌溉 2 500 万亩耕地,促进了粮棉大幅度增产。鲁西北五地(市)(菏泽、聊城、德州、惠民地区和东营市)小麦单产由 100 多公斤提高到 250 公斤以上,棉花单产也由 15 公斤提高到 70 公斤左右,引黄灌溉年总效益达到 4 亿多元。农民群众高兴地说:'粮棉增产两件宝,一靠党的政策好,二靠黄河水来浇。'"❸到 1989 年底,黄河下游河南、山东两省引黄水量达 154.4 亿立方米,为 1965 年黄河下游复灌以来的最高纪录。

---

❶ 刘连铭:《锐意改革 开拓前进 加快治理和开发黄河的步伐》(1985 年 1 月 19 日),黄河水利委员会档案馆藏,档案号 3-1985-184y。

❷ 王慧敏:《黄河,正带给我们断流的现实,同时又给我们大汛的担忧——黄河会变成内流河吗?》,载《人民日报》,1996 年 5 月 8 日第 2 版。

❸ 司毅民:《山东利用黄河水资源成绩显著 灌溉面积比十年前翻了一番》,载《人民日报》,1988 年 11 月 19 日第 2 版。

其中,河南引水 31.1 亿立方米,山东引水 123.3 亿立方米。

与此同时,为了解决天津、青岛等华北大中城市供水的紧张局面,黄河水大量输往华北地区,解决了当地缺水问题,促进了华北地区经济社会的发展。1980 年天津市出现严重缺水,1981 年 8 月,国务院京津供水紧急会议决定从黄河引水 6.5 亿立方米,分三路输往天津。河南人民胜利渠自 1981 年 10 月 15 日开闸送水,日平均送水流量 50 多立方米每秒,至 1982 年 1 月 1 日,累计送出水量 3.5 亿立方米;山东位山、潘庄两闸也在 1981 年 11 月 27 日相继提闸送水,于 1982 年 1 月 14 日,累计送出水量 3.0 亿立方米。为了解决青岛市供水困难问题,1986 年 4 月 15 日,山东省引黄济青工程在胶县正式开工。1989 年 11 月 25 日,引黄济青工程正式通水,解决了青岛市长期水源不足的问题,也为沿线用水和高氟区人民提供了丰富的水源,为发展青岛、振兴山东经济做出了贡献。"一年来,总计从黄河引出水量 35 558 万立方米。其中向青岛棘洪滩水库供水 1.26 亿立方米,满足了青岛市工业、居民生活用水需要,以单方水产值 91 元计算,净增工业产值约 27 亿元。引黄济青工程向沿线送水 1.18 亿立方米,使高氟区 71 万人民群众喝上黄河水,工程沿线用黄河水浇地面积约为百万亩,增产粮食近亿斤。"❶

改革开放初期,经过国家对黄河水利水电资源 10 多年的大力开发,成效显著。"在黄河干流上建成了龙羊峡、刘家峡、盐锅峡、青铜峡、三盛公、天桥、三门峡等 8 座水利枢纽和水电站,支流上兴建了大中型水库 170 座。这些工程在防洪、灌溉、发电、城市供水等方面发挥了显著效益。全河灌溉面积由解放初期的 1 200 万亩发展到 8 000 万亩,建成了 30 万亩以上的大型自流灌区 8 处,万亩以上提水灌区 167 处,累计水利基建投资约 80 亿元(1980 年底统计数),为农业增产创造了条件。全流域水旱地合计生产粮食 253 亿公斤,其中水地产量 148 亿公斤,占粮食总产的 58%。同时为沿黄地区工业和城市提供了水源,

---

❶ 肖泰峰、刘北雪:《引黄济青工程一年效益显著》,载《人民日报》,1990 年 12 月 25 日第 2 版。

并多次引黄济津。目前黄河水资源利用率已达到 48%。"❶总之,在"转轨变型,全面服务"水利改革思想的指导下,改革开放初期黄河水资源的开发利用由改革开放前的主要单一满足农业用水转为满足经济社会发展多方面的需求;由主要满足流域内的用水需求转为满足流域内外的用水需求,开发利用的力度不断加强。

三、黄河水资源开发利用中存在的问题

改革开放初期,中共中央已经认识到了黄河水资源开发利用中的管理不善、用水浪费和水量调节程度低等问题,并开始采取一些措施,加以改变。为了统筹黄河上、中、下游水资源的合理利用,1984 年修订黄河规划的工作展开时,把统筹安排水资源的合理利用作为研究主要任务之一。1987 年 9 月 11 日,国务院办公厅以国发〔1987〕61 号文转发了国家计委和水电部《关于黄河可供水量分配方案的报告》,该报告经国务院原则同意,批准了南水北调工程生效前黄河可供水量分配方案。当时估算的黄河总水量是 580 亿立方米,1987 年国务院批准的黄河分水方案分了 370 亿立方米,留了 210 亿立方米是用于冲沙入海的生态用水。由于黄河水资源管理的不统一导致黄河流域各省(区)为了本地经济发展,出现了纷纷抢水现象。"黄河水量的分配,看起来好像有一个较为科学的方案。1987 年国务院根据多年平均水量 580 亿立方米,刨去冲沙所耗的 200 亿立方米,制订了一个沿黄 11 省(区)的黄河水分配方案,宁夏为 40 亿立方米,内蒙古为 58.6 亿立方米……可是什么时候引提,引提多少,管上、中游的调度委员会也好,管下游的'黄委'也好,都控制不了。缺水的时候大家抢着引提,上游的刘家峡水电站放 1 000 个流量,到中游的花园口则只剩下 100 个流量,到下游的东营市则往往所剩无几,分配给下游的水量谁也无法保证。"❷这种抢水的心态和做法使黄河水资源配置愈发失衡,加剧了缺水和用水的

---

❶　黄河水利委员会办公室:《流域经济发展及治黄战略》(讨论稿)(1990 年 4 月 19 日),黄河水利委员会档案馆藏,档案号 W1-1990-3。

❷　潘承凡、李先明:《黄河为鉴》,载《人民日报》,1996 年 5 月 6 日第 2 版。

矛盾。

随着经济社会的发展,工农业发展和城市生活用水不断增加,水资源供求矛盾不断加剧,加上改革开放初期黄河进入了枯水期,缺水问题更是雪上加霜。黄河的水量是有限的,为了保证经济社会发展的用水需求,就必须大量挤压黄河生态用水,使始于20世纪70年代初的黄河断流更加频繁出现,增加了后续治理的难度。深刻的教训告诉我们,黄河水资源的开发利用不能竭泽而渔,要有全盘的安排,长期的打算。黄河的水资源是丰富的,又是短缺的,水的供需矛盾日趋突出,国家在制定黄河水资源利用方略时,要有可持续发展理念,适度开发,注意节约与保护。

【第八章】

社会主义市场经济条件下的治黄方略与实施（1992—2011）

　　进入20世纪90年代以后，面对洪水的巨大威胁、断流危机的加剧和黄河流域水体污染恶化的"水多、水少、水脏"的问题，中共中央高度重视，江泽民亲自主持黄河治理开发工作座谈会，提出了"坚持兴利除害结合，开源节流并重，防洪抗旱并举"的治理原则，推动了黄河治理的发展。社会主义市场经济体制的建立拓展了治理黄河的融资渠道，逐步与国际市场接轨，解决了小浪底水利枢纽工程的资金和技术瓶颈，按照"上拦下排，两岸分治"的治黄方略，完成了小浪底水库建设，为"调水调沙"治黄方略的实施奠定了基础。在可持续发展水利治水新思路的引领下，社会主义市场经济条件下的黄河治理更加成熟，形成了"维持黄河健康生命"的治黄新理念，提出了"调水调沙"的治黄方略并予以实施，使黄河治理由单方面对抗治理转变为"人水和谐"的治理；黄河流域水土保持生态建设成效显著；黄河水资源的统一调度和保护日益加强。虽然，这一时期黄河治理取得了重大成就，但"水少、沙多、水沙不平衡"的问题日益突出，未来"增水、减沙、调控水沙"的任务依然任重而道远。

第一节　社会主义市场经济条件下黄河治理的历史背景

一、社会主义市场经济体制的建立推动了黄河治理

为了改变改革开放初期水利投入不足的局面,形成多渠道、多元化、多层次的水利投资体系,1992年5月26日,时任水利部部长的杨振怀在北京召开的全国水利改革座谈会上指出:"今后水利改革的主要方向,是要逐步建立水利建设的社会投入机制,大力兴办水利经济实体,探索一条水利建设、管理和水资源利用的商品化之路。"❶之后,随着社会主义市场经济体制的逐步建立,水利建设逐渐走上了市场化道路。1996年10月,国务院召开全国水利工作会议上指出:"国务院决定,建立中央和地方的水利建设基金,为增加水利建设资金开辟稳定的渠道。要适应社会主义市场经济体制,实行'谁受益,谁负担'的原则,走水利为社会、社会办水利的路子。发挥中央和地方、集体和个人几方面的积极性,按照独资、合资、股份制的方式,加快水利建设。"❷"谁受益,谁负担"的原则,推动了水利建设按照社会主义市场经济方向发展,增加了水利建设的融资渠道,使水利建设充满活力。1999年1月13日,时任国务院副总理的温家宝在全国水利厅局长会议上指出:"坚持调动全社会兴修水利的积极性,建立多层次、多渠道的水利投资体系。水利建设实行分级负责,各级财政都要优先安排水利建设资金。推进改革,建立适应社会主义市场经济要求的水利投入机制和管理机制。小型水利工程实行'谁投资,谁所有,谁管理,谁受益'。"❸社会主义市场经济条件下的水利投入机制和管理机制的逐步建立,形成了多

---

❶ 赵鹏、郑维富:《杨振怀谈水利改革方向建立社会投入机制兴办经济实体》,载《人民日报》,1992年5月29日第2版。

❷ 《大力加强水利建设》,载《人民日报》,1996年10月28日第1版。

❸ 鹿永建、江夏:《温家宝要求全面贯彻中央关于水利建设的指导思想和方针　加快以修复水毁工程和堤防建设为重点的水利建设》,载《人民日报》,1999年1月14日第2版。

层次、多渠道的水利投资体系,推动了水利建设新高潮的到来。

社会主义市场经济体制的逐步建立,推动了水利建设的大发展,使当代黄河治理迎来了快速发展的春天。社会主义市场经济条件下的水利投入机制和管理机制的建立,解决了修建小浪底水利枢纽工程的资金和技术瓶颈,加快了小浪底水利枢纽工程的建设步伐。"小浪底工程,是在改革开放逐步深入的时代背景下开工建设的,率先与国际接轨是小浪底工程的最鲜明特色。通过国际招标选择承包商,建设管理全面与国际工程管理惯例接轨,全面实践项目法人责任制、招标投标制、建设监理制,在我国利用外资、全面引进国际承包商进行施工的大型水利项目史上,小浪底工程开了先河。"❶

二、国家水利建设方针对黄河治理的影响

改革开放初期,在"加强经营管理,讲究经济效益"水利建设方针的指导下,国家水利建设取得了很大成就,促进了经济社会的发展。但由于在改革开放初期,国家水利建设资金的削减和对水利设施管护不严,20世纪90年代初,出现了水利设施老化失修,效益衰减,不能抵御较大自然灾害等问题,难以支撑经济社会的继续发展。1991年,淮河洪水和黄河断流,使中共中央和广大人民改变了改革开放初期对水利建设的认识,水利建设地位日益提高。1991年4月9日,七届全国人大四次会议通过的《中华人民共和国国民经济和社会发展十年规划和第八个五年计划纲要》指出:"要把水利作为国民经济的基础产业,放在重要战略地位。努力提高抗御洪水灾害的能力,防止水土流失。巩固和改善现有水利设施,增加农田浇灌面积。"❷并批准小浪底水利枢纽工程、万家寨水利枢纽工程和引黄入晋工程为国家"八五"期间开工兴建的重点建设项目,推动了黄河治理。

---

❶ 罗盘、陈仁泽:《安澜黄河铺展青春画卷——写在黄河小浪底水利枢纽工程竣工验收之际》,载《人民日报》,2009年4月8日第1版。

❷ 水利部黄河水利委员会编:《黄河年鉴》(1995),水利部黄河水利委员会黄河年鉴出版社,1995年12月第1版,第29页。

1994年，李鹏在全国水利工作会议闭幕会上指出，"根据洪水发生的周期性规律，我国大江大河发生大洪水的趋势严峻。我国七大江河的中、下游，人口占全国的1/2，耕地占全国的1/3，经济发达，国民经济产值在全国举足轻重。搞好大江大河的防洪，对于国家经济和社会发展意义十分重大。长江三峡水利枢纽工程进入了施工准备阶段，黄河小浪底水利枢纽工程已正式开工建设，这是治理长江和黄河有决定意义的功在当代、利在千秋的伟大工程，必须集中全力把这两件大事办好。"❶李鹏的指示有助于加快小浪底水利枢纽的建设步伐。1995年9月，中共十四届五中全会通过的《中共中央关于制定国民经济和社会发展"九五"计划和2010年远景目标的建议》把水利放到国民经济基础设施建设的首位。这是中共中央从中国经济建设和社会发展全局作出的重大战略决策。从此，国家加大了对水利建设的投资，"'九五'期间是新中国成立以来水利投资规模最大的时期，全国共完成水利基建投资2716亿元，是'八五'期间的4倍。"❷

1998年夏天，长江出现的特大洪水造成受灾面积3.18亿亩，受灾人口2.23亿人，死亡3004人，倒塌房屋685万间，直接经济损失达1666亿元。1998年的特大洪水引起了中共中央的高度重视，1998年10月，中共中央十五届三中全会系统地提出了"水利建设要坚持全面规划，统筹兼顾，标本兼治，综合治理的原则，实行兴利除害结合，开源节流并重，防洪抗旱并举。当务之急要加大投入，加快长江、黄河等大江大河大湖的综合治理，提高防洪能力"的中央水利工作方针。中央水利工作方针强调了大江大河治理的紧迫性，推进了黄河治理工作。

水利部在落实中央水利工作方针中，按照可持续发展的要求，逐步形成了可持续发展水利的治水新思路。2003年水利部对可持续发展水利的治水新思路进行了系统总结，归结为：在治水中坚持人与自然的

---

❶　刘振英、鹿永建、郑庆东：《李鹏在全国水利工作会议闭幕会上强调要从战略高度重视水利建设　朱镕基主持会议广东甘肃四川省领导在会上发言》，载《人民日报》，1994年9月22日第1版。

❷　王慧敏、张毅：《全国水利规划计划工作会议提出，水利发展要适应经济社会发展的需求》，载《人民日报》，2001年2月22日第5版。

和谐相处；注重水资源的节约、保护和优化配置；逐步建立水权制度和水市场；建立与市场经济体制相适应的水利工程投、融资体制和水利工程管理体制；建立水资源统一管理体制；以及水利信息化带动水利现代化。可持续发展水利的治水新思路符合社会主义市场经济条件下中国的国情、水情，符合时代发展的要求。可持续发展水利的治水新思路使治黄理念由"人定胜天"与水抗争的理念，转为人水和谐的治黄理念，形成了"维护黄河健康生命"的治黄新思路。

三、黄河治理面临的新形势

黄河断流危机非常严重。改革开放以来，黄河进入了连续枯水期，黄河来水量减少是黄河断流的自然原因。"黄河径流年际变化具有连续丰水或连续枯水的特点。1969—1980 年曾出现历时十几年的枯水时段，从 1986 年到现在又是一个连续枯水期。据黄河山东河务局高村水文站观测，1995 年 1—6 月，来水量只有 66 亿立方米，比多年平均值少 45%。黄河径流年内分配又具有夏秋季水丰、冬春季水枯的特性。降雨主要集中在 7—10 月，径流量的 60% 也集中在 7—10 月（有可能大汛）；3—6 月只占全年径流量的 22%。而 3—6 月正是灌溉用水的高峰期，沿黄各地一拥而上大量引水抗旱，黄河便显得入不敷出。"❶但是，造成黄河断流最重要的原因是，随着工农业生产的发展和人口的增加，黄河流域用水量急剧增长，长期引水无序，生态环境用水量被挤占，导致进入 20 世纪 90 年代后，断流危机非常严重。"河川径流的过量开发，导致黄河干流和部分支流的生态环境用水量被挤占。1972 年至1999 年 28 年间，黄河下游 22 年出现断流。最下游的利津水文站累计断流 82 次，1 070 天。尤其是进入 90 年代，几乎年年断流，断流最严重的 1997 年，断流时间长达 226 天，断流河长达到开封。据对 20 世纪 90年代统计，黄河下游被挤占的生态环境用水量达到 61 亿立方米。河道内生态水量不足，导致河道淤积，二级悬河加剧，水环境恶化等一系列

问题。"❶

洪水威胁依然是国家心腹之患。"黄河难治,根在泥沙"淤积在河床的大量泥沙,需要一定量的黄河水冲刷。但是,从1986年到1999年,由于降雨偏少,工农业用水增加以及水库汛期蓄水等原因,"冲沙水"大量减少,下游河道主河槽淤积严重。由于黄河泥沙淤积问题难以解决,下游地上"悬河"的局面将长期存在,特别是"二级悬河"的迅速发展使主河槽萎缩加剧,过洪能力下降,极易出现"斜河""滚河""横河",加之河道整治工程不够完善,中小洪水情况下也有溃决的可能。1996年8月,黄河洪水出现的"小流量、高水位、大漫滩"的现象就是例证。

水土流失及水污染尚未得到有效遏制。黄河中、上游黄土高原地区自然环境恶劣,长期以来国家水土保持资金投入不足,导致水土保持治理速度缓慢。随着黄土高原地区人口的增长和生产建设活动的不断扩大,新的人为的水土流失仍在增加。黄河流域水污染随着经济社会的发展不断加剧。"20世纪90年代与80年代相比,平均排入黄河的废污水量增加了1倍,达到42吨,黄河水质呈急剧恶化之势。1999年初,黄河潼关以下河段发生了严重的水体污染,造成了一些城市的供水困难,给沿岸人民群众的生活和生产带来了极大危害。黄河水质不断恶化,大大加剧了黄河水资源的紧张程度。"❷

四、黄河治理思路的新发展

面对洪水的巨大威胁,断流频繁出现和黄河流域水体污染恶化的"水多、水少、水脏"的黄河水情变化,黄河水利委员会按照国家水利建设方针,结合黄河水情变化,不断发展和完善治理黄河的思路。黄河出现的新问题引起了党和国家领导人的高度重视和深刻思考。1998年11月,时任国务院副总理的温家宝在黄河水利委员会考察期间,明确

---

❶ 黄河流域(片)水资源综合规划编制工作组:《黄河流域水资源综合规划报告》(初稿)(2007年11月),黄河水利委员会档案馆藏,档案号1-2007-644。

❷ 李国英:《治理黄河思辨与践行》,中国水利水电出版社,2003年,第24页。

指出,要围绕解决防洪、断流缺水、生态环境三个方面,抓紧开展黄河重大问题与对策的研究。为了解决黄河存在的断流加剧、洪水威胁、水土流失和水污染严重等问题,1999年6月21日,江泽民在郑州主持召开黄河治理开发工作座谈会上指出,"今后黄河的治理开发原则是:黄河的治理开发要兼顾防洪、水资源合理利用和生态环境建设三个方面,把治理开发与环境保护和资源的持续利用紧密结合起来,坚持兴利除害结合,开源节流并重,防洪抗旱并举;坚持涵养水源、节约用水、防止水污染相结合;坚持以改善生态环境为根本,以节水为关键,进行综合治理;坚持从长计议,全面考虑,科学选比,周密计划,合理安排水利工程。要制定黄河治理开发的近期目标和中长期目标,全面部署,重点规划,统筹安排,分步推进,以实现经济建设与人口、资源、环境的协调发展。"❶

遵照中央领导的指示精神,黄河水利委员会先后向国务院上报了《黄河的重大问题及其对策》和《关于加快黄河治理开发若干重大问题的意见》。根据国务院第116次总理办公会议精神,编制提出了《黄河近期重点治理开发规划》。2002年7月,国务院以国函〔2002〕61号批复,原则同意《黄河近期重点治理开发规划》。具体的治理思路为:一是防洪减淤的基本思路。"上拦下排、两岸分滞",控制洪水;"拦、排、放、调、挖",处理和利用泥沙。二是水资源利用及保护的基本思路。开源节流保护并举,节流为主,保护为本,强化管理。三是水土保持生态建设的基本思路。防治结合,保护优先,强化治理。进入社会主义市场经济以前,国家黄河治理的主要任务是解决下游的防洪问题。《黄河近期重点治理开发规划》的批复与实施表明,随着经济社会的迅速发展,国家已经认识到了水资源和水环境问题,并把它作为黄河治理的内容,是当代黄河治理进程中的重要发展,为黄河治理开发带来了新的发展机遇。

《黄河近期重点治理开发规划》主要是针对黄河防洪、断流缺水、生态环境等问题,而提出的对策性研究。虽然它把水资源和水环境问

---

❶ 江泽民:《江泽民文选》第2卷,人民出版社,2006年,第354页。

题作为黄河治理的内容,有助于黄河治理的发展,但是缺乏对黄河治理深层次的认识,还需要进一步研究。随着可持续发展水利的治水新思路确立,人们逐渐认识到,由于长期对黄河水资源采取了一味索取的过度开发,置黄河的健康生命于不顾,造成了断流频繁、主河槽萎缩和水体污染加剧等问题,黄河已面临日益严重的生存危机。"说实在的,1987年国务院批准的黄河分水方案分了370亿立方米,留了210亿立方米,就是用于冲沙入海的。这几年尽管黄河的水非常枯,也断流了,但是哪一年下游灌区少用水了,哪一年下游灌区的粮食没有丰收? 这种丰收是建立在黄河断流的基础上获得的。尽管黄河来水比较枯,但是工业、农业和其他部门的用水指标一点没有少,以牺牲了黄河的生态、恶化了黄河的河槽形态为代价换来工农业生产的发展。"❶

面对严峻的现实,治黄工作者开始重新审视人水和谐相处的重要性。一条河流生命终结必将导致流域内所有生命系统的衰亡。鉴于历史上塔里木河流域罗布泊、楼兰古城和无定河边统万城等悄然消失的悲剧,按照可持续科学发展观和新时期治水思路的要求,黄河水利委员会借鉴国内外河流开发治理的历史经验,结合黄河面临的实际情况,提出了"维持黄河健康生命"的治黄理念,并把其作为黄河治理开发与管理的终极目标。该目标将通过九条治理途径来实现,这九条途径的核心在于解决黄河"水少""沙多"和"水沙关系不协调"的问题,以及如何保持以黄河为中心的河流生态系统良性发展问题。"必须要说明,黄河养育了中华民族,哺育了民族的成长,一代一代炎黄子孙吃着母亲的乳汁长大,到如今把母亲的乳汁都喝干了,还要喝母亲的血,还让母亲活吗? 现在就是要维持黄河的健康生命,维护黄河的尊严! 什么都有生命的底线,黄委为什么把维持黄河健康生命作为黄河治理的终极目标,坦率地讲,黄河也是有生命的,不要以为摧残完了,吃干榨尽,为你的幸福服务了,那就是好的,要是把这个生命忽略了,到头来要受到

---

❶ 李国英:《黄河水沙调控体系建设的若干重大问题——在黄河水沙调控体系建设专家研讨会结束时的讲话》(2004年12月19日),黄河水利委员会档案馆藏,档案号 W1-2005-0032D。

黄河的惩罚。"❶"维持黄河健康生命"的治黄理念是科学发展观和可持续发展水利的治水新思路的具体体现。它的提出标志着黄河治理思路的转变:由过去的人定胜天转向尊重自然;由人和水的抗争转向相互依存;从单一的索取转向在开发利用中更注重保护。"调水调沙"的治黄方略是实现"维持黄河健康生命"目标的途径,它既保证了黄河安澜,又实现了黄河不断流,成为社会主义市场经济条件下治理黄河的方略并得以实施,取得了很好的成效。

第二节　小浪底水利枢纽工程的兴建

小浪底水库是"上拦下排,两岸分滞"治黄方略的标志性工程。由于改革开放初期,国家削减黄河治理的资金,小浪底水利枢纽工程迟迟不能上马。随着社会主义市场经济体制逐步建立,使中国市场逐渐与世界市场接轨,为小浪底水利枢纽工程拓展了融资渠道;加强了技术合作,解决了技术的短板;借鉴了先进的管理经验,调高了工程建设的管理水平,推动了小浪底水利枢纽工程建设进程。按照施工计划,小浪底水利枢纽工程建设计划总工期为 11 年,施工准备 3 年,主体工程工期8 年。

一、施工准备阶段的工程建设

根据国家批准的工程设计,小浪底水利枢纽工程概算投资为347.46 亿元。在当时国家财政状况下,完全由国家财政拨款难度较大,为了引进国外资金和先进的工程施工技术及管理经验,促进工程的实施,国务院于 1990 年正式批准利用世界银行贷款兴建小浪底水利枢纽工程。随后,世界银行官员及邀请的专家先后对小浪底水利枢纽工程进行了多次考察。1992 年 12 月,以古纳先生为团长的 17 位专家组

---

❶ 李国英:《黄河水沙调控体系建设的若干重大问题——在黄河水沙调控体系建设专家研讨会结束时的讲话》(2004 年 12 月 19 日),黄河水利委员会档案馆藏,档案号 W1-2005-0032D。

成的世界银行专家团,在河南郑州市分别就工程的国民经济效益、枢纽技术问题及标书、工程建设等7个方面的问题进行了仔细的评议,并赴现场实地考察了准备工程的进展及移民试点新村。1994年4月,小浪底水利枢纽工程项目贷款获世行董事会批准,整个工程计划利用外资10多亿美元。按照世界银行采购导则的要求,利用世界银行贷款,必须在世界银行成员国范围内,就贷款项目进行国际招标。1994年7月16日,黄河小浪底水利枢纽工程国际招标合同在北京签订,合同中标价73亿多元人民币。小浪底水利枢纽工程耗资巨大、技术复杂,单靠中国去完成,面临着资金和技术的难题,成功引进外资并进行工程国际竞争性招标,弥补了资金不足,为引进先进施工设备和技术铺平了道路。

在引进外资并进行工程国际竞争性招标的同时,小浪底水利枢纽前期工程全面展开。从1991年9月开工以后,22平方公里的施工区内已聚集了来自全国的10多支施工队伍,9 000余人,900台(套)大中型设备,工程进展迅速。截至1992年7月底,"累计完成投资1.6亿元,完成土石方300多万立方米。南北岸对外公路和5条场内干线道路的部分路基已形成,为工程配套服务的黄河大桥正在加紧施工。现场办公室对前段工作中存在的问题,逐项进行了讨论研究,提出了解决办法。"❶随后,国家加大了前期准备工程的资金投入,加快了工程进度。到1993年6月,"已完成投资5亿多元、土石方总量1 200多万立方米、混凝土浇筑近5万立方米。经广大建设者们的奋战努力,黄河南北两岸主要施工区已实现双电源、双回路供电。工区3个供水系统,均已形成并供水。工程对外公路,除局部地段外,路基均已筑成。泥结碎石路面进入试验性施工,南北两岸对外公路混凝土路面浇筑已完成总量的一半。工区黄河公路大桥施工进展比计划提前两个月,10月可望竣工通车。工程通信与水利专网联网后,又增设了卫星通信和240门程控电话,微波通信系统正在建设之中。前期工程完全可以实现'3年

---

❶ 李杰:《根治黄河下游水患,开发黄河水利资源,小浪底水利工程进展顺利》,载《人民日报》,1992年8月13日第2版。

准备,2 年完成'的目标。"❶1994 年 4 月 8 日,小浪底水利枢纽前期准备工程经过验收,除完成"四通一平"等各项施工准备工程,施工区移民 1.05 万人已得到妥善安置,水库开发性移民工作已开始进行,为小浪底水利枢纽主体工程正式开工创造了条件。

二、小浪底水利枢纽主体工程的建设

1994 年 9 月 12 日,李鹏亲临小浪底水利枢纽工程施工现场宣布:小浪底水利枢纽主体工程正式开工,从此小浪底水利枢纽工程的建设进入了新的阶段。由于在小浪底水利枢纽主体工程的施工建设中,一切按合同办事,采取机械化操作,使小浪底水利枢纽主体工程的建设提前高质量完成。"对青涩的中国水电建设者们来说,小浪底是热火朝天的工地,更是学习的课堂。作为业主,小浪底水利枢纽建设管理局,以国际通用的权威文件菲迪克合同条款作为工程施工和技术规范的唯一准则,从工程招标开始,合同条款和技术规范的制定、合同的签订、阶段计划完工,直至工程竣工,合同的执行贯穿全过程。小浪底工程规模宏大,施工强度高,动工伊始就摈弃了落后的生产工具和惯用的人海战术,引进了当时世界上最先进的大型机械,搞联合施工,实现了我国水电工程建设生产力的一次飞跃。"❷1997 年 10 月 12 日,小浪底水利枢纽工程已具备截流条件。"小浪底工程自开工以来,已累计完成投资 125 亿元,土石方开挖 4 604 万立方米,填筑 2 118 万立方米,混凝土浇筑 156 万立方米。目前,一标右岸主坝已填筑至 247 米高程;截流戗堤已于 9 月 25 日开始向河中预进占,250 米宽的河面已缩窄到 106 米。二标的引水渠和泄水渠围堰正在拆除;截流关键工程 3 条导流洞衬砌、固结灌浆,及 1 号、2 号消力塘均已完成。"❸1997 年 10 月 28 日,小浪底水利枢纽工程顺利实现大河截流。2000 年 11 月 30 日,历时 6 年,比

---

❶ 李杰:《黄河小浪底水利枢纽加快建设前期工程已完成投资 5 亿多元,部分主体工程提前施工》,载《人民日报》,1993 年 6 月 9 日第 1 版。

❷ 罗盘、陈仁泽:《安澜黄河铺展青春画卷——写在黄河小浪底水利枢纽工程竣工验收之际》,载《人民日报》,2009 年 4 月 8 日第 1 版。

❸ 王爱明:《小浪底工程已具备截流条件》,载《人民日报》,1997 年 10 月 12 日第 1 版。

合同工期提前 13 个月,大坝主体全部完工。2000 年 1 月 9 日首台机组投产,2001 年 12 月最后一台机组如期并网发电。

三、正确看待小浪底水利枢纽工程兴建的意义

一方面,我们应该看到,小浪底水利枢纽工程兴建,在治黄进程中有重大意义。从 2001 年开始,小浪底水利枢纽工程经过 8 年运用后,发挥了巨大的综合效益。"小浪底水利枢纽工程让黄河安澜,下游防洪标准由 60 年一遇提高到 1 000 年一遇;让沿黄人民受益水利之福,自下闸蓄水至 2008 年底,累计向下游供水 1 873 亿立方米,实现跨流域供水;让黄河下游生态环境恢复和改善,9 年来黄河没再断流。"❶另一方面,对"小浪底一库定天下,下游可以松口气"的思想要有正确认识。黄河是世界上最复杂、最难治的河流,黄河治理绝不能靠小浪底水利枢纽工程"一库定天下"。因为小浪底水利枢纽工程的建成,水患依然存在。"小浪底建成后黄河的防洪能力从 60 年一遇提高到 1 000 年一遇,是指小浪底以上河段如果出现 1 000 年一遇的洪水,通过小浪底的控导,不致当河水暴涨时直接漫过堤顶,造成漫决。但是小浪底以下的暴雨洪水仍然不能控制。1958 年的那次大洪水,通过郑州花园口观测站的洪峰总流量是 2.23 万立方米每秒,而小浪底到花园口之间几条支流汇入的流量就高达 1 万立方米每秒。1996 年,黄河再次出现险情,黄河滩区普遍受淹,而这时花园口站的洪峰流量只有 7 600 立方米每秒。此外,截流后,黄河'善徙、善变'的特性并没有从根本上改观,黄河下游依然是地上悬河,中常洪水造成冲决大堤,或因动物凿通而使堤坝溃决的危险仍然存在。"❷所以,要客观认识小浪底水利枢纽工程建成的意义。治理黄河任重道远,小浪底水利枢纽工程的建成不是黄河治理的"终点站",而是黄河治理新阶段的开始,为"调水调沙"治黄

---

❶　罗盘、陈仁泽:《安澜黄河铺展青春画卷——写在黄河小浪底水利枢纽工程竣工验收之际》,载《人民日报》,2009 年 4 月 8 日第 1 版。

❷　王慧敏:《截流有尽时　治黄无穷日——小浪底工程访谈录》,载《人民日报》,1998 年 2 月 9 日第 9 版。

方略的实施奠定了基础。小浪底水利枢纽工程投入运营后,在水资源的统一调度下,黄河水利委员会开始利用小浪底水库进行调水调沙试验,开始了新的探索。

第三节 "调水调沙"治黄方略的形成与实施

一、"调水调沙"治黄方略的形成

黄河复杂难治的症结在于水沙关系不协调,黄河自古以来水沙关系就不协调,过去的不协调是被到处漫溢的情况遮盖了。所以,新中国成立初期,治黄工作者认为治理重心应该是防御洪水,试图用"蓄水拦沙"方法一举解决问题,但三门峡水利枢纽工程的失败证明这样的认识是错误的。在总结三门峡水利枢纽工程的失败教训中,人们认识到黄河的主要矛盾是水沙关系不协调。治黄工作者在三门峡水利枢纽改建过程中,逐渐认识到调水调沙是治理黄河的有效途径。"三门峡水库自1973年以来,实行了'蓄清排浑'的运用方式,取得良好效果,不仅能长期保持一定的有效库容,满足综合利用要求,而且增加了下游排沙入海的比例,河道淤积有所改善。三门峡水库的初步实践说明,黄河上修水库,不仅能进行水量调节,而且对泥沙也能调节。"[1] 1986年5月,黄河水利委员会主任王化云在《辉煌的成就 灿烂的前景》一文中提出:"根据'拦''用''调''排'四套办法,采用系统工程的方法,统筹规划,综合治理,统一调度,黄河就能够实现长治久安,逐步由害河变为利河。"[2]其中,"调"就是调水调沙。当时,调水调沙是一种新的治河思想,问题较复杂,还处于发展阶段。

1997年完成的《黄河治理开发规划纲要》,在减淤方面提出了"拦、

---

[1] 黄河水利委员会编:《王化云治河文集》,黄河水利出版社,1997年6月第1版,第499-500页。

[2] 黄河水利委员会编:《王化云治河文集》,黄河水利出版社,1997年6月第1版,第560页。

排、放、调、挖"综合处理泥沙的基本思想。但这一思想没有得到中央政府的确认,没有付诸实施。随着经济社会的迅速发展,黄河断流日益加剧,水沙关系不协调的关系更趋严重。"以花园口站为例,从1919年到1985年,汛期进入黄河下游的年均水量是278亿立方米,年均沙量是13.5亿吨,平均含沙量48.6公斤每立方米;1985年到1999年,汛期进入黄河下游年均水量只有128亿立方米,沙量7.2亿吨,减少幅度46%,而水量由278亿立方米减少到128亿立方米,减少了54%,也就是说水量减少的幅度要大于沙量减少的幅度,结果造成黄河下游汛期的平均含沙量超过了56.5公斤每立方米,是1985年以前平均含沙量的1.2倍。"❶为了解决水沙不平衡、恶化导致严重的淤积问题,2002年7月国务院批复的《黄河近期重点治理开发规划》,明确了"拦、排、放、调、挖"处理和利用泥沙的基本思路。在"拦、排、放、调、挖"五种方法中,调水调沙是在现代化技术条件下,利用工程设施和调度手段,通过水流的冲击,将水库的泥沙和河床的淤沙适时送入大海,从而减少库区和河床的淤积,增大主槽的行洪能力。调水调沙可以塑造一个协调的水沙关系,是黄河泥沙治理最有效的措施,成为21世纪以来治理黄河的方略。

二、"调水调沙"治黄方略的实施

新中国成立以来,国家加大了对黄河下游治理的投入,干流上修建了小浪底水库,支流上修建了陆浑、故县水库,为控制黄河洪水提供了保障。但是,把所有的洪水都控制了不等于黄河治好了,因为随着洪水的减少,河道主河槽的过流能力也在减小,主河槽年年萎缩。"20世纪50年代,1958年黄河下游发生了有实测资料以来的最大洪水,花园口洪峰流量22 300立方米每秒,黄河下游河道主河槽至少有8 000立方米每秒的过流能力;1982年花园口洪峰流量是15 300立方米每秒,相应

---

❶ 李国英:《在黄河下游治理方略专家研讨会上的讲话》(2004年3月21日),黄河水利委员会档案馆藏,档案号 W1-2004-29。

的黄河下游河道主河槽至少有 6 000 立方米每秒的过流能力;1996 年花园口洪峰流量是 7 600 立方米每秒,相应的黄河下游河道主河槽的过流能力大约是 3 000 立方米每秒。21 世纪以来,花园口超过 4 000 立方米每秒的洪水没有出现过,所以黄河下游河道的主河槽 2001 年萎缩到 1 800 立方米每秒的过流能力,洪水没有了,河槽也就没有了。"❶ 如果河槽没有了,黄河健康生命也就终结了,必须塑造洪水,增强河道主河槽的过流能力,遏制河槽萎缩的局面。经国务院批准,1999 年 3 月,黄河开始实施七大江河首次水量统一调度,确定了分水方案,保证了黄河生态流量,黄河水再入大海,黄河的河流生命得以延续。但这只是用行政手段暂时解决了断流危机,还不能塑造洪水,保证长期不断流。2001 年小浪底水利枢纽投入运营,为用调水调沙方略塑造洪水提供了条件。

要保证黄河不断流,需要从小浪底水库放水进行调节,但从小浪底水库到黄河入海口,有相当长的距离,水放多了可惜,放少了河口就可能出现断流。要解决这个问题,就需要对沿途所有的水文断面进行测量,然后把这些数据保存在计算机内,实时弄清楚黄河某个河段的流量是多少、含沙量是多少,通过计算机进行监测和报警,进而在调度中心对取水口闸门进行远程控制,用这种方法保证黄河不断流。为了精准地确定调节水量的大小,科学地调度多个水库的水源使之挟沙入海,从 2002 年起,黄河水利委员会开始着手建立原型黄河、数字黄河、模型黄河"三条黄河"体系,旨在将以信息化为核心的高新技术深入运用于治黄领域。"三条黄河"体系的建立为调水调沙提供了实施方案、技术参数和科学的决策建议,成为当代治理黄河的重要手段。

从 2002 年到 2004 年,经国家防总的批准,黄河水利委员会连续 3 年开展了基于不同条件下的大规模调水调沙试验,达到预期目的。"2002 年 7 月 4 日,进行第一次调水调沙试验,不仅将 6 640 万吨泥沙

❶ 李国英:《研究建设黄河水沙调控体系——在黄河水沙调控体系建设专家研讨会开幕式上的讲话》(2004 年 12 月 12 日),黄河水利委员会档案馆藏,档案号 W1-2005-0032D。

输送入海,还找到了黄河下游泥沙不再淤积的临界流量和临界时间。2003 年和 2004 年,通过对万家寨、三门峡、小浪底等黄河干流水库进行联合调度,人工制造出流量更大、持续时间更长的洪水过程,对下游河道进行全线冲刷。"❶通过三年的调水调沙试验,改变了人们对黄河洪水管理的传统认识,治理黄河不仅要控制洪水,而且要利用和塑造洪水。"在黄河下游可能要发生洪水或者特大洪水的时候,一定要有一个控制方案和控制手段;当黄河下游发生中常洪水的时候,也就是说这个洪水处在可控条件下的时候,要想尽办法去利用洪水,比如说 2003 年黄河进行第二次调水调沙试验,实际上就是在利用洪水;当河道没有洪水的时候,应想尽一切办法去塑造洪水,只有塑造洪水才能使得黄河下游的主河槽不至于年年萎缩。2004 年的调水调沙,就是塑造洪水的思想起了主要作用,通过人工塑造洪水,改善或遏制了黄河下游河道主河槽继续萎缩的趋势。"❷这表明,调水调沙使黄河治理已由单方面对抗治理,转变为依照自然法则实现"水沙和谐"和"人水和谐"治理,这是黄河治理由传统走向现代的重要转折点。2005 年起,黄河调水调沙正式转入生产运用阶段。连年的调水调沙,大量淡水注入大海,使黄河口生态系统得到恢复和改善。根据《中国海洋公告》,黄河口生态系统2006 年前为不健康,到 2006 年已恢复至亚健康。2008 年河口三角洲已有 4 238 公顷湿地恢复了原貌,保护区内野生植物达 407 种,14 种国家稀有树种也落户这里,80 年代消失的黄河鲤鱼又重新成群显现,国家级保护区的鸟类也由 90 年代初的 187 种增加至目前的 283 种,另外还发现有野生珍稀生物 459 种。到 2009 年,经过 9 次调水调沙,取得了显著成效。"自 2002 年至 2009 年,黄河防总已连续实施了 9 次调水调沙,河道主槽最小过流能力由 1 800 立方米每秒提高到 3 880 立方米

---

❶ 赵永平、高云才:《为了人水和谐的梦想——写在人民治黄六十周年之际(下)》,载《人民日报》,2006 年 11 月 4 日第 9 版。

❷ 李国英:《黄河水沙调控体系建设的若干重大问题——在黄河水沙调控体系建设专家研讨会结束时的讲话》(2004 年 12 月 19 日),黄河水利委员会档案馆藏,档案号 W1-2005-0032D。

每秒。在调水调沙大流量过程中,还成功进行了黄河三角洲生态调水暨刁口河流路恢复过水试验。截至目前,刁口河累计进水 2 309 万立方米,累计入海水量 324 万立方米。遥感数据对比显示,河口湿地水面面积增加 6.84 万亩。"❶

三、"调水调沙"治黄方略实施引发的思考

虽然调水调沙方略实施以后,黄河不再断流,焕发了生命活力。但是,黄河流域是资源性缺水的流域,随着经济社会的迅速发展,黄河水资源供需矛盾日益尖锐。一部分人对今后是否还有足够的水量来进行调水调沙,表示怀疑,调水调沙方略能否长期实施被打上了问号。这种怀疑是有一定道理的。2003 年 11 月,黄河水利委员会主任李国英在中国工程院小江引水方案座谈会上指出:"我们进行调水调沙,都是用了 2 500、2 600 立方米每秒来塑造水沙关系,而实际上的计算结果,用 3 700 立方米每秒塑造水沙关系,冲刷下游河道的效果是最好的。为什么不用大流量进行试验呢? 因为黄河的水量不够,只能用临界的下限流量,以最小的流量将泥沙输送大海。实践证明,调水调沙是黄河泥沙治理最有效的措施,但受到黄河水量的困扰,黄河本身是一个水资源非常缺乏的流域;要实现最理想的冲刷效果,没有外流域的调水是无法走下去的。"❷ 外流域的调水方案只能寄希望于南水北调西线工程,让南水北调西线调过来的水匀出一部分来供黄河调水调沙用,另一部分供西北缺水地区工农业生产用。

这样的调水方案看似可行,但最终实现有很大难度。最初,南水北调西线工程的供水目标主要是解决涉及青、甘、宁、内蒙古、陕、晋等 6 省(区)黄河上、中游地区和渭河关中平原的缺水问题。随着西部大开

---

❶ 曲昌荣:《黄河调水调沙再获成功,断流 34 年入海故道全线过流》,载《人民日报》,2010 年 7 月 22 日第 2 版。

❷ 李国英:《南水北调与黄河治理——在中国工程院小江引水方案座谈会上的讲话》(2003 年 11 月 3 日),黄河水利委员会档案馆藏,档案号 W1-2003-30。

发的深入发展,黄河上、中游地区和渭河关中平原需水量会不断增加,很难匀出大量的黄河水。南水北调西线工程地处青藏高原,海拔高,地质的构造复杂,地震烈度大,且要修建 200 米左右的高坝和长达 100 公里以上的隧洞,工程技术复杂,耗资巨大,现仍处于可行性研究的过程中。南水北调"三线"同时引水,可能会导致整个长江流域的沿江生态发生难以估计的变化,不利于保护沿江现有生态,社会上的反对意见颇多。因而,利用南水北调西线调来的水,来解决黄河调水调沙用水问题的方案,难以短期内实现。

在外流域的调水难以短期内实现的情况下,加强黄河水资源管理,对于充分运用现有水量进行调水调沙非常重要。2006 年 7 月 5 日,国务院第 142 次常务会议通过了《黄河水量调度条例》。《黄河水量调度条例》的实行实现了黄河水量统一调度,有助于充分运用现有水量进行调水调沙,是化解黄河断流危机的基本措施与保证。但这只是管住了水,还要想办法"增水"。在外流域的调水没有实现的情况下,如何"增水"呢? 一方面,要大力节水,发展农业节水灌溉,建立节水型社会。另一方面,加快产业升级。通过产业转型升级,把高耗水的产业转为低耗水的产业。

调水调沙有两个重要的条件,一个是泥沙,一个是水。当调水调沙的用水量无法大量增加的情况下,想办法减少小浪底水库的入库泥沙,保持小浪底水库调水调沙动力,就可以使调水调沙方略在较长时期内实施。小浪底水库上游规划的古贤水库,可以实现这一目的。"古贤水库在塑造小北干流高浓度水沙条件,以及和小浪底水库进行联合调水调沙两方面,都具备条件。除此之外,在南水北调西线工程实现以后,径流过程经过北干流,古贤水库仍然具备反调节的功能。"❶因此,尽快上马古贤水库工程,构建黄河水沙调控体系,就成为调水调沙方略长期实施的重要手段。

---

❶ 李国英:《黄河水沙调控体系建设的若干重大问题——在黄河水沙调控体系建设专家研讨会结束时的讲话》(2004 年 12 月 19 日),黄河水利委员会档案馆藏,档案号 W1-2005-0032D。

第四节　社会主义市场经济条件下的水土保持工作

一、水土保持工作面临的形势

位于黄河上、中游的黄土高原地区,水土流失面积达45.4万平方公里,是中国乃至世界上水土流失最严重的地区,其中每年每平方公里侵蚀模数大于1.5万吨的剧烈水蚀面积占全国同类面积的89%。水土流失流走的是水、土和肥,留下的是灾害和贫困。黄土高原多年平均年输入黄河泥沙达16亿吨,使黄河成为世界上最大的多泥沙河流。"河患症结所在之大病,是在于沙,洪水不减,沙患不除,则河恐无治理之日"。新中国成立后,党和政府十分重视黄土高原的水土保持工作。改革开放前的黄河水土保持工作,起伏跌宕,时断时续,直到改革开放以后水土保持工作得以稳定、持续发展,并取得了很大成就。"改革开放以来,水保事业的发展更加迅猛。到1997年底,广大黄土高原地区累计初步治理水土流失面积16.6万平方公里,其中修建梯田、坝地、水地等基本农田8 300多万亩,建成淤地坝10万余座,营造水保林12 000万亩,种草3 500多万亩,保护耕地2 000余万亩,在改善当地生产生存条件、发展生产、脱贫致富的同时,还有效地拦截了泥沙,做到'水不出山,泥不出沟',平均年减少入黄河泥沙3亿吨,是黄河多年平均输沙量的18%。"❶

但是,改革开放初期的水土保持工作中也存在着一些问题。"一是水土保持未能完全发挥应有的效益,跟不上社会主义现代化建设的要求,特别是跟不上下游减淤防洪的要求。二是边治理边破坏的情况依然严重。三是测试手段和统计手段不够先进,不够完善,致使资料数据不准确,不系统,影响决策和推行。四是资金投入不足,限制了水土保持的进程和质量。五是过去在计划经济下形成的方略体系,虽有所

---

❶　陈维达、许聪:《水土保持:治黄之本》,载《人民日报》,1998年10月26日第2版。

改进,仍不能完全适应社会主义市场经济体制。"❶这些问题的存在导致水土保持进度缓慢,水土流失危害还相当严重。从 1985 年到 1995年,"每年平均治理水土流失面积 6 000 平方公里,年进度 1.4%。如果按现在的进度,即使不考虑人为破坏,要达到初步治理的目的还需 70多年。从黄河的治理与开发来看,目前由于水土流失仍然非常严重,一些河段、主要支流,几乎年年都有洪灾发生。1994 年,内蒙古毛不拉河突发洪水,大量泥沙冲入黄河,形成一道沙坝,逼使黄河主河道北移,影响包兰铁道和包头市的安全。1992 年 8 月花园口最大洪峰流量仅6 260立方米每秒,但洪水位比 1958 年大洪水高出 0.32 米,引起 106处工程 369 坝次出险。"❷

由于黄河中、上游水土保持工作力度不够,进入 20 世纪 90 年代后,黄河中、上游地区边治理边破坏现象依然严重,天然林砍伐并未完全停止,绿色植被继续减少,水土流失还在扩展,生态环境形势严峻。这种情况不仅加快了下游河道淤积,给黄河防洪治理和水利工程运行带来严重隐患;而且制约当地经济社会的发展,阻碍了当地群众脱贫致富的步伐,生活环境日益恶化。

二、水土保持工作的开展

晋、陕、蒙砒砂岩区是黄土高原水土流失最严重的地区,治理难度大。这一地区总面积 3.2 万平方公里,平均每年流入黄河泥沙达 3.5亿吨,其中粗泥沙占 80%,是黄河粗沙的主要来源区。1998 年,水利部在国家计委的大力支持下,沙棘生态工程实施,规划建设期 13 年,工程全部完成后每年可减少入黄泥沙 1.7 亿吨。到 2003 年,晋、陕、蒙砒砂岩沙棘生态工程国家投资 1 亿元,共种植沙棘 190 多万亩,使进入黄河的泥沙减少近亿吨。

黄河中、上游地区水土流失的扩大和生态环境的恶化对水土保持

---

❶ 黄河水利委员会老科协:《关于黄河水土保持方略问题的思考》(1996 年 4 月 23日),黄河水利委员会档案馆藏,档案号 T1-3-162。

❷ 王慧敏:《黄河中游水保力度亟待加大》,载《人民日报》,1996 年 2 月 16 日第 2 版。

工作提出了新要求,水土保持工作不仅要与治理黄河和改善当地农业生产条件结合起来,而且要与生态环境建设结合起来。黄河流域水土保持出现的新问题引起了党和国家领导人的高度重视。1999 年 6 月 21 日,江泽民在郑州主持召开黄河治理开发工作座谈会上指出:"生态环境建设是关系到黄河流域经济社会可持续发展的重大问题。必须把水土保持作为改善农业生产条件、生态环境和治理黄河的一项根本措施,持之以恒地抓紧抓好。生态工程建设要同国土整治、综合开发和区域经济发展相结合。"[1]江泽民的指示为改革开放新时期水土保持工作发展指明了正确的方向。1999 年 8 月 5 日至 9 日,朱镕基在陕西考察工作时指出:"黄河中上游各省(区)要解放思想,采取退田还林(草)、封山绿化、个体承包、以粮代赈的措施,动员广大人民群众,大搞植树种草,改善生态环境,为根治黄河奠基,为子孙后代造福。"[2]朱镕基指明了黄河流域水土保持具体的工作思路,有利于进一步开展水土保持工作。

面对上述形势,黄河水利委员会认真学习,深刻领会党和国家领导人关于黄河流域水土保持的指示精神,提出了"防治结合,强化管理;以多沙粗沙区为重点,小流域为单元;采取工程、生物和耕作综合措施,注重治沟骨干工程建设"的黄河流域水土保持方略。把水土保持作为治黄三大问题之一,并调高到相应位置上来,重点加以对待。经过一年的努力,全流域水土保持生态环境建设取得了较大成绩。"据初步统计,年内国家对黄河流域水土保持生态环境建设投资达到 15 亿元,其中通过我委下达并管理的资金 1 亿元。流域全年共开展水土流失治理面积 12 496.1 平方公里,兴修基本农田 30.4 万公顷,营造水保林草 89.9 万公顷,其中水保林 59.9 万公顷,经济林 6.9 万公顷,人工种草

---

[1] 齐铁砚:《江泽民在郑州主持召开黄河治理开发工作座谈会上指出,治理开发黄河造福中华民族,强调治理好黄河水害,利用好黄河水资源,建设好黄河生态环境》,载《人民日报》,1999 年 6 月 22 日第 1 版。

[2] 苏民生、孙杰:《朱镕基在陕西考察工作时强调下定决心持之以恒治理黄土高原水土流失,动员广大人民群众,大搞植树种草,改善生态环境,为根治黄河奠基,为子孙后代造福》,载《人民日报》,1999 年 8 月 11 日第 1 版。

23 万公顷,封禁治理 4.6 万公顷;建设淤地坝 2 389 座,小型蓄水保土工程 30.8 万多座(处);当年计划安排 106 座治沟骨干工程,目前该工程累计已达 1 188 座。"❶

1999 年,黄河流域水土保持生态环境建设工作虽然取得了一定成绩,但也存在着一些问题。"一是投入仍然不足。黄河流域特别是黄土高原自然、经济条件决定这里的治理难度很大,严重的干旱制约着水保效益的充分发挥。按照水土保持有关的规划设计,黄土高原治理一平方公里需要中央投资 20 万元以上,治沟骨干工程单坝造价 90 万元。同时,黄河流域是国家贫困县集中地区,地方财政基础薄弱,群众生活困难,自筹能力有限,要实现高标准、高质量措施的综合配套,仍需国家加大投入。二是项目布局相对分散,难以发挥综合示范作用,也不利于按基建程序进行严格管理。由于投资少,想从整体上推进流域治理工作的均衡发展,就使得项目安排相对分散,规模效益差,综合治理的示范作用难以发挥。这样也为各项目管理增加了难度。"❶群众为了解决吃饭问题不愿退耕还林还草,甚至还在扩大开垦 25 度以上的坡地。

世纪之交,由于中国人口资源环境的矛盾十分突出,水土保持工作依然面临严峻挑战,还存在边治理边破坏、投入不足、治理速度慢、措施不尽合理、科技水平低等问题。为了解决这一问题,2000 年 4 月 24 日,在北京召开的全国水土保持会议提出:"我国新时期的水土保持工作将把保护和改善生态环境放在首位,以退耕还林草为重点,实施分区防治战略,进一步调整优化各项措施,转变管理职能,积极探索新机制,以加快建设步伐,为西部大开发和全国经济社会的可持续发展创造良好的生态环境。"❷"十五"期间,黄河水利委员会认真贯彻中央水土保持新思路,积极探索黄河流域水土流失治理的新模式。"一是调整工作思路,实现了由分散治理向集中、规模治理,由一般治理向突出重点、

---

❶ 黄河水利委员会水土保持局:《1999 年黄河水土保持工作概况》(2000 年 5 月 17 日),黄河水利委员会档案馆藏,档案号 T2-1-25(1)。

❷ 赵永新:《全国水土保持会议提出,把保护和改善生态环境放在首位》,载《人民日报》,2000 年 4 月 25 日第 5 版。

强化示范转变,水土保持重点防治工作逐步导入以小流域治理为基础,大流域为骨干,集中连片、规模推进的新的发展轨道。二是按照人与自然和谐相处的理念,依靠大自然的自我修复能力,加快水土流失防治步伐,实现了单纯依靠人工治理与自然修复相结合的转变。三是确立了'以多沙粗沙区为重点、骨干坝与中小型淤地坝配套,按小流域进行坝系建设'的淤地坝建设方略,促进了淤地坝建设的健康发展。四是围绕'树立强烈的粗泥沙意识',实施'先粗后细'治理黄河泥沙的新思路。"[1]

黄河流域水土保持工程使黄河中游的水土流失得到有效治理。"山西省境内黄河流域的水土流失面积有7.58万平方公里,该省在财政困难的情况下,两年间综合治理水土流失面积5 000平方公里,栽植水保林3 400平方公里。黄河流域8个省(区)共造林种草1.8亿亩,在多沙粗沙区结合小流域综合治理建设治沟骨干工程1 200多座,平均每年减少输入黄河泥沙3亿吨左右。"[2]2001年中央实施西部大开发战略以来,国家加大了对黄土高原地区水土保持生态建设的支持力度,先后安排黄河上、中游水土保持专项资金14.4亿元,利用外资11.82亿元,投资力度之大、覆盖面之广、效果之显著前所未有。黄土高原地区水土保持生态建设取得了巨大成绩,黄土高原生态环境发生了显著改观。据统计,"近5年累计完成水土流失综合治理面积7.8万平方公里,建设基本农田1 861.7万亩、大中型淤地坝4 800座,水土保持林草9 399.8万亩。"[3]

2002年,我国加入WTO的第一年,也是我们党和国家历史进程中十分重要的一年。按照"防治结合,保护优先,强化管理"的水土保持方略,以千方百计减少入黄泥沙,改善生态环境和促进经济社会发展为目标,以多沙粗沙区为重点,加强以治沟骨干工程为主体的沟道坝系建

[1] 黄河水利委员会:《黄河流域水土保持生态建设"十五"总结》(2006年10月10日),黄河水利委员会档案馆藏,档案号T1-2006-0011。
[2] 郑北鹰:《长江黄河上游生态 恶化势头初步遏制》,载《光明日报》,2001年2月25日第A3版。
[3] 郑北鹰:《黄河上、中游水土保持成效显著》,载《光明日报》,2005年9月22日第4版。

设,充分发挥生态系统的自我修复功能,促进大面积的植被恢复,加大水土保持监测系统建设力度,流域水土保持生态建设取得了丰硕成果。据初步统计,"黄河流域全年共开展水土流失治理面积 13 203.96 km²。其中,兴修基本农田 21.32 万 hm²,营造水保林 84 万 hm²,人工种草 26.71 万 hm²。安排治沟骨干工程 203 座,兴建淤地坝 5 617 座,小型蓄水保土工程 74 287 座(处),开展生态修复、封禁治理面积 22.36 万 hm²。"❶

2003 年,黄河流域水土保持工作以邓小平理论和"三个代表"重要思想为指导,认真贯彻党的十六大和 2003 年中央农村工作会议精神,转变观念,调整思路,以国务院批复的《黄河近期治理开发规划》为契机,以黄土高原淤地坝建设这一"亮点"工程为重点,加强预防监督,生态修复和水土保持监测系统建设,与时俱进,开拓进取,流域水土保持生态环境建设取得了丰硕的成果。据初步统计,"全流域共开展水土流失治理面积 1.43 万 km²,占计划任务的 115%。其中,建设基本农田 1 722.22 km²,营造乔木林 3 628.89 km²、灌木林 3 016.16 km²、经济林 3 518.30 km²,人工种草 2 438.87 km²,实施封禁治理 1 626.56 km²,建成治沟骨干工程 342 座、淤地坝 1 439 座、小型水利水保工程 61 234 座(处)。"❷

"十五"期间,在黄河流域水土流失治理新模式的指导下,黄河流域水土保持生态建设取得了很大成绩。"据统计,'十五'期间,全流域共开展水土流失初步治理面积 66 995 平方公里,其中基本农田 104.1 万公顷,水保林 262.2 万公顷,经果林 98.5 万公顷,人工种草 133.5 万公顷,封禁治理 71.5 万公顷,建设小型水保工程 36.8 万座(处)。五年期间,共建成淤地坝 6 854 座(其中骨干坝 718 座),建成的淤地坝中:黄河水土保持生态工程建成淤地坝 1 978 座(其中骨干坝 464 座),黄

---

❶　黄河水利委员会:《2002 年黄河流域水土保持生态建设工作情况》(2003 年 3 月 6 日),黄河水利委员会档案馆藏,档案号 T1-2003-2。

❷　黄河水利委员会:《黄河流域 2003 年度水土保持生态建设工作总结》(2004 年 3 月 19 日),黄河水利委员会档案馆藏,档案号 T1-2004-3。

土高原淤地坝试点工程建成淤地坝297座(其中骨干坝25座);据不完全统计的其他项目(世行、国债、八大片、地方水保等项目)建成淤地坝4 579座(骨干坝229座)。期间国家投入黄河流域的水土保持生态建设资金达28亿多元。黄河流域平均开展水土流失初步治理面积1.34万平方公里,比"九五"期间提高12.6%。❶

其中,黄河水土保持生态工程的建设是这一时期水土保持工作的一大亮点。黄河水土保持生态工程,是黄河水利委员会联合流域各省(区)在原有水土保持项目基础上,利用黄河上、中游水土保持重点防治工程投资,通过调整和充实,按照集中、重点、示范的原则,于2001年3月正式推出和启动实施的流域性水土保持生态建设标志工程,主要包括重点支流治理、示范区、小流域坝系工程、治沟骨干工程专项、生态修复、重点小流域等项目。黄河水土保持生态工程经过五年的建设,取得了显著成效。"'十五'期间,黄河水保生态工程共完成综合治理面积6 599.66平方公里。五年共安排淤地坝2 832座(其中骨干坝735座),竣工验收淤地坝1 755座(其中骨干坝241座)。'十五'以前安排、'十五'竣工验收的骨干坝223座。项目建设取得了显著成效,已在黄河流域产生广泛的影响,起到了很好的品牌示范作用,有力地推动了流域水土保持生态建设。"❶

三、水土保持工作存在的问题及解决路径

虽然,"十五"期间水土流失综合治理取得了明显成效,但是人为水土流失加剧的趋势仍未得到有效遏制。"据2005年对黄河流域及西北内陆河地区的10类113个开发建设项目督查,113个大型建设项目产生的弃土弃渣量17 708.25万立方米。随着西部大开发的全面推进,工业化、城市化进程加快,各种开发建设活动大量增加,人为造成的水土流失日益严重,加上长期以来经济主导一切的思想和习惯,导致人

---

❶ 黄河水利委员会:《黄河流域水土保持生态建设"十五"总结》(2006年10月10日),黄河水利委员会档案馆藏,档案号T1-2006-0011。

们对水土资源的预防保护和法制观念仍然薄弱。投资生态、实施保护和恢复治理的措施少、标准低、社会化程度弱。"❶人为水土流失加剧,使黄河流域水土保持的绩效大打折扣。到 2005 年,黄河上、中游长度大于 0.5 公里的沟道仍有 27 万多条,每年输入黄河的泥沙还高达 16 亿吨,仍有 6 700 多万亩坡耕地。黄河上、中游生态建设依然面临严峻的挑战,特别是在重点侵蚀区,靠生态的自然修复很难实现。对于特别严重的重点侵蚀区的水土流失,需要制订新的水土保持治理方案。

为此,2005 年时任黄河水利委员会主任的李国英,在黄河水利委员会科技年会上指出:"对于黄土高原,现在的投资是零打碎敲,不像在做一个大工程,1986 年以前,国家几乎没有进行基本建设,1986 年至1996 年年平均最多不超过 2 000 万元,这两年稍微多了一点,投资两亿元,这些投资对于黄土高原的治理显得微乎其微,如果能变成'国家重点治沙工程',使决策机构明白这个地方如果控制住了,黄河下游就好办多了,也许能够走出一条宽广大道出来,否则,虽然下游治理是必要的,但总是沙子不断往下流,效果也不是很明显。"❷"国家重点治沙工程"方案,为黄河流域水土保持工作的未来发展找到了一个路径。但是,"国家重点治沙工程"方案要实施,意味着国家要投入大量资金,还要编制规划上报批准,即使能成行也要较长时间。

黄土高原淤地坝试点工程建设的成功为开展水土保持工作找到了一个切实可行的路径。"自 2003 年开展黄土高原淤地坝试点工程建设以来,国家先后安排专项资金开展了 125 条小流域坝系试点工程建设,目前建成各类淤地坝 2 995 座,形成了宁夏聂家河、青海景阳沟、甘肃长沟河、内蒙古西黑岱、陕西碾庄沟、山西康和沟、河南砚瓦河等一批防护体系完善、综合效益好的坝系。这些淤地坝使 3 000 多平方公里的

---

❶ 黄河水利委员会:《黄河流域水土保持生态建设"十五"总结》(2006 年 10 月 10日),黄河水利委员会档案馆藏,档案号 T1-2006-0011。

❷ 李国英:《认真研究当前黄河治理中存在的问题——在 2005 年黄委科技年会上的讲话》(2005 年 2 月 24 日),黄河水利委员会档案馆藏,档案号 W1-2005-0032D。

水土流失面积得到了控制,可蓄滞洪水 4 亿立方米、拦截泥沙 5 亿吨、淤地 8 万多亩,发展水浇地、保护下游农田 10 多万亩。"❶淤地坝作为黄河流域综合治理体系中的一道重要防线,与其他水保措施相结合,通过"拦""蓄""淤"的功能,将洪水泥沙就地拦蓄,防止水土流失,同时形成坝地,使荒沟变成旱涝保收、稳产高产的基本农田。黄土高原淤地坝试点工程建设成功的实践证明,以淤地坝为重点的水土保持生态建设是治理水土流失的正确路径。2007 年 9 月 7 日,在银川召开的黄河中游水土保持委员会第九次会议上提出:未来一段时间内,黄河上、中游地区将坚持以淤地坝为重点的水土保持生态建设。

第五节　黄河水资源的调度、保护与开发利用

一、黄河水资源开发面临的问题

"月盈则亏,水满则溢",由于黄河水资源长期无序地过度开发,进入 20 世纪 90 年代,黄河水资源开发利用中面临许多问题。一是黄河水资源难以支撑社会经济的继续发展。随着经济社会的发展,黄河流域及其相关地区耗水量持续增加,水资源的制约作用已经凸现。"黄河流域多年平均天然径流量为 580 亿立方米,20 世纪 50 年代,年均耗用河川径流量为 122 亿立方米,到 90 年代,年均耗用河川径流量已达 307 亿立方米(其中流域外耗用 106 亿立方米),比 50 年代增耗 185 亿立方米;入海水量,20 世纪 50 年代为 480 亿立方米,90 年代为 120 亿立方米,比 50 年代减少了 360 亿立方米。"❷黄河缺水严重,造成黄河下游频繁断流,供需矛盾加剧。二是用水效率偏低与严峻的缺水形势不相适应。"全流域水的利用率不足 40% ,尤其在上游的一些地方,浇

---

❶　朱隽:《昔日水土流失之地,今日山清水秀之乡,黄土高原 10 万淤地坝拦泥 210 亿立方米》,载《人民日报》,2007 年 9 月 8 日第 2 版。

❷　李国英:《治理黄河思辨与践行》,中国水利水电出版社,2003 年,第 230 页。

地仍存在大漫灌现象,内蒙古、宁夏一亩地平均用水量超过了1 000立方米,是正常用水量的4倍。"❶由于水价严重偏低,丧失了节约用水的内在经济动力,阻碍了节水工程的建设和节水技术的推广使用。三是水污染与断流并存。随着流域经济社会和城市化的快速发展,黄河流域大量未经任何处理或有效处理的工业废水和城市废水直接排入河道。而经济社会用水大量挤占河道内生态环境用水,造成下游河道频繁断流,黄河面临水污染与断流并存的局面。1997年中国环境状况公报显示,"黄河面临污染和断流的双重压力。监测的66.7%的河段为Ⅳ类水质。主要污染指标为氨氮、挥发酚、高锰酸盐指数和生化需氧量。70年代黄河断流的年份最长历时21天,1996年为133天,1997年长达226天。"❷面对黄河水资源开发利用存在的上述问题,过去一味开发利用黄河水资源,而不注意保护的老路不能再走了,工作重心应该由黄河水资源的开发利用转为水资源的调度与保护,适度地开发利用。

二、黄河水资源统一调度的形成

黄河断流始自20世纪70年代,进入90年代以来,断流的时间不断延长,断流的范围不断扩大,1995年实际断流100天,1996年断流93天,1997年断流时间长达226天,断流达700多公里。黄河的持续断流,不仅严重影响了下游城乡人民的正常生活,而且使工、农业和油田生产遭受巨大损失;使下游河道完全处于淤积状态,本已很弱的过洪、防洪、防凌能力进一步退化;加剧了土壤盐碱化、沙化,地下水位降低,地面蒸发减少等一系列生态问题。三角洲的草甸生态被破坏,进而造成珍禽及稀有动植物毁灭的恶果;对渤海水域的海洋生物危害更严重,失去了泥沙挟带的重要饵料来源,其正常的生殖繁衍受到影响,大量洄游鱼类游移他处,造成海洋生物链断裂,给渤海生态系统造成无法弥补的损失。

---

❶　王慧敏:《黄河,正带给我们断流的现实,同时又给我们大汛的担忧——黄河会变成内流河吗?》,载《人民日报》,1996年5月8日第2版。

❷　《一九九七年中国环境状况公报》,载《人民日报》,1998年6月26日第5版。

造成黄河断流既有自然因素，更重要的是人为因素。由于对黄河流域水资源缺乏科学、有效的调度管理，造成地区切块，部门分割，灌溉、发电争水，用水量大幅度增加；生产生活用水浪费严重，加剧了水资源的紧张。为了研究解决黄河断流问题，1998 年底，经国务院批准，水利部、国家发展和改革委员会相继颁发了《黄河可供水水量年度分配及干流水量调度方案》和《黄河水量调度管理办法》。它们的颁布实施使黄河水资源管理与调度工作有章可循，在很大程度上，对于缓解尖锐的水资源供需矛盾，化解当时黄河频繁断流危机，发挥了十分重要的作用。1999 年 3 月 1 日，根据国务院授权，黄河水利委员会开始对黄河干流统一调度。黄河水量统一调度加强了水资源管理，给黄河留下了"生命水量"，从此，黄河出现了连续不断流的局面。但是，黄河水量统一调度仍面临种种阻力，由于"水从门前过，不用白不用"的旧观念，一些地方超耗水现象严重；管理与调度手段单一，对超计划引水省（区）缺乏处罚措施等。

为了将实践中行之有效的措施法律化、制度化，确保水法规定的水量调度原则在黄河流域贯彻实施，正确处理上下游、左右岸、地区间、部门间的关系，2006 年 7 月 5 日，国务院第 142 次常务会议通过了《黄河水量调度条例》。《黄河水量调度条例》是以行政法规的形式，从法律层面规范了水量调度的行为，对于保证调水调沙方略的实施，缓解黄河流域水资源供需矛盾，具有重大意义。但是，在黄河水资源总量难以增加的情况下，仅仅通过行政法规还是不够的，还需要在《黄河水量调度条例》的基础上，进一步研究制定《黄河法》，依法管理保护来实现水资源的可持续利用，是未来黄河水资源统一调度的发展方向。

三、黄河水资源保护工作的开展

20 世纪 70 年代以来，随着流域内经济发展、城市人口膨胀、废污水排放量与日俱增，黄河水资源污染日趋严重，对工农业、水产业、人体健康的危害也愈来愈厉害。据有关部门调查，"70 年代后期年排入黄河的废污水 18.5 亿吨，80 年代初增至 21.7 亿吨，进入 90 年代猛增到 32.6 亿吨。黄河流域的废污水主要集中于湟水的西宁，大黑河的呼和浩特,汾河的太原,渭河的宝鸡、咸阳、西安,伊洛河的洛阳和黄河干流的兰州、银川、包头、郑州等 11 个大中城市河段。污染源主要是农药、化肥、工业废渣、废水和生活垃圾。含各种污染物的工业废水和生活污水排入水体,致使水资源遭到污染,对工农业生产、生态及人体健康已经带来愈益严重的危害。"❶ 1975 年 6 月,经国务院环境保护领导小组、水利电力部批准,黄河水利委员会成立了黄河水资源保护办公室,担负起黄河干支流入黄口的水质监测任务,开启了黄河水资源保护工作。但是,黄河水资源保护工作处于起步阶段,黄河水资源保护办公室的工作职能只是监测。进入 20 世纪 90 年代,为了强化流域水资源保护机构的监管职能,1990 年 8 月,黄河水利委员会将黄河水资源保护办公室改为黄河水资源保护局。但是,20 世纪 90 年代黄河水资源保护局职能并没有扩大,依然停留在监测层面,黄河水资源保护力度很弱,导致黄河水污染不断恶化。20 世纪 90 年代初,进入黄河的废污水排放量达 42 亿吨,与 80 年代初相比增加了一倍。1998 年水质监测结果表明,在黄河干流及主要支流重点河段 7 247 公里作过评价的河段中,失去多种功能用途的Ⅳ类、Ⅴ类及劣Ⅴ类水质河长达 70% 以上。水源的严重污染和水质的急剧恶化直接影响到人民身体健康,同时也加剧了水资源的紧缺程度。造成水污染的原因,"一是用水量和排污量大的企业多,特别是 90 年代以来,流域内乡镇企业飞速发展,已在东、中部不能存在的小造纸、小化工等污染严重的小企业向西北转移,虽经政府几次停,但仍禁而不止,且有发展势头;二是对污染源缺乏有效监督,工业废水污染治理、城市污水处理厂建设严重滞后,据统计,流域城市污水处理率仅 8.8%,达标率仅为 5.5%;三是黄河水量少,环境容量小,加之河道外取水量的增加,稀释自净能力降低,更加剧了水质恶化。"❷

　　进入 21 世纪,由于黄河流域工业化进程加快,城市化功能不断扩

---

❶　张玉林:《黄河水资源污染日趋严重》,载《人民日报》,1994 年 11 月 1 日第 5 版。

❷　林英:《污染黄河的新灾难——爱我黄河采访报道之四》,载《光明日报》,1999 年 8 月 9 日第 3 版。

大,地区性中小企业迅猛发展,大量工业污水、生活污水直接或间接排入黄河,使黄河水污染愈演愈烈。《2004 年黄河流域水资源质量公报》显示,"黄河干流 32 个监测断面中,65.6% 的断面水质劣于地表水环境质量 Ⅲ 类标准。其中 Ⅳ 类占 40.6%,Ⅴ 类占 15.6%,劣 Ⅴ 类占 9.4%。"❶面对严峻的黄河水污染形势,加强黄河水资源保护工作显得尤为紧迫。2004 年 11 月 30 日,水利部部长汪恕诚签署第 22 号部长令,颁布了《入河排污口监督管理办法》,并于 2005 年 1 月 1 日起正式施行。《入河排污口监督管理办法》的出台标志着入河排污口监督管理纳入法制化、规范化、制度化的轨道。

为了从根本上治理黄河上游的污染问题,青海省出台多项地方性法规和政策,把治理黄河上游污染纳入法制轨道。"2003 年,青海省对投资近 5 亿元在黄河、湟水河流域已建成投产的青海星火铬盐厂等 12 家污染企业彻底取缔。为了净化黄河上游水质,西宁市对 8 家电镀企业、3 家小钢厂、11 家造纸厂全部取缔;并投资 1.69 亿元,建成了日处理污水 8.5 万吨的西宁市污水处理厂。"❷

为了快速处理黄河重大水污染事件,2003 年 4 月,黄河水利委员会颁布实施了《黄河重大水污染事件应急调查处理规定》,建立了重大水污染事件快速反应机制,并成功处理了 2003 年兰州油污事件、2004 年内蒙古河段重大水污染事件等突发事件。为了监测黄河流域水质,黄河水利委员会加强水质监测站建设,截至 2006 年底,黄河水利委员会直管的水质监测站 68 个,建成了较为完整的多功能水质监测网络体系。但是,黄河的水质监测与管理体制仍存在着"环保部门不下水,水利部门不上岸"的问题,如何实现黄河水质不超标,存在着困难。今后,黄河水资源保护工作中,要加快建立黄河流域联合治污机制。

---

❶ 赵永平:《水资源取用率达 92%,水污染每年损失 100 多亿元,黄河已过承载极限,解决资源型缺水:一是提高水资源利用效率,二是通过外流域调水增加水资源总量,解决水质型缺水,实行污染物排放和入河的总量控制,提高水资源与水环境承载能力》,载《人民日报》,2005 年 12 月 2 日第 6 版。

❷ 文贻炜:《黄河上游关闭多家污染企业》,载《光明日报》,2004 年 8 月 13 日第 A1 版。

四、黄河水资源的开发利用

新时期黄河水资源的开发利用体现了时代的特点。以节水为中心的引黄灌溉逐渐发展起来。进入20世纪90年代后,黄河断流频繁,水资源严重不足,而引黄灌区的用水浪费现象普遍存在。"由于绝大多数渠道没有衬砌,加上渠系不配套,渠系水的利用系数一般都在0.5以下,即引水量中有50%以上的水量并未到达田间,而是渗入地下或回归于河道。在到达田间的40%多的水量中,许多地方仍是大水漫灌,造成大量的无效蒸发,有效利用系数也很低。"❶用水浪费与水资源的紧张,极不相适应。经济手段是节约水资源的有效手段,没有合理的水价,节约水资源就是一句空话。例如,宁夏、内蒙古的河套灌区,由于大量开发土地,引黄灌区的面积迅速扩大,但人们的节水意识普遍淡薄,整体水利用率普遍偏低,仍然采用传统的大水漫灌方式,加之引水渠道年久失修,跑水渗水严重。河套地区每生产1公斤粮食的用水量为3.48立方米,为东部地区的8倍,全国平均水平的1.8倍。而农业灌溉占全黄河用水量的90%左右。从表面上看,干旱少雨、先天不足是黄河断流的原因,实际上断流的症结在于过度浪费,用提高水价的办法唤起人们的节水意识,势在必行。

为了节约用水,宁夏灌区率先实行新的水价政策,效果明显。"2000年4月,宁夏出台了新的水价政策,按斗口计量水费,自流灌区每立方米由0.6分提高到1.2分,固海扬水灌区由5分调高到8分,盐环定扬水灌区由5分提高到1角。新的水价政策让群众一改以往大水漫灌的习惯,自觉采取大畦改小畦、平整土地等措施,减少灌水损失,原来灌水后渗水满沟跑的现象不见了。据统计,2000年宁夏灌区节水4.29亿立方米。"❷随后,黄河水利委员会开始在全流域灌区推行新的水价政策,节水灌溉得到了发展。随着改革开放的深入,滴灌技术开始引入中国。滴灌技术改变了传统的渠灌、漫灌观念,而是按照科学测定

---

❶　钱正英:《钱正英文选》,中国水利水电出版社,2000年,第106页。

❷　李国英:《治理黄河思辨与践行》,中国水利水电出版社,2003年,第39-40页。

的某种植物真正所需的水分,通过管道直接送到其根部以供吸收。滴灌不仅节约了大量的水资源,也节约了土地,因为不需要大量占地修渠。如果能解决高含沙黄河水不能直接滴灌难题,必定能用科技手段使黄河节水灌溉得以发展。

为了进一步调高用水效益,2003 年 4 月,黄河水利委员会发布了《黄河水权转换管理实施办法(试行)》。根据总量控制、计划用水、以供定需的水资源管理原则,宁夏、内蒙古两个自治区积极进行黄河干流取水权转换试点,通过调整产业用水结构、明晰水权、培育黄河水市场,取得了良好效果。不仅改善了当地的用水结构和水资源配置,提高了用水效益,而且农民也获得了实惠,工业得到发展。随后,黄河水权转换管理办法开始逐步推广,黄河流域用水效益得以提高。

新时期可持续发展水利的新思路使黄河上游水电开发注意经济与生态效益相结合。2009 年 10 月 28 日,黄河上游水电开发有限责任公司发布的《1999 年至 2009 年社会责任报告》显示,"黄河上游水电开发有限责任公司成立 10 年来,紧紧抓住国家实施西部大开发和'西电东送'战略的有利时机,装机规模由成立之初的 288 万千瓦增加到现在的 800 万千瓦;年发电量从成立之初的 90 亿千瓦时增加到今年的 260 亿千瓦时;主营业务收入从成立之初的 8 亿元增加到今年的 40 多亿元。黄河上游梯级电站水库的相继蓄水,形成了较大的人工湖泊,增加了湿地面积,仅龙青河段(龙羊峡至青铜峡)已开发电站就增加湿地面积约 600 平方公里,改善了库区周边地区生态气候。"❶

经过不懈努力,新时期的黄河水资源开发利用及保护事业,取得较大成就。截至 2007 年底,"黄河流域新增节水灌溉面积 1 280 万亩(与2000 年相比),灌溉水利用系数提高到 0.49;建立了包括全河水量总调度中心,省(区)水量调度中心,干流省(区)界监测断面和骨干水库以及重要取水口监控网络、地下水监测网络等构成的水资源统一管理新体制;布设水质监测断面 257 个;基本完成了南水北调西线一期工程建

---

❶ 陈沸宇、王杰民:《黄河上游水电开发,实现经济与生态效益双赢》,载《人民日报》,2009 年 10 月 30 日第 9 版。

议书。"❶

另外,为缓解华北地区用水紧张局面,新时期黄河水继续跨流域调往华北地区。为解天津市用水的燃眉之急,2000 年 9 月 10 日,国务院决定实施引黄济津应急调水,本次引黄济津线路全长 580 公里。"鲁、冀、津三省(市)于 10 月 10 日前完成了输水线路前期各项工程建设,提前两天从黄河引水,引水源头黄河位山闸流量 100 立方米每秒。此次引水预计到 2001 年 2 月底结束,引黄河水总量约 10 亿立方米,进入天津九宣闸水量约 4 亿立方米,同时还为河北省沧州市补水 0.7 亿立方米。"❷

为缓解白洋淀地区干旱缺水状况,保护淀区生态和环境,保障淀区及周边群众生活、生产用水安全,2007 年国家实施首次引黄济淀应急生态调水。"本次引黄济淀调水自位山闸引黄河水,共从黄河取水 4.79 亿立方米。截至 2 月 28 日零时,进入河北省 3.40 亿立方米,白洋淀补水 0.949 亿立方米,水位升高 0.88 米。在位山闸关闭后,渠道内仍有部分蓄水将注入白洋淀,白洋淀补水将达 1 亿立方米。届时,白洋淀水位将上升至 5.89 米,抬高 0.93 米,水面面积从 61 平方公里增加到 130 平方公里。衡水湖、大浪淀在前期引黄济淀过程中还分别补水 0.65 亿立方米、0.69 亿立方米。"❸

❶ 黄河水利委员会:《黄河流域综合规划》(2009 年 10 月),黄河水利委员会档案馆藏,档案号 1-2009-200。

❷ 王立彬:《黄河水流入天津》,载《人民日报》,2000 年 10 月 22 日第 1 版。

❸ 朱隽、王明浩:《首次引黄济淀应急生态调水渠首取水完成,白洋淀"饱饮"1 亿立方米救命水,水位将上升近 1 米,水面从 61 平方公里增加到 130 平方公里》,载《人民日报》,2007 年 3 月 2 日第 6 版。

【第九章】

十八大以来的治黄方略与实施
（2012—2019）

新中国成立 60 多年来,党中央、国务院高度重视黄河的治理开发与管理,黄河治理工作取得了巨大的成就,为促进流域及相关地区经济社会发展提供了重要保障。但黄河"水少、沙多,水沙关系不协调"的基本特点,决定了黄河治理开发的复杂性、长期性、艰巨性。十八大以来,黄河水利委员会以习近平新时代中国特色社会主义思想为指导,根据十八大"五位一体"的战略总体布局,十九大"坚持人与自然和谐共生和坚持总体国家安全观"的基本方略,用建设"美丽中国"的新理念,不断丰富完善治黄思路,形成了"维护黄河健康生命,促进流域人水和谐"的治黄思路,成为指导中国特色社会主义新时代治黄工作的基本遵循。在这一治黄思路的指导下,黄河水利委员会积极开展黄河治理工作,在管控好黄河洪水泥沙,确保防洪安全;破解黄河水资源短缺瓶颈,确保供水安全;修复好黄河水生态,确保生态安全;推进黄河流域水土保持及黄河治理现代化等方面取得了很大成绩。

第一节　十八大以来黄河治理的历史背景

一、生态文明建设促进黄河治理的新发展

随着我国经济社会发展的不断深入，雾霾天气、饮水安全和土壤重金属含量过高等环境问题进入了高强度频发阶段。要实现永续发展，必须抓好生态文明建设。党的十八大提出中国特色社会主义事业"五位一体"总体布局，把生态文明建设放到更加突出的位置，强调要实现科学发展，转变经济发展方式。国家越来越意识到，生态文明是工业文明发展到一定阶段的产物，是实现人与自然和谐发展的新要求。党的十八届三中全会明确提出：紧紧围绕建设"美丽中国"，深化生态文明体制改革，加快建立生态文明制度，健全国土空间开发、资源节约利用、生态环境保护的体制机制，推动形成人与自然和谐发展的现代建设新格局。

这一切推进黄河治理的新发展。根据十八大"五位一体"的战略总体布局，用建设"美丽中国"的新理念来指导治黄实践，建设"美丽黄河"、实现"人水和谐"应该是黄河治理、开发、保护的总目标，要突出生态文明建设，并融入治理、开发、保护各方面和全过程，在治理、开发中保护，在保护中治理、开发，建立流域生态环境保护体制和机制，以最严格的制度、最严密的法治为流域生态文明建设提供可靠的保障。善治国者必重治水，黄河治理始终是治水兴邦的一件大事。2014年3月，正在河南兰考调研指导党的群众路线教育实践活动的习近平总书记，专门来到九曲黄河最后一弯东坝头段，考察黄河防汛工作和滩区群众生产生活情况。2017年5月，李克强总理冒雨到河南封丘县李庄村考察黄河滩区，并对黄河防汛作出专门指示：黄河无小事，要高度重视防汛工作，坚决克服麻痹侥幸心理，强化备汛，科学调度，确保今年黄河安全度汛。中央领导对治黄工作殷之切切，成为加快治黄改革发展的强

大动力。

二、国家水利建设方针对黄河治理的影响

2011 年 7 月 8 日至 9 日,中央水利工作会议在北京举行。胡锦涛在讲话中指出,兴水利、除水害,历来是治国安邦的大事。几十年来,我们党领导人民开展了气壮山河的水利建设,取得了前所未有的治水兴水成就。新形势下,我国经济社会发展和人民生活改善对水提出了新的要求,发展和水资源的矛盾更加突出,水对经济安全、生态安全、国家安全的影响更加突出。当前和今后一个时期,加快水利改革发展的总体要求是:以邓小平理论和"三个代表"重要思想为指导,深入贯彻落实科学发展观,把水利作为国家基础设施建设的优先领域,把农田水利建设作为农村基础设施建设的重点任务,把严格水资源管理作为加快转变经济发展方式的战略举措,注重科学治水、依法治水,突出加强薄弱环节建设,大力发展民生水利,不断深化水利改革,加快建设节水型社会,促进水利可持续发展,努力走出一条中国特色水利现代化道路。

胡锦涛的重要讲话精辟论述了新形势下水利的重要地位,明确提出了当前和今后一个时期加快水利改革发展的总体要求、主要目标、基本原则和重点任务,具有很强的理论性、思想性、战略性、开创性,是推进中国特色水利现代化事业的重要纲领性指导文献。中央水利工作会议召开后,黄河水利委员会迅速行动,专门召开党组中心组(扩大)学习班暨委务会议,时任黄委会主任、党组书记陈小江全面分析了治黄面临的新形势、新任务、新要求,明确提出当前和今后一个时期治黄的总体要求和目标任务。"强调治黄工作要努力做到'三个准确把握',即准确把握黄河水沙情势变化对治黄战略提出的新课题,准确把握流域经济社会发展对治黄工作提出的新挑战,准确把握治黄科学发展对自身能力建设提出的新要求。要正确处理六个方面的关系,即水资源开发利用与节约保护、流域综合管理与区域经济社会发展、治黄阶段性目

标与长治久安、治水治沙治滩与惠民富民安民、加快建设与强化管理、事业发展与提高能力的关系。"❶

2014 年 3 月 14 日，习近平在中央财经领导小组第五次会议上讲话指出，"随着我国经济社会不断发展，水安全中的老问题仍有待解决，新问题越来越突出、越来越紧迫。老问题，就是地理气候环境决定的水时空分布不均以及由此带来的水灾害。新问题，主要是水资源短缺、水生态损害、水环境污染。新老问题相互交织，给我国治水赋予了全新内涵、提出了崭新课题。……治水必须要有新内涵、新要求、新任务，坚持'节水优先、空间均衡、系统治理、两手发力'的思路，实现治水思路的转变。"❷习近平提出的"节水优先、空间均衡、系统治理、两手发力"的治水方针，具有鲜明的时代特征，具有很强的思想性、理论性和实践性，是做好水利工作的科学指南和根本遵循，为黄河治理指明了正确的方向。2015 年 1 月 15 日，黄河全河工作会议在郑州召开。黄河水利委员会主任、党组书记陈小江在会议上强调，"要以习近平总书记重要讲话精神为指导，不断完善新时期治黄思路，加快实现从过度开发水资源向节约保护水资源转变，从粗放用水方式向集约用水方式转变，从供水管理向需水管理转变，从重点治理向系统治理转变，从依赖行政推动向坚持两手发力、实施创新驱动转变，努力构建治河为民、人水和谐的发展格局。"❸

2011 年黄河流域废污水排放量较 20 世纪 80 年代翻了一番，流域全年水功能区水质达标率仅为 46.3%，全流域劣 V 类水质河长占总评价河长的 29%，流域水生态文明建设面临着极为艰巨的任务和严峻挑战。2016 年 7 月 20 日，习近平在宁夏考察工作时指出，"我要特别强调黄河保护问题。黄河是中华民族的母亲河。现在，黄河水资源利用

---

❶　陈小江：《凝心聚力　科学发展　开创黄河治理开发与管理新局面》，《中国水利》，2011 年 24 期。

❷　中共中央文献研究室编：《习近平关于社会主义生态文明建设论述摘编》，中央文献出版社，2017 年，第 52-54 页。

❸　蒲飞：《2015 年全河工作会议召开》，黄河网，http://www.yrcc.gov.cn/xwzx/hhyw/201501/t20150116_149928.html，2015 年 1 月 16 日。

率已高达百分之七十,远超百分之四十的国际公认的河流水资源开发利用率警戒线,污染黄河事件时有发生,黄河不堪重负! 宁夏是黄河流出青海的第二个省区,一定要加强黄河保护。沿岸各省区都要自觉承担起保护黄河的重要责任,坚决杜绝污染黄河行为,让母亲河永远健康。"❶习近平的讲话,对于探索开展行之有效且具黄河流域特色的水生态文明建设,对于改善流域整体水生态环境、提高水安全保障能力具有指导意义。

三、十八大以来黄河治理面临的新形势

新中国成立70年来,党中央、国务院高度重视黄河的治理开发与管理,1955年全国人大一届二次会议讨论通过了《黄河综合利用规划技术经济报告》,1997年原国家计委、水利部联合组织审查通过了《黄河治理开发规划纲要》,2002年7月国务院批复了《黄河近期重点治理开发规划》。在历次流域规划的指导下,黄河治理开发保护与管理取得了巨大的成就,为促进流域及相关地区经济社会发展提供了重要保障。但黄河"水少、沙多,水沙关系不协调"的基本特点,决定了黄河治理开发的复杂性、长期性、艰巨性。

一是防洪防凌形势依然严峻,水资源供需矛盾尖锐。黄河泥沙问题尚未得到有效解决,下游举世闻名的"二级悬河"态势加剧,洪水泥沙对黄淮海平原的威胁依然存在。"'二级悬河'河道的滩唇一般高于黄河大堤临河地面3m左右,最大达4~5m。由于'二级悬河'的存在,河道横比降大于纵比降,其中东坝头至陶城铺河段滩面横比降达0.1%~0.2%,而纵比降仅为0.014%,该河段是下游'二级悬河'最严重的河段。一旦发生较大洪水,滩区过流比增大,极易形成'横河''斜河',增加了顶冲堤防、顺堤行洪的可能性,严重危及堤防安全;同时使滩区受灾概率增大,对滩区群众生命财产安全构成威胁。"❷"二级悬

❶ 中共中央文献研究室编:《习近平关于社会主义生态文明建设论述摘编》,中央文献出版社,2017年,第73页。
❷ 胡春宏:《黄河水沙变化与下游河道改造》,《水利水电技术》(第46卷),2015年第6期。

· 218 ·

河"的日益加剧,大大增加了下游河道的治理难度。宁蒙河段防凌防洪形势严峻,上、中游干流河道治理,主要支流及重点城市防洪工程仍不完善。

黄河属于资源性缺水河流,河川径流量仅占全国的2%,却养育着全国12%的人口,灌溉着15%的耕地,支撑着约14%的国内生产总值,现状供水量已超过了黄河水资源的承载能力。"由于黄河水资源十分短缺,在正常来水年份,城乡居民用水、能源基地用水挤占农业和生态环境水量,使粮食安全和生态安全存在一定风险。由于河道生态环境用水被挤占,已经造成黄河流域的湿地面积萎缩、鱼类生存环境破坏等生态功能退化等问题。尤其是在枯水年份和连续枯水段,用水矛盾更加激烈,使粮食安全和生态安全的风险更大。"❶随着区域经济的加快发展,水资源供需矛盾更加突出。

二是水土保持、水污染防治和水生态保护任重道远。经过多年的持续治理和大规模的自然修复、封育保护,黄土高原水土保持生态建设取得显著成效。中国科学院"黄土高原生态工程生态成效综合评估"成果显示,"2000—2010年,黄土高原地区土壤侵蚀强度整体呈显著下降趋势,尤以黄土丘陵沟壑区和黄土高原沟壑区变化最大,其中中度以上侵蚀区以 $100 \sim 300 \ t/(km^2 \cdot a)$ 的速度在减少。2012年7月21日,黄河一级支流皇甫川流域突降暴雨,与1989年同期暴雨的降雨量、雨强和分布都十分相近,但洪峰流量、次洪量和次洪输沙量仅相当于1989年的40%～44%,水土保持措施固土保水、拦截泥沙的作用十分明显。据测算,黄土高原现有水土保持措施年均减少入黄泥沙4.35亿t左右,有效减缓了下游河床的淤积抬高速度,降低了用水处理成本,为黄河安澜及水资源有效开发利用奠定了基础。"❷但是,流域内水土流失面积46.5万平方千米,还有一半以上的水土流失面积没有治理,且水土流失强度大,自然条件恶劣,治理难度更大。同时资源开发

---

❶　孙钰:《黄河流域用水及治理之隐忧》,《特别关注》,2011年第18期,第7版。

❷　马永来:《黄河上中游水土保持改革开放40年实践与启示》,《中国水土保持》,2018年第12期。

与环境保护的矛盾日益突出,水土流失预防保护监督的任务十分繁重。黄河以占全国2%的水资源,承纳了全国约6%的废污水和7%的COD排放量。干流及主要支流水功能区水质达标率仅有48.6%,流域水污染形势严峻。由于河流生态用水不足、水污染、河流阻隔等因素,造成湿地萎缩、水生物生境破坏、水源涵养功能下降、生物多样性降低等问题。

三是水沙调控体系不完善,流域综合管理相对薄弱。黄河以"水少、沙多,水沙关系不协调"而闻名于世。20世纪80年代中期以来,随着人类活动的加剧,黄河水资源和水能资源的快速开发利用,以及自然气候条件的变化,黄河泥沙空间分布发生了重大变化,产生了一系列的新问题,主要包括"河道输沙能力降低,主河槽淤积萎缩,'二级悬河'加剧,排沙入海比例日益减少等,形成小水大灾的局面"。❶ 目前,"龙羊峡、刘家峡水库汛期大量蓄水,造成宁蒙河道淤积加重、主槽严重萎缩,对中、下游水沙关系也造成不利影响;小浪底水库调水调沙后续动力不足,不能充分发挥水流的输沙功能,影响水库拦沙库容的使用寿命,在小浪底水库拦沙库容淤满后,高含沙小洪水出现的概率将大幅度增加,下游河道主槽仍会严重淤积,水库拦沙期塑造的中水河槽将难以长期维持。"❷流域管理与区域管理相结合的管理体制及运行机制还不完善,政策、法规还不健全,执法能力、监督监测能力和科技支撑能力还很薄弱。

四、十八大以来黄河治理思路的新发展

黄河是一条桀骜不驯、洪水泥沙灾害严重的河流,历史上曾多次给中华民族带来深重灾难。治理黄河历来是治国安邦的大事。黄河的根本问题是"水少、沙多,水沙关系不协调",以及生态环境脆弱。虽然人民治理黄河60多年来取得了巨大成效,"但还面临着水沙调控体系不

---

❶ 胡春宏、陈绪坚、陈建国:《21世纪黄河泥沙的合理安排与调控》,《中国水利》,2010年第9期。

❷ 《黄河流域综合规划(2012—2030年)概要》,载《黄河报》,2013年3月21日第2版。

完善、防洪形势依然严峻、水资源供需矛盾日益尖锐、水土流失防治任务依然艰巨、水污染防治与水生态保护工作仍然薄弱等问题,治理开发和保护黄河是长期、艰巨而复杂的任务。"❶

大河安澜,离不开顶层设计。黄河的治理开发,规划是龙头、是先导。面对上述问题,在水利部统一部署下,黄河水利委员会精心组织,会同流域省(区),历时 6 年完成了《黄河流域综合规划 2012—2030年》修编工作。2013 年 3 月,该规划获得国务院批复。《黄河流域综合规划 2012—2030 年》在治黄的指导思想和理念上有新的发展。"强调了治黄工作要以科学发展观为指导,坚持人水和谐的理念,既要支撑经济社会的可持续发展,又要考虑维持黄河健康生命的需求;要把推动民生水利新发展放在首要位置;要以增水、减沙、调控水沙为核心,以保障流域及相关地区的防洪安全、供水安全、能源安全、粮食安全、生态安全为重点;要加强水资源合理配置和保护,实行最严格的水资源管理制度,加快建设节水型社会;要坚持依法治水,强化流域综合管理,提高科技支撑能力,进一步突出规划的系统性、综合性和可操作性。"❷该规划使治黄顶层设计同国家主体功能区战略相衔接,同全面建成小康社会新要求相适应,与加快水生态文明建设相协调,为今后一个时期黄河治理开发保护与管理提供了基本依据。随着黄河健康状况的改善,流域各省(区)希望黄河能以有限的水资源助推经济社会发展,为顺应这一需求,黄河水利委员会委党组于 2013 年提出了"治河为民、人水和谐"的治黄思路,把治黄放到经济社会发展全局和生态文明建设大局中去谋划,注重治河为民、人水和谐。

2014 年 3 月 14 日,习近平"节水优先、空间均衡、系统治理、两手发力"治水新思路的提出,为黄河治理思路的新发展指明了正确的发展方向。黄河"水少、沙多,水沙关系不协调",治理开发和保护黄河不仅要靠工程基础、技术条件,也要靠制度保障和管理创新。按照习近平

---

❶ 李文学:《黄河治理开发与保护 70 年效益分析》,《人民黄河》,2016 年第 10 期。
❷ 陈小江、赵勇:《全面实施黄河流域综合规划促进流域可持续发展》,《中国海事》,2013 年 11 期。

的治水新思路,2015 年 1 月 15 日,黄河水利委员会主任陈小江在 2015 年全河工作会议上提出:"要以习近平总书记重要讲话精神为指导,不断完善新时期治黄思路,加快实现从过度开发水资源向节约保护水资源转变,从粗放用水方式向集约用水方式转变,从供水管理向需水管理转变,从重点治理向系统治理转变,从依赖行政推动向坚持两手发力、实施创新驱动转变,努力构建治河为民、人水和谐的发展格局。"❶"维护黄河健康生命,促进流域人水和谐"的治黄思路开始萌芽。

2016 年 10 月 29 日,水利部部长陈雷在纪念人民治理黄河 70 年座谈会上,就进一步做好治黄工作做出重要部署时指出,"要牢固树立新发展理念,进一步完善新时期治黄方略。坚持以习近平总书记系列重要讲话精神为指导,深入贯彻'创新、协调、绿色、开放、共享'的发展理念和新时期水利工作方针。在战略定位上,坚持生态优先、绿色发展,把保护和改善黄河流域水生态环境摆在首要位置,着力维护黄河健康生命;在治理方式上,坚持系统治理、综合治理,把统筹山水林田湖各要素、治水治沙治滩各环节、防洪抗旱减淤各目标贯穿始终,尊重自然规律,促进多赢共赢。"❷这进一步丰富完善了新时期治黄思路,为协调解决流域水资源、水环境、水生态、水灾害问题指明了正确方向。

2017 年 1 月 10 日,黄河水利委员会主任岳中明在 2017 年全河工作会议指出,"随着黄河水沙情势变化和经济社会发展,治黄工作面临新形势、新挑战,我们要积极践行中央新时期水利工作方针,认真贯彻落实陈雷部长在纪念人民治理黄河 70 年座谈会上对治黄工作提出的新要求,统筹兼顾,不断传承和丰富治黄思路,既要维护黄河健康生命,又要促进流域人水和谐,把维护黄河健康生命作为流域机构义不容辞的责任,把促进流域人水和谐作为治黄工作的最高境。"❸这样,"维

---

❶ 蒲飞:《2015 年全河工作会议召开》,黄河网,http://www. yrcc. gov. cn/xwzx/hhyw/201501/t20150116_149928. html,2015 年 1 月 16 日。

❷ 云琦:《纪念人民治理黄河 70 年座谈会在郑州召开》,黄河网,http://www. yrcc. gov. cn/xwzx/hhyw/201610/t20161030_169402. html,2016 年 10 月 30 日。

❸ 蒲飞:《2017 年全河工作会议召开》,黄河网,http://www. yrcc. gov. cn/xwzx/hhyw/201701/t20170111_171974. html,2017 年 1 月 11 日。

护黄河健康生命,促进流域人水和谐"的治黄思路,就正式成为了指导中国特色社会主义新时代治黄工作的基本遵循。

党的十九大报告,把坚持人与自然和谐共生和坚持总体国家安全观纳入新时代坚持和发展中国特色社会主义的基本方略,把水利摆在九大基础设施网络建设之首,作出一系列重大部署。这都赋予了治黄工作新内涵、新使命、新境界。2018 年 1 月 11 日,黄河水利委员会主任岳中明在 2018 年全河工作会议指出,"要以习近平新时代中国特色社会主义思想为指导,进一步丰富完善治黄思路举措。要深刻领会习近平治水兴水重要思想,准确把握其核心要义,进一步明确治黄工作方向,切实贯彻落实到治黄工作的各方面和全过程,加快构建流域水安全保障体系,着力确保防洪安全、供水安全、生态安全,让黄河流域山川更秀美、河流更健康、人水更和谐。要把握新时代治黄特征,丰富治黄思路新内涵,坚持统筹兼顾、系统治理,管控好黄河洪水泥沙;坚持节水优先、开源并举,有效破解黄河水资源短缺瓶颈;坚持保护为重、防治结合,修复好黄河水生态;坚持改革引领、创新驱动,推进黄河治理现代化。"❶这就明确了"维护黄河健康生命,促进流域人水和谐"的治黄思路内涵主要是:管控好黄河洪水泥沙,确保防洪安全;有效破解黄河水资源短缺瓶颈,确保供水安全;修复好黄河水生态,确保生态安全,推进黄河治理现代化。目前,黄河水利委员会正按照水利部党组提出的"建设人水和谐美丽中国"的总体要求,对"维护黄河健康生命,促进流域人水和谐"的治黄思路进行丰富完善。

第二节　管控黄河洪水泥沙,确保防洪安全

新中国成立以来,黄河经过六十多年的治理,已建成一批下游防洪控制性工程,上游青海、甘肃、宁夏、内蒙古河段堤防得到根本改观,防洪能力不断增强。但"悬河"和"凌汛",还像两把利剑悬挂在当代治黄

---

❶　蒲飞、张婷:《2018 年全河工作会议召开》,黄河网,http://www.yrcc.gov.cn//xwzx/hhyw/201801/t20180112_184501.html,2018 年 1 月 12 日。

者的心头,防洪防凌形势依然严峻。

据监测数据显示,到 2012 年,"从中游进入黄河下游的粗泥沙约占总沙量的二成,但其淤积量却占到总淤积量的一半,又主要淤积在主槽中,对河道行洪极为不利。中游河段内,河道淤积与侵蚀河段交互出现,峡谷与宽谷相间,加上夏秋季多暴雨,洪峰流量大,因而沙源丰富。虽然 30 多条大小支流汇入黄河,补充了四成以上的宝贵水量,也给黄河带来了大量的泥沙。这使得黄河成为世界著名的多沙河流,也是黄河变成悬河的最直接原因。"❶黄河下游大量泥沙淤积在中常洪水行洪通道,形成了"二级悬河"。"在下游两岸大堤间的河道内,由于历史上黄河频繁改道,逐渐形成总面积约为 3 000 km² 的广大滩区,长期被认为是稀遇洪水的行洪排洪空间。随着社会经济的发展,滩区居住的近 190 万人的生产生活用地不断挤压河道行洪空间,防洪安全与滩区发展的矛盾愈发突出。"❷

黄河流域东西跨越 23 个经度,南北相隔 10 个纬度,地形和地貌相差悬殊,径流量变幅也较大。"冬春季受西伯利亚和蒙古一带冷空气的影响,偏北风较多,气候干燥寒冷,雨雪稀少。流域内冬季气温的分布是西部低于东部,北部低于南部,高山低于平原。元月平均气温都在 0 ℃ 以下。年极端最低气温为上游 -25 ~ -52.3 ℃,中游 -20 ~ -40 ℃,下游 -15 ~ -23 ℃。因此,黄河干流和支流冬季都有不同程度的冰情现象出现。这些冰情除对冬季的水运交通、供水、发电及水工建筑物等有直接影响外,尤其在河流中出现冰塞、冰坝这种特殊冰情以后,还会导致凌洪泛滥成灾。"❸凌汛是黄河不同于其他众多江河的显著特点,素来难测、难守。

一代代治黄者在新中国成立 70 年黄河治理过程中,对洪水规律认识不断加深,防洪理念不断提升。正是这种理念与行动的转变,奏响了人水和谐相处的宏大交响。"防洪减灾的目标不是一味追求战胜洪

---

❶ 陈启文:《当黄河成为一个悬念》,载《光明日报》,2013 年 1 月 25 日第 13 版。

❷ 张红武、李振山:《黄河下游河道与滩区治理研究》,《中国环境管理》,2018 年第 1 期。

❸ 《黄河凌汛》,360 百科,https://baike.so.com/doc/6274352-6487778.html。

水,而是控制洪水与适应洪水相结合,以最小的投入换取最大的减灾效益。这是对两千年来我国治河理念中整体、综合、辩证的科学思维的合理继承,是人与自然和谐理念在防洪减灾领域的体现。"❶党的十八大以来,黄河水利委员会紧扣黄河水沙情势变化,在总结前人经验的基础上,不断丰富"维护黄河健康生命,促进流域人水和谐"的治黄思路,认识到不仅要控制洪水,还要给洪水以出路,主动退堤还河、兴建行蓄洪区、移民建镇,科学调度和管理洪水。

2012年6月19日,黄河防总联合调度万家寨水库、三门峡水库、小浪底水库,实施黄河2012年汛前调水调沙,至7月9日8时水库调度结束,历时20天。"控制花园口站最大流量4 000立方米每秒左右。本次调水调沙本着安全可控、平稳有序的原则,在确保防洪安全的前提下保障引黄供水,兼顾发电和生态用水,实现水库减淤,维持下游河道中水河槽行洪输沙能力,充分发挥水资源最大效益。期间,小浪底水库出库泥沙达7 280万吨,7月4日15时30分最大出库含沙量0.398吨每立方米,排沙量及最大出库含沙量均为历次之最。"❷这次调水调沙是科学调度和管理洪水的体现,践行了"维护黄河健康生命,促进流域人水和谐"的治黄思路。2002年以来,黄河水利委员会调度骨干水库实施19次调水调沙和2018年防洪运用,共排沙10.92亿吨,黄河下游河道最小过流能力由1 800立方米每秒恢复到4 200立方米每秒,遏制了河淤、水涨、堤高的恶性循环。特别是2014年、2015年汛前,根据水库蓄水及河道来水情况,统筹考虑三门峡水库排沙、小浪底水库异重流排沙减淤,兼顾7月上旬"卡脖子旱"抗旱用水,优化了调度方案,进一步提高了水资源利用综合效益。

为了使洪水资源化,2012年到2017年5年间,黄河水利委员会在这方面积极努力,实现了新突破。"加强中长期来水预测预报,准确研

---

❶　周魁一:《人水和谐,中华"水事"的千年追求》,载《光明日报》,2011年4月8日,第15版。

❷　《黄河记事》,http://www. yrcc. gov. cn/hhyl/hhjs/zhrmghg/201402/t20140210 _139761. html。

判来水情势,不断探索时空层面的水资源综合调度,抓住有利时机,提前实施水库拦洪蓄水,强化洪水资源化管理。2012 年以来,5 大水库汛末共增蓄水量 262.08 亿立方米,为流域生产生活生态用水和跨流域抗旱调水储备了水源。"❶

2012 年 7 月 29 日至 31 日,黄河流域自西向东有一次较强的降雨过程,其中青海东北部、甘肃中部、陕西中北部、山西中部等局部地区有大到暴雨。2012 年 7 月 30 日 10 时 18 分洪峰流量 3 860 立方米每秒,形成黄河干流 2012 年 3 号洪峰,这是继黄河中游龙门站 7 月 29 日零时 30 分洪峰流量为 5 740 立方米每秒的 2 号洪峰后的又一次大流量洪水。2012 年 8 月 1 日上午,温家宝来到小浪底水利枢纽,听取了库区建设和防洪情况汇报,考察了大坝泄洪、排沙情况。随后,温家宝在洛阳主持召开座谈会。在听取了黄河水利委员会和河南省防汛抗洪工作汇报后,他指出,"黄河已经有 30 年没有出现大的洪水,今年出现的洪峰、险情提醒我们,必须高度重视黄河的防洪工作。一是全面加强预测、预报、预警,密切关注汛情变化,这是黄河防汛抗洪最基础的工作。二是切实做好抢大险的各项准备,确保黄河大堤万无一失。要针对黄河河势游荡、堤防易冲难防的特点,强化抢险队伍,备足抢险物料,切实加强巡堤查险。三是做好滩区避险,确保滩区群众的生命安全。对撤退道路、交通运输、对口安置、生活安排等,都要事先作出安排并落实到村、到户、到人。四是加强科学调控,合理利用雨洪资源。黄河防汛工作既要确保大堤安全,又要确保滩区群众安全;既要防御洪水,也要妥善处置泥沙;既要避免洪涝成灾,又要考虑抗旱用水。要在确保防洪安全的条件下,千方百计满足城乡居民生活用水需要,满足生产、输沙和生态用水需要。五是进一步加强防洪设施建设,实现黄河长久安澜。"❷温家宝的指示,不仅对汛期抗洪工作指明了正确方向,而且是人

---

❶ 蒲飞:《科学防控旱细实　防汛减灾保民安——党的十八大以来黄河防汛抗旱工作巡礼》,黄河网,http://www.yrcc.gov.cn/xwzx/jstx/201710/t20171019_181076.html,2017 年 10 月 19 日。

❷ 赵承、张宗堂:《全面做好防汛抗灾各项工作——温家宝考察长江、黄河防汛工作》,载《光明日报》,2012 年 8 月 3 日第 3 版。

与自然和谐理念在防洪减灾领域的体现,即不仅要控制洪水,还要给洪水以出路,科学调度和管理洪水。

2017 年 7 月 25 日 20 时至 26 日 6 时,榆林市普降区域性大暴雨,子洲县、绥德县城大面积积水,受灾严重,饮水供应困难。目前,子洲、绥德两县已转移疏散受灾群众 7 万余人。灾情发生后,榆林市立即启动 Ⅱ 级应急响应,并启动自然灾害救助 Ⅳ 级应急响应。榆林市防汛抗旱指挥部调拨送水车急赴子洲、绥德县城保障应急供水,并已调拨水桶、救生衣、被子、冲锋舟、发电车以及大量食物和饮用水送往子洲、绥德县城。国家防总两个工作组在陕北一线协助地方做好防汛抗洪工作,黄河防总及时启动防汛 Ⅲ 级应急响应。

总而言之,十八大以来,面对严峻的防汛抗旱形势,黄河防总、黄河水利委员会在国家防总、水利部的坚强领导下,夺取了黄河防汛抗洪工作的全面胜利,为流域经济社会持续稳定发展提供了有力保障。"2012 年黄河上游遭遇 30 年未遇的流域性洪水,2013 年黄河下游山东段出现近 10 年最大洪水过程,2014 年出现严重秋汛,2016 年、2017 年黄河支流汾川河、无定河等发生建站以来最大洪水。黄河防总先后启动应急响应 8 次,派出工作组、督察组、专家组 130 个。2014 年主汛期,黄河流域多地发生严重伏旱,河南省遭遇 63 年罕见大旱。黄河防总联合调度骨干水库,全力保障流域抗旱用水,其中,河南、山东合计引黄 19.49 亿立方米,为统一调度以来同期最多。2015—2016 年度,全河最大流凌封河长度达 2 532 千米,为近 5 年最长。黄河防总加强骨干水库关键时期实时调度,确保了防凌安全。"❶

黄河依然是世界上最为复杂难治的河流。从历史上看,黄河经历过长期安流之后的再次泛滥;从自然秉性上看,黄河水少沙多、水沙不协调的症结没有改变。历史和现实都提醒我们,黄河洪水忧思仍在,必须时刻保持警醒,扎实做好各项防汛准备。"洪水的危害不容忽视,但

---

❶ 蒲飞:《科学防控旱细实　防汛减灾保民安——党的十八大以来黄河防汛抗旱工作巡礼》,黄河网,http://www.yrcc.gov.cn/xwzx/jstx/201710/t20171019_181076.html,2017 年 10 月 19 日。

没有水同样可怕,这样主河槽会加剧萎缩,大量泥沙不能入海,堆积在主河槽内,日积月累,会把黄河拖入无以复加的恶性循环。一旦来水,洪水就会轻而易举地越出河槽,为防汛安全带来更大隐患。"❶

第三节　破解黄河水资源短缺瓶颈,确保供水安全

随着流域及相关地区经济社会的发展,用水需求已超过了黄河水资源的承载能力,黄河水资源开发利用已接近其承载极限,缺水已成为沿黄地区经济社会发展的瓶颈。"黄河世代养育着沿河子民,如今除满足黄河沿岸 9 个省区外,还要供水天津、河北等省市饮水。黄河流量并不大,只占中国淡水的 2%,浇灌了 12% 的耕地,养育中国 15% 的人口,可谓真正的母亲河。一方面母亲乳汁逐年递减,一方面沿黄城市工业和生活用水逐年增加。"❷随着供水范围的不断扩大和供水要求的持续增长,黄河承担的供水任务已超过其承载能力,水资源浪费、水生态破坏、水环境污染问题加重,黄河水资源的供需矛盾日益尖锐。

1972—1999 年的 28 年中,黄河有 22 年出现断流,不仅造成相关地区生活、生产供水危机,也破坏了河流生态系统和区域生态环境的平衡,带来巨大的经济损失和严重的社会影响。为了扭转这一局面,从1999 年起,黄河实施全流域水资源统一调度,协调上下游、左右岸,细化沿黄 11 个省、市、区的用水指标,各地用水"丰增枯减"。2002 年修订后的《中华人民共和国水法》专门新增一条:跨省、自治区、直辖市的水量分配方案和旱情紧急情况下的水量调度预案,由流域管理机构和有关地方人民政府制订。

这些措施的实施取得较好的成效。实施水量统一调度,黄河干流实现连续 13 年不断流,健康生命得以持续。下游城市地下水位抬升,

---

❶　秦素娟、王静琳:《黄河洪水,忧思仍在——汛来问黄河之一》,黄河网,http://www. yrcc.gov.cn/xwzx/jstx/201806/t20180626_190378.html,2018 年 06 月 26 日。

❷　哲夫:《黄河三题》,载《人民日报》,2011 年 8 月 31 日第 24 版。

河口生态环境明显改善。据初步统计,到 2015 年 11 月底,"各地生活及工业耗用水量分别为 21.21 亿立方米和 34.24 亿立方米,比调度前的 1998 年分别增加 13.74 亿立方米和 18 亿立方米,保证了正常的生产生活秩序,尤其是以往受断流影响严重的下游河段,生活及工业用水保障程度显著提高。同时,通过采取农业节水措施,在耕地面积扩大、农作物产量提高的同时,农业用水所占比例下降 12%,而工业、生活和生态用水所占比例上升了 12%。"❶母亲河重焕生机,见证了黄河水资源管理的转变:从供水管理向需水管理、从开发为主向开发保护并重、从粗放低效向节约高效,水资源宏观配置能力不断增强。

2014 年 3 月 14 日,习近平在中央财经领导小组第五次会议上讲话指出,"我国水安全已全面亮起红灯,高分贝的警讯已经发出,部分区域已出现水危机。河川之危、水源之危是生存环境之危、民族存续之危。水已经成为我国严重短缺的产品,成了制约环境质量的主要因素,成了经济社会发展面临的严重安全问题。一则广告词说'地球上最后一滴水,就是人的眼泪',我们绝对不能让这种现象发生。全党要大力增强水忧患意识、水危机意识,从全面建成小康社会、实现中华民族永续发展的战略高度,重视解决好水安全问题。"❷习近平把水安全问题提升到了全面建成小康社会、实现中华民族永续发展的战略高度,为黄河流域水安全工作指明了方向。黄河水利委员会深入贯彻习近平关于水安全问题的讲话精神,积极践行"维护黄河健康生命,促进流域人水和谐"的治黄思路,不断强化基础支撑,进一步提高黄河流域水安全保障能力。"近年来,黄委实施了'一省一策'的管理对策,建立了年度水资源管理台账和对接机制,逐年核算各省(区)黄河水资源利用、黄河分水指标已使用和剩余情况,年底前向省(区)通报年度水资源管理台账,对水资源开发利用处于临界状态的省(区)进行预警提示,对无余

---

❶　高旋、焦隆:《黄河缺水　用水还得省着来(热点解读)》,载《人民日报》,2015 年 11 月 25 日第 14 版。

❷　中共中央文献研究室编:《习近平关于社会主义生态文明建设论述摘编》,中央文献出版社,2017 年,第 53 页。

留水量指标或用水超红线的地区,新增取水实行区域限批。2014 年,启动了内蒙古跨盟(市)水权转让试点,截至目前,已批复宁夏、内蒙古、甘肃水权转让项目 50 多个,转让水量 4 亿多立方米。"❶

受强厄尔尼诺现象影响,在 2015—2016 调度年度,黄河来水将比常年偏少三成以上。来水偏少的直接影响是可供水量指标、省(区)年度配水指标都会减少,黄河水资源供需矛盾和水生态保护问题更加突出。面对流域来水持续偏枯、骨干水库蓄水少,严峻的水调形势,黄河水利委员会想尽办法筹措水源,确保防洪与供水安全。"2016 年主汛期,黄委开展小浪底水库动态汛限水位试验,该试验实现了在确保黄河下游防洪安全的前提下,枯水年主汛期增蓄水量 10.5 亿立方米,电站增发电量 3.6 亿千瓦时。随后,黄委根据中长期天气预报,调整骨干水库向后汛期汛限水位过渡,最大程度发挥了工程的综合效益。2016—2017 年凌汛期,黄委决定采用小流量封河,经方案比选,确定宁蒙河段封河流量为 450 立方米每秒,为近 10 年来最小,黄河下游利津站封河流量为 100 立方米每秒。通过小流量封河这一措施,龙羊峡、刘家峡、小浪底等骨干水库合计少泄水量近 30 亿立方米,为灌溉抗旱用水储备了宝贵水源。"❶

针对春灌用水高峰期、旱情发展较快的情况,黄河水利委员会制定了枯水调度模式,全力保障沿黄城市生活和工农业生产用水,同时保障了河口地区的生态用水,保证了下游河道两侧湿地和黄河三角洲地区生态的良性维持。"每年春季是流域省(区)农业用水高峰期,为加强实时调度,保障关键期农业抗旱灌溉用水和河口生态用水安全,精细调度骨干水库,使水库泄流过程与用水过程精准对接。2017 年 3—6 月,黄委在月方案基础上,下达实时调度指令 25 次,17 次调整刘家峡水库下泄流量指标,15 次调整小浪底水库下泄流量指标。同年 4—6 月,结合下游灌溉用水,有计划地加大小浪底水库泄流过程,较好地保障了河

---

❶ 范江涛:《精心用好每一立方黄河水——党的十八大以来黄河水资源管理与调度工作巡礼》,黄河网,http://www.yrcc.gov.cn/xwzx/jstx/201710/t20171019_181078.html,2017 年10 月 19 日。

口鱼类产卵场鱼类产卵育幼洄游高峰期的生态用水。"❶

黄河供水不仅要确保城乡生活、工业用水,最大限度满足农作物关键期灌溉用水,还要保障生态水量,跨流域调水的需求。十八大以来5年间,"引黄入冀补淀5次,共送水20.6亿立方米。生态补水使'华北明珠'白洋淀再现烟波浩渺的景象和荷红苇绿胜景,湿地生态功能得到进一步恢复,鸟类已恢复到198种,绝迹多年的东方白鹳又重新出现,白洋淀已成为候鸟迁徙的驿站。这5年来,山东引黄济青逐渐扩展为向整个胶东调水,供水范围大幅度扩大。2015年4月25日,烟台启动了史上首次应急调引黄河水,后扩大至胶东4市,截至2017年7月,黄河向胶东4市供水11.56亿立方米。"❶

目前黄河水资源开发率已接近极限,缺水将成黄河水资源管理面临的新常态。水资源短缺问题怎样解决?节流开源是根本出路。2014年3月14日,习近平在中央财经领导小组第五次会议上讲话时指出,"把节水纳入严重缺水地区的政绩考核。在我们这种体制下,政绩考核还是必需的、有效的,关键是考核内容要科学。我看要像节能那样把节水作为约束性指标纳入政绩指标,非此不足以扼制拿水不当回事的观念和行为。"❷黄河水利委员会深入贯彻习近平的治水思想,严格监督管理。"以'河长制'全面实施为契机,进一步完善流域与区域协调联动机制,全面加强水资源管理监督检查,建立监督检查台账,向各级'河长'提出水资源监督检查清单,明确监督检查要求,联合省(区)水利厅和委属单位加大执法监督力度,形成监管合力。切实加强取水许可审批的事中事后监管。按照取水许可审批和水量调度计划,加强取

---

❶ 范江涛:《精心用好每一立方黄河水——党的十八大以来黄河水资源管理与调度工作巡礼》,黄河网,http://www.yrcc.gov.cn/xwzx/jstx/201710/t20171019_181078.html,2017年10月19日。

❷ 中共中央文献研究室编:《习近平关于社会主义生态文明建设论述摘编》,中央文献出版社,2017年,第105页。

水用途管制和用水需求管理。既要积极支持生态用水需求,又要严格监督,控制盲目'圈水',防止水资源浪费。"❶

黄河流域水资源总量不足,供需矛盾尖锐,生活、生产、生态相互争水,往往导致生态环境水量被大量挤占,黄河流域总缺水非常严重。"随着流域经济社会的快速发展,用水需求不断增加,在不考虑南水北调西线等跨流域调水的情况下,2030年黄河流域缺水量达138.3亿立方米,其中,河道外缺水104.1亿立方米,河道内缺水34.2亿立方米。枯水年份缺水更加严重,只有通过实施跨流域调水,补充黄河水资源,才能有效缓解黄河严峻缺水的局面。"❷

黄河跨流域调水进程中,陕西走在了前列。陕西工业用水资源总量不足,时空分布不均,缺水是制约全省经济社会发展的"瓶颈"因素。尤其是关中和陕北地区,水资源紧缺已成为当前乃至今后一个时期经济社会发展和环境改善首当其冲的重大问题。引汉济渭工程即是针对这一问题规划的重大水资源配置措施。"该工程是将汉江水引入渭河以补充西安、宝鸡、咸阳等5个大中城市的给水量。引汉济渭工程是由汉江向渭河关中地区调水的省内南水北调骨干工程,是缓解近期关中渭河沿线城市和工业缺水问题的根本性措施。该工程是经国务院批复的《渭河流域重点治理规划》中的水资源配置骨干项目,也是国务院批准颁布的《关中——天水经济区规划》的重大基础设施建设项目。"❸
2017年11月25日,引汉济渭秦岭隧洞出口段6 500米隧洞正式贯通,这刷新了隧道独头通风世界纪录,也标志着世界第二长水利隧洞引汉济渭秦岭隧洞工程建设取得重大进展。

由于南水北调西线工程技术复杂,耗资巨大,可能破坏长江流域的生态,社会上的反对意见颇多,南水北调西线工程构想至今停留在案头阶段。在外流域的调水暂时不能实现的情况下,全面落实最严格的黄

---

❶ 水资源管理与调度局:《加强水资源管理　促进流域水生态建设》,载《黄河报》,2017年1月12日第2版。

❷ 张新海:《略论黄河水资源利用与配置》,载《黄河报》,2014年4月10日第3版。

❸ 《引汉济渭》,360百科,https://baike.so.com/doc/8958524-9286410.html。

河水资源管理制度,不断强化用水需求和用水过程管理,对破解黄河水资源短缺瓶颈,确保供水安全尤为重要。

第四节 修复黄河水生态,确保生态安全

"50年代淘米洗菜,60年代洗衣灌溉,70年代水质变坏,80年代鱼虾绝代,90年代人畜受害",从这段描述黄河流域污染状况的顺口溜中,可以看出黄河遭受到的污染不断升级。随着工业和城市化的发展,大量污水未经处理直接排入河道,特别是靠近城市的排水沟,多数已被污染,基本上是劣Ⅴ类水质。水生态破坏问题持续加重。

针对日益升级的黄河流域污染状况,只有建立流域水污染防治协作机制,才能控制入河排污总量。甘、宁、蒙三省(区)均地处黄河流域,黄河为三省(区)经济社会发展、人民生产生活提供了水源保障。近年来,随着三省(区)沿黄河及其支流城市建设、经济社会的迅速发展,黄河甘宁蒙段环境风险逐年加大,黄河水污染防治和环境应急管理工作日显重要。2013年10月9日下午,甘肃、宁夏和内蒙古三省(区)共同签署了黄河甘宁蒙段跨界突发环境污染应急响应联动合作机制。该机制明确提出,"当发生突发环境事件时,上游地区环境保护部门要及时通报下游地区环保部门。下游地区发现水质异常等突发环境事件迹象时,要及时把有关情况通报上游地区环保部门;对跨界水域污染等问题,要及时移交处理等。"❶这项机制的建立,有利于三省(区)快速应对突发环境事件,保障黄河中上游水质。

在黄河水污染治理上,宁夏回族自治区工作落实的比较到位。20世纪70年代以来,造纸、化工、食品制造等企业的纷纷上马,使黄河水质不断恶化。到2000年,黄河宁夏段的水质一度达到Ⅴ类、劣Ⅴ类。为提高黄河干流水质、治理各类污染,宁夏投入了大量资金,对重点污染企业进行了重点治理,先后取缔关停了"五小""十五小""新五小"

---

❶ 朱磊、宽容:《甘宁蒙建立突发环境污染应急联动机制有利于保障黄河中上游水质》,载《人民日报》,2013年10月10日第10版。

企业,从源头上减少了废水的排放,黄河水质因此迅速好转,逐渐从劣Ⅴ类、Ⅴ类提高到Ⅳ类至Ⅲ类。

2013年7月,银川被水利部确定为全国水生态文明城市建设试点城市后,宁夏回族自治区对黄河污染问题十分重视,进一步加大污染治理力度,"对造纸、石化、化肥等企业进行综合整治,大规模提升、改造排污工程,工业园区的污水处理厂达到了10个、城镇污水处理厂达到了29个,污水处理能力大大提升。与此同时,对几家污染严重的制药企业实行24小时不间断监测和执法检查,对黄河干流跨市界断面、支流出界断面、排水沟直入黄河口的水质进行严格考核、及时通报。"❶

2018年4月12日,宁夏回族自治区党委书记、总河长石泰峰在自治区总河长第二次会议上指出,"要坚持生态优先,牢固树立绿色发展理念,把保护黄河生态摆上优先地位,实行最严格的水生态保护和水污染防治制度,严格落实'三条红线',加快建设沿黄生态经济带,大力推进工业园区集中、集聚、集约发展,从源头上为黄河减负,切实担负起保护黄河的历史责任。要坚持综合治理,以壮士断腕的勇气,岸上与岸下齐抓、治标与治本并举,零容忍、硬碰硬、动真格,坚决打好水污染防治攻坚战,抓好黄河干支流和重要排水沟、城市黑臭水体整治,严管严控重点工业污染源,统筹实施山水林田湖草一体化生态保护和修复,让河湖恢复生命,重现生机。"❷2018年宁夏新时代黄河保卫战取得了初步成效,黄河干流宁夏段22年来首次连续14个月出入境断面水质保持在Ⅱ类优水质。监测结果显示,"13条重点入黄排水沟水质改善明显,其中11条水质基本达到Ⅳ类及以上,尤其是9条重点入黄排水沟,由劣Ⅴ类水质改善为Ⅳ类及以上;渝河、葫芦河水质提升到Ⅱ类,泾河、茹河、清水河均达到国家考核要求;清水河三营断面和渝河联财断面水质

---

❶ 张晓晖:《黄河干流宁夏段水质逐年好转》,宁夏回族自治区生态环境厅官网,http://sthjt.nx.gov.cn/info/3296/76284.html,2014年2月10日。

❷ 马晓芳、姜江:《坚持问题导向 确保黄河保护治理取得实效》,载《宁夏日报》,2018年4月13日第1版。

达标控制性工程成为宁夏水污染防治项目管理示范和可推广模式。"❶

十八大以来,黄河水利委员会综合运用行政、法律、科技等手段,率先建立水污染事件快速反应机制,率先启动流域入河排污口全面核查,建成第一座高含沙河流水质自动监测站,通过联合执法、协同治污,入黄排污总量基本得到控制。在经济高速增长的情况下,流域Ⅰ～Ⅲ类水河长占比由 2000 年的 38.7% 提高到 2017 年的 69.9% 。

十八大前夕,黄河流域经济社会发展同生态保护的矛盾日渐突出,河流生态用水不足、水污染、河流阻隔等消极因素造成湿地萎缩、水生物生境破坏,水源涵养、生物多样性等生态功能下降。特别是,"黄河断流,导致下游生态环境不断恶化,河口三角洲生态系统严重退化。黄河三角洲湿地自然保护区有水生生物资源 8 000 多种,许多物种属国家重点保护的濒危物种。频繁断流,打乱了原有的生态系统,造成湿地生态系统中生物多样性锐减。同时,使黄河入海口海岸线后退,海水入侵,河口地区生存环境恶化。"❷

党的十八大、十九大,对实现经济社会发展和生态环境保护协同共进提出了更高要求。黄河水利委员会认真落实绿色发展理念,在功能性不断流、江湖健康评估、生态调度、水资源承载能力监测预警等方面探索实践,促进了流域经济社会可持续发展。1999 年开始统一调度以来,将近 20 年间,"4 100 亿立方米水量滋养干旱缺水的西北、华北大地,浇灌千里沃野,输入厂矿企业,泽被千家万户,充盈河口湿地、白洋淀等生态脆弱区,为经济社会快速发展提供了动力源泉,为满足人民群众美好生活向往提供了水源保障,为生态环境重焕活力注入了'生命之水'"。❸

乌梁素海是黄河流域最大的淡水湖,位于内蒙古巴彦淖尔市乌拉

---

❶ 拓兆兵:《坚持全流域系统治理理念　黄河宁夏段水质全面提升》,载《经济日报》,2019 年 1 月 21 日。

❷ 赵炜:《龙行大地——回眸黄河断流的治理》,黄河网,http://www.yrcc.gov.cn/xwzx/jstx/201812/t20181218_196390.html,2018 年 12 月 18 日。

❸ 徐倩:《奋楫潮头逐浪高——改革开放 40 年治黄事业发展回望》,黄河网,http://www.yrcc.gov.cn/special/dhbyxsd/201812/t20181218_196408.html,2018 年 12 月 18 日。

特前旗境内。20 世纪 90 年代起,由于自然补水量不断减少,乌梁素海的自净功能弱化,加之上游一些地方排放生活污水等原因,湖区面积减少,生态功能退化,水体富营养化严重,生物多样性逐渐减少。为改善乌梁素海水生态环境,巴彦淖尔市在黄河水利委员会的大力支持下,充分利用黄河凌汛水、灌溉间隙和秋浇后期水向乌梁素海补水,加快水体置换,改善水体环境。从 2019 年 2 月 21 日开始,"河套灌区从总干渠三闸泄水引黄河凌汛水向乌梁素海生态补水,2 月 27 日又从三盛公总干渠进水闸引黄河凌汛水向乌梁素海生态补水。2 月 24 日开始,河套灌区义和渠、丰济渠、长塔渠陆续引水进入总排干沟,通过红圪卜排水站进入乌梁素海。"❶3 月 29 日,引黄河凌汛水向乌梁素海生态补水工作目前接近尾声,春季补水量预计达到 1.81 亿立方米。按照全年补水计划,年内将向乌梁素海生态补水 5.65 亿立方米。

乌梁素海流域山水林田湖草生态保护修复试点工程于 2019 年 4 月 16 日启动,计划利用 3 年时间持续改善乌梁素海流域生态功能。据介绍,"乌梁素海流域生态保护修复试点工程总投资约 56 亿元,其中地方自筹资金 26 亿元,引入社会资本 10 亿元,拟申请国家资金 20 亿元,共包含 17 个项目、38 个子项目,主要包括沙漠综合治理、矿山地质环境综合整治、水土保持与植被修复、河湖连通与生物多样性保护、农田面源及城镇点源污染治理、乌梁素海湖体水环境保护与修复、生态环境物联网建设与管理支持等 7 大类重点项目。"❷该工程以建设我国北方重要生态屏障为中心,重点提升我国北方防沙带生态功能,保障黄河中下游水生态安全。

黄河上游地处青藏高原,自然条件严酷,生态环境脆弱,保护生态环境的难度很大,加之人们的生态意识淡薄,生态建设投入不足,使黄河上游地区的生态环境不断恶化。黄河上游生态环境恶化,使黄河源

---

❶ 《乌梁素海今春生态补水 1.81 亿立方米》,内蒙古自治区生态环境厅官网,http://sthjt.nmg.gov.cn/web/hjfw_4736/hjjc_4741/201904/t20190401_1589394.html,2019 年 4 月 1 日。

❷ 李云平:《乌梁素海流域生态保护修复试点工程启动》,新华网,http://www.xinhuanet.com/2019-04/16/c_1124375176.html,2019 年 4 月 16 日。

头地区的水源涵养功能大大下降,加剧了黄河流域干旱缺水程度。据调查,"1988 年以来的十年中,黄河青海段年水量比正常年份减少了23.3%,共计减少水量约二百五十亿立方米。黄河径流量减少,致使龙羊峡、刘家峡水库蓄水量大幅度降低,1997 年水量已降到五十年代以来的最低点,比严重缺水的 1996 年还少十四点三亿立方米。"❶黄河水量减少和断流加剧的严酷现实促使人们深思:在中国特色社会主义新时代如何正确处理人与自然、眼前利益与长远利益、经济效益与生态效益的关系,是能不能坚持可持续发展的重大问题。在这个事关子孙后代的重大问题上,我们要有高度的清醒和自觉,否则,就会受到自然规律的惩罚。恩格斯指出:"我们不要过分陶醉于我们对自然界的胜利。对于每一次这样的胜利,自然界都报复了我们。每一次胜利,在第一步都确实取得了我们预期的结果,但是在第二步和第三步却有了完全不同的、出乎预料的影响,常常把第一个结果又取消了。"恩格斯一百多年前的这些忠告今天读来仍振聋发聩,有很强的现实意义。黄河上游地区生态环境建设是一项事关全局的大型公益性工程,关系到整个黄河流域的生态环境和经济社会的发展。黄河流域严重的生态问题已经引起了中央的高度重视,加强黄河上游生态环境建设面临着极好的机遇。

青海是长江、黄河和澜沧江的发源地,被称为"中华水塔"。三江源地区平均海拔 4 000 多米,是世界高海拔地区天然湿地、生物多样性最集中的地区之一,生态价值独特且丰富。三江源生态保护和建设工程是一个系统的生态工程,更是一个系统的社会工程,它涉及生态保护、人与自然和谐、经济社会发展等方方面面。2004 年 4 月,黄河首次在源头的鄂陵湖出水口出现断流。同时,鄂陵湖湖面也较往年退缩200 米,水位下降 2 米;而上游湖泊扎陵湖水面退缩达 400 米,水位下降了 3 米之多。从 2005 年开始,国家投资 75 亿元在青海三江源地区设立保护区,开展大规模的生态保护、治理工程。玛多县生态环境在三

---

❶　田成平、白恩培:《努力搞好黄河上游生态环境建设》,载《人民日报》,1998 年 8 月13 日第 10 版。

江源生态保护工程实施前后的变迁见证了三江源生态保护工程的成效。位于黄河源头的玛多县有着"千湖之县"的美誉,然而由于生态环境恶化,黄河曾一度在此断流,境内大小湖泊相继干涸。三江源生态保护工程实施后,玛多县掀起了生态保护的高潮。截至2012年末,"玛多县累计完成生态保护和建设项目投资 3.3 亿多元,实施了沙化治理、禁牧封育、退牧还草、移民搬迁、湿地保护、人工增雨、工程灭鼠等生态保护与建设项目 12 个。统计数据显示,8 年来,玛多县退牧还草 988 万亩,沙漠化防治 36 万亩,封育沙化、退化草场近 20 万亩。"❶今天人们沿黄河逆流而上,沿途看到河汊、湖泊接二连三,藏野驴、藏原羊在草原上悠闲徜徉,展翅滑翔的水鸟陶醉在蓝天碧水间,黄河源头再现"千湖"奇观。

继青海三江源生态保护和建设一期工程之后,2014 年 1 月,青海省召开三江源国家生态保护综合试验区建设暨三江源生态保护和建设二期工程启动大会,标志着二期工程进入全面实施阶段。二期工程规划期限为 2013 年至 2020 年,"目标是到 2020 年,林草植被得到有效保护,森林覆盖率由 4.8% 提高到 5.5%;草地植被覆盖度平均提高 25 至30 个百分点;土地沙化趋势有效遏制,可治理沙化土地治理率达 50%,沙化土地治理区内植被覆盖率达 30% 至 50%。"❷2016 年 8 月 24 日,习近平在青海省考察工作结束时的讲话指出,"青海又地处青藏高原,生态就像水晶一样,弥足珍贵而又非常脆弱。全省七十二万平方公里国土面积中,百分之九十属于限制开发或禁止开发区域。这决定了青海保护生态环境的范围广、任务重、难度大。保护三江源,保护好'中华水塔',是青海义不容辞的重大责任,来不得半点闪失。"❸习近平的讲话,既指明了保护三江源的重大意义,又强调了三江源生态保护工作

---

❶ 尕玛多吉、刘鹏、宋喜群:《黄河源头又见"千湖"奇观》,载《光明日报》,2013 年 8 月 4 日第 3 版。

❷ 《三江源生态保护和建设二期工程》,360 百科,https://baike.so.com/doc/9706447-10052833.html。

❸ 中共中央文献研究室编:《习近平关于社会主义生态文明建设论述摘编》,中央文献出版社,2017 年,第 73-74 页。

要认真对待,扎实推进,有利于三江源生态保护工程全面有效地开展,高质量完成。

受环境污染、工程建设以及过度捕捞等因素影响,黄河流域水生生物资源衰退严重,一直没有得到有效恢复。"为保护黄河水生生物资源,沿黄很多地区出台了地方性禁渔制度。但由于缺少国家层面的制度设计,各地在黄河水生生物资源保护方面主要还是靠单打独斗、各自为战,缺少流域性的协作机制,工作衔接配合也有待进一步加强,尚未形成工作合力。"❶党的十九大对加强生态文明建设提出新要求,2018年中央一号文件明确提出,在江河湖海科学划定限捕、禁捕区域。2018年初农业农村部发布了《关于实行黄河禁渔期制度的通告》,规定从4月1日起在黄河流域实行禁渔期制度。2018年4—6月,黄河流域9省(区)共印发宣传材料42.6万份,出动渔政执法人员1.5万人次、执法车辆3 063台次、执法船艇1 262艘次,检查渔港码头及渔船自然停靠点620个次、渔船3 086艘次、市场811个次、船舶网具修造厂点61个,水上巡查里程2.2万海里,查办违规违法案件392起,查获涉案人员532人,查获非法渔获物2 326公斤。

为维护黄河禁渔秩序、打击非法捕捞行为,2018年5月30日至6月3日,农业农村部渔业渔政管理局在沿黄9省(区)同步进行了为期5天的黄河禁渔交叉联合执法和督查工作。"农业农村部派出9个执法工作组,调派100多艘次渔政船艇和相关执法车辆,对黄河干流、主要支流及通河湖泊等黄河禁渔水域的重点地区以及相关渔船停靠点进行执法检查;对省际交界水域、违法违规行为多发水域实现全方位检查,防止不法分子利用省际渔政检查空当实施'游击战式'违法,同时推动黄河流域渔政执法工作交流,提高队伍执法能力和水平,做到了'发现一起、打击一起',基本实现了禁渔期间'水上无渔船,水下无网

❶ 《黄河4月1日起首次实施流域性禁渔保护水生生物资源　告别单打独斗》,山西生态环境厅官网,http://sthjt. shanxi. gov. cn/html/szfyw/20180329/59452. html,2018年3月29日。

具'。"❶禁渔期的设置,填补了黄河流域性渔业资源保护重大举措的空白,将对黄河流域水生生物资源的养护起到重大推动作用。

第五节　推进水土保持工作,修复黄土高原生态

　　20世纪90年代以后,国家加大了水土流失治理力度,先后在黄河流域实施了上、中游水土保持重点防治工程、国家水土保持重点治理工程、黄土高原淤地坝试点工程、农业综合开发水土保持项目等国家重点水土保持项目,水土流失防治工作取得了显著成效。到十八大前,黄河流域累计初步治理水土流失面积22.56万km²,改善了当地生态环境和人民群众的生产生活条件,取得了显著的经济效益、生态效益和社会效益。但从整体上看,"流域水土流失尚未得到有效控制,生态环境问题仍很突出:一是投入不足,措施不配套,治理任务依然十分艰巨;二是开发与保护矛盾尖锐,预防监督工作任重道远;三是水土保持监测能力不足,对水土流失防治的支撑不够。"❷

　　从具体工作看,面对流域减水减沙现状、社会经济结构调整与区域气象 – 水文系统自我协调约束等,特别是退耕还林工程的持续实施,黄土高原生态保护与治理格局面临新的调整需求。"如局部区域植被演替已到高级阶段或者植被覆盖度已到上限,有的地质单元因退耕还林出现耕地面积不足等,那么这些区域的林草植被改善是否还持续开展。又如,因农村劳动力转移到城镇致使部分区域优质梯田被大量弃耕,而部分区域坡陡沟深、地形破碎使坡地梯田化潜力不足,坡梯政策面临着如何分区域推进等问题。淤地坝工程实现了沟道侵蚀阻控与农业生产有机统一,但由于设计依据的标准陈旧及下垫面变化,新建坝系很难短时

---

❶ 《黄河流域结束3个月禁渔　流域性协作机制进一步加强》,载《人民日报》,2018年7月2日第14版。

❷ 李敏、王白春、许林军:《黄河流域水土保持战略部署》,《人民黄河》,2013年10月,第35卷第10期。

期淤满,给汛期防洪带来巨大压力,导致目前淤地坝建设出现了停滞。"❶

党的十八大以来,党中央把生态文明建设放在更加突出的位置,纳入到推进中国特色社会主义事业"五位一体"的总布局中。黄河水利委员会积极适应国家加快生态文明建设的步伐,按照"维护黄河健康生命,促进流域人水和谐"的治黄思路,充分发挥流域机构在"宏观管理、协调服务、检查督办"的职能职责定位,创新机制,规范管理,强化监管,注重实效,推动黄土高原地区水土保持工作健康、持续发展。针对黄河流域水土保持工作中面临的问题,黄河水利委员会以维护生态环境,改善群众生产、生活条件和减少入黄泥沙为总体目标,贯彻"防治结合、保护优先、强化治理"的基本思路,按照"全面规划、统筹兼顾、标本兼治、综合治理"的原则,根据黄河流域水土流失的特点,结合当地经济社会发展和治黄要求,因地制宜、分区防治、突出重点。在顶层设计上,指明了工作方向,提出了整体思路。

为了拦截黄河中游地区入黄泥沙,减少黄河下游淤积,缓解下游防洪安全压力,改善区域水土流失状况,促进当地生态环境修复,黄河水利委员会紧密配合国家有关部委,全力推动《黄河粗泥沙集中来源区拦沙工程一期项目》前期立项,积极推进黄河多沙粗沙区的综合治理。环保部环境工程评估中心于2016年8月13日至14日召集有关部门代表和专家组成审查组,在陕西省西安市主持召开了《黄河粗泥沙集中来源区拦沙工程一期环境影响报告书》技术评估会。该项目主要位于陕西省和内蒙古自治区境内,"其中涉及陕西省榆林市的府谷、神木、佳县、榆阳区、米脂、绥德、清涧、靖边、横山和子洲,延安市的安塞和子长,共计2个市12个县(区)。该项目在陕西境内的粗泥沙集中来源区内的皇甫川、清水川、孤山川、窟野河、秃尾河、佳芦河、无定河、延河、清涧河等9条一级入黄支流两侧的支毛沟内建设库容50万~100万 m³的中型拦沙坝484座、库容小于50万 m³的小型拦沙坝2 205座。各单体拦沙坝主要工程内容包括:均质碾压土坝、溢洪道和泄水洞

---

❶ 胡春宏、张晓明:《论黄河水沙变化趋势预测研究的若干问题》,《水利学报》,2018年9月,第49卷第9期。

工程等。工程总投资 45.25 亿元,其中环境保护投资 4 175.73 万元,约占总投资的 0.92%。"❶

淤地坝是黄土高原地区防止水土流失有效的工程措施之一,经过几十年的发展,黄土高原地区的淤地坝建设虽然取得了很大的成就。但是,这些淤地坝多数系 20 世纪六七十年代兴建的,由于当时受各种条件的限制,淤地坝大多没有进行工程设计或设计标准偏低,后期管护、配套措施没有跟上。目前多数淤地坝已经淤满,坝库设施老化失修,病险情况日趋严重,淤地坝水毁事件时有发生,在一定程度上对当地群众的生活和农业生产造成影响,也制约了淤地坝的发展。如何确保淤地坝安全,特别是每年汛期的安全运行和坝下游群众生命财产安全,就成为黄河水利委员会的水土保持管理工作的重中之重。

十八大以来,黄河水利委员会先后对 300 多座中型以上淤地坝工程进行了督导检查。"制定颁发了《黄土高原淤地坝汛前检查办法》和《黄土高原地区淤地坝工程防汛预案编制规定》等一批管理办法,进一步规范了淤地坝安全运用及管理工作。从 2015 年起,黄委按照水利部关于开展病险淤地坝除险加固工作的部署,编制完成了《黄土高原地区中型以上病险淤地坝认定办法》和《黄土高原地区中型以上病险淤地坝除险加固工程规划》,派出大量技术人员深入各地完成了 1 860 座病险淤地坝的核实工作,为黄土高原病险淤地坝除险加固工程立项建设奠定了坚实基础。同时,完成了 2016 年度病险淤地坝除险加固工程专项督导检查,督促工程建设顺利完成。"❷

黄河水利委员会坚持"预防为主、保护优先"的方针,以控制人为水土流失、规范开发建设单位行为为核心,以维护国家生态安全和维持黄河健康生命为目标,努力推动预防监督工作再上新台阶。仅"十二五"期间,"流域各省(区)共审批并实施水土保持方案 1.3 万多个,开

---

❶ 《关于对黄河粗泥沙集中来源区拦沙工程一期项目环境影响报告书初审意见的函》陕环函〔2016〕686 号,陕西省生态环境厅官网,http://sthjt.shaanxi.gov.cn/newstype/open/xxgkml/jgfl/hjyxpjc/20170323/12352.html,2016 年 10 月 12 日。

❷ 《党的十八大以来黄委水土保持工作巡礼——构筑黄土高原生态文明绿色之路》,黄河网,http://www.yrcc.gov.cn/xwzx/jstx/201709/t20170928_180480.html,2017 年 9 月 28 日。

展监督检查 3.9 万多次,完成水土保持设施验收 3 900 多项,查处违法案件 500 余起,征收水土保持补偿费超过 16 亿元,督促生产建设单位投入水土保持经费达 240 多亿元,防治人为水土流失面积 40 多万 hm^2。"❶

同时,黄河水利委员会不断创新机制,探索建立了水土保持监督检查联动机制,通过统一组织、分工实施,充分发挥各级水土保持监督部门的作用,形成了流域内各级监督部门互相协作、协调联动、齐抓共管的良好局面。十八大以来,"连续 6 年对在建部批生产建设项目监督检查实现 100% 全覆盖,累计检查 1 400 多项次。特别是针对一些监督难度大的项目,通过联合执法、协同处罚、责任追究等多措并用的方式,及时纠正了违法违规行为。同时,也进一步增强地方各级监督能力,带动了流域监督管理工作的整体发展。黄委连续 7 年编制发布《黄河流域(片)大型生产建设项目水土保持公报》,向全社会公开在建部批项目监督检查结果,接受社会舆论的监督。"❷黄河水利委员会积极开展项目监测,组织技术人员开展了黄河中游多沙粗沙区孤山川、窟野河、秃尾河、佳芦河等重点支流水土保持监测项目,黄河流域全国水土流失动态监测与公告项目,以及淤地坝坝系拦沙蓄水、坝地利用与增产效益等监测项目,均获得了宝贵的数据信息,取得了一批重要成果。至 2015 年,以黄河流域水土保持监测系统为核心的"数字水保"工程体系已经形成,确保了监测系统的高水平建设。

黄土高原水土流失面广、量大,国家的投入明显不足。面对新的形势,2010 年、2012 年,国务院、水利部先后印发了《关于鼓励和引导民间资本健康发展的若干意见》《鼓励和引导民间资本参与水土保持工程建设实施细则》,有效地推进了黄土高原民间资本开展综合治理和产业开发。山西省出台了《关于实施百企千村产业扶贫开发工程的指

---

❶ 李春安:《继往开来　深化改革　努力建设黄土高原生态文明》,《中国水土保持》,2016 年第 9 期。

❷ 《党的十八大以来黄委水土保持工作巡礼——构筑黄土高原生态文明绿色之路》,黄河网,http://www.yrcc.gov.cn/xwzx/jstx/201709/t20170928_180480.html,2017 年 9 月 28 日。

导意见》,鼓励企业治理开发"四荒"。"截至 2015 年底,山西全省民营水保户发展到 30 万户,其中承包治理面积在 33.3 hm^2 以上的民营水保大户有 4 300 多户,累计投入治理资金 30 多亿元,治理"四荒"面积 8 100 km^2。陕西省率先建立了生态补偿机制,并取得了良好效果。"[1]

总体而言,党的十八大以来,黄河水利委员会以习近平生态文明思想为指导,坚持新发展理念,持续推进美丽黄土高原建设,促进流域人水和谐,水土保持工作取得新成就。"累计治理水土流失面积 6.3 万平方公里,水土保持规划基本完成,多项科技成果得到应用,流域生态持续好转,治理水平、监管能力日益提升,为流域经济社会持续健康发展提供了重要支撑。"[2]治理小流域 2 200 多条,加固淤地坝 1 600 多座。"绿水青山"与"金山银山"相融相生,助力 250 多万人脱贫。

---

[1] 李春安:《继往开来 深化改革 努力建设黄土高原生态文明》,《中国水土保持》,2016 年第 9 期。

[2] 《黄河中游水土保持委员会第十三次会议在西安召开》,陕西省生态环境厅官网,http://sthjt.shaanxi.gov.cn/dynamic/zhongs/2018-06-13/30102.html,2018 年 6 月 13 日。

【第十章】

当代中国治理黄河的成就、不足与发展方向

　　黄河是中华民族的母亲河,历史上也是决溢频发的忧患之河。"黄河宁,天下平"。为了治理黄河,在新中国成立之前,历代有识之士提出了诸多治黄方略,从大禹治水到潘季驯"束水攻沙",从汉武帝"瓠子堵口"到康熙帝把"河务、漕运"刻在宫廷的柱子上,中华民族始终在同黄河水旱灾害作斗争。一部艰辛的治黄史,浓缩出中华民族的苦难史、奋斗史、治国史。但由于制度、技术和对黄河规律认识的局限,没有改变黄河为害的面貌。这样,治理黄河的历史重任落到了中国共产党和广大人民身上。新中国成立开辟了治理黄河的新纪元,毛泽东、邓小平、江泽民、胡锦涛、习近平等党和国家领导人先后亲临黄河视察,对黄河治理提出明确要求。党的十八大以来,以习近平同志为核心的党中央高度重视人民治理黄河事业发展,习近平总书记多次作出重要指示,深入黄河流域视察,对黄河治理保护寄予殷切期望。

　　新中国成立以来,人民治理黄河 70 年历史是一部探索自然、把握规律的治水实践史。70 年来,在中国共产党的领导下,黄河水利委员会经过反复的实践,逐渐认识到了黄河水沙的规律,治黄理念由人定胜天向人水和谐转变,先后提出了"宽河固堤""蓄水拦沙""上拦下排""上拦下排,两岸分滞""调水调沙"和"维护黄河健康生命,促进流域人水和谐"等治黄方略。这些治黄方略的实施使当代中国黄河治理取得了巨大的成绩,支撑了经济社会的不断发展。2019年9月18日上午,中共中央总书记、国家主席、中央军委主席习近平在郑州主持召开黄河流域生态保护和高质量发展座谈会上指出,"新中国成立后,党和国家对治理开发黄河极为重视。在党中央坚强领导下,沿黄军民和黄河建设者开展了大规模的黄河治理保护工作,取得了举世瞩目的成就。水沙治理取得显著成效,防洪减灾体系基本建成,下游河道淤积得到缓解,流域用水增长过快的局面得到有效控制,有力支撑了经济社会可持续发展。生态环境持续明显向好,水土流失综合防治成效显著,三江源等重大生态保护和修复工程加快实施,上游水源涵养能力稳定提升,中游黄土高原蓄水保土能力显著增强,实现了'人进沙退'的治沙奇迹,生物多样性明显增加。发展水平不断提升,中心城市和中原等城市群加快建设,全国重要的农牧业生产基地和能源基地的地位进一步巩固,新的经济增长点不断涌现,滩区居民迁建工程加快推进,百姓生活得到显著改善。党的十八大以来,党中央着眼于生态文明建设全局,明确了'节水优先、空间均衡、系统治理、两手发力'的治水思路,黄河流域经济社会发展和百姓生活发生了很大的变化。同时也要清醒地看到,当前黄河流域仍存在一些突出困难和问题,流域生态环境脆弱,水资源保障形势严峻,发展质量有待提高。这些问题,表象在黄河,根子在流域。"❶黄河治理是世界级难题,"水少、沙多,水沙关系不协调"的问题依然存在,当代中国治理黄河的方略还需要在未来治理黄河的实践中不断发展。

---

❶ 《习近平在河南主持召开黄河流域生态保护和高质量发展座谈会时强调 共同抓好大保护 协同推进大治理 让黄河成为造福人民的幸福河 韩正出席并讲话》,黄河网,http://www.yrcc.gov.cn/xwzx/hhyw/201909/t20190919_207779.html,2019年9月19日。

第一节　当代中国治理黄河的成就

　　当代中国治理黄河的理念日益成熟。当代治理黄河不是一帆风顺的,是在实践中不断前进的。新中国成立初期,中国共产党怀揣着实现"黄河清"的梦想,提出了"人定胜天"的治黄理念,希望加快黄河的治理与开发,服务经济建设的需要。"我们要彻底征服黄河,改造黄河流域的自然条件,以便从根本上改变黄河流域的经济面貌,满足现在的社会主义建设时代和将来的共产主义建设时代整个国民经济对于黄河资源的要求。"❶为此,在新中国成立初期,黄河水利委员会提出了"蓄水拦沙"的治黄方略,并付诸实施。但三门峡水利枢纽工程的实践,宣告了"蓄水拦沙"治黄方略的失败。之所以失败,在于"蓄水拦沙"治黄方略违背了黄河自身规律,说明治理黄河方略的制定不仅要顺应经济社会发展的需要,而且要符合黄河的自然规律。从 1972 年到 1999 年的28 年里,黄河下游有 21 年出现断流。1997 年断流长达 226 天,河口300 多天无水入海。"一条河如果常年干涸断流,也就意味着这条河生命的终结。千百年来,黄河哺育了一代又一代中华儿女。随着经济社会的发展,人们对黄河的索取越来越大,但忽视了她生命的存在,大量挤占黄河生态用水,连冲沙的水都用掉了。"❷为了维持黄河的健康生命,从 2002 年起,黄河水利委员会开始实施"调水调沙"的治黄方略,全河水量统一调度,黄河不再断流,恢复了健康活力。十八大以来,随着黄河水沙情势变化和经济社会发展,治黄工作面临新形势、新挑战,黄河水利委员会积极践行中央新时期水利工作方针,以习近平新时代中国特色社会主义思想为指导,进一步丰富完善治黄思路举措,"维护

---

　　❶　邓子恢:《关于根治黄河水害和开发黄河水利的综合规划的报告——在一九五五年七月十八日的第一届全国人民代表大会第二次会议上》,载《人民日报》,1955 年 7 月 20 日第2 版。

　　❷　王明浩:《作为中华民族的母亲河,黄河对流域经济社会发展的承载能力几乎已到极限。如今她累了、病了,亟须华夏儿女的精心呵护,为母亲河留下"生命水"》,载《人民日报》,2006 年 11 月 23 日第 16 版。

黄河健康生命,促进流域人水和谐"成为指导中国特色社会主义新时代治黄工作的基本遵循。这样,从 1949 年新中国成立到 2019 年,在中国共产党领导人民治理黄河的 70 年中,治黄工作者在实践中加深了对黄河规律的认识,不断发展完善治黄方略,使当代黄河治理实现了从人水相争向人水和谐转变、从过度开发向维护河流健康生命转变。

在当代中国治黄方略的指导下,黄河治理取得了巨大成就,防洪能力显著提高,确保了黄河岁岁安澜。"在黄河中游干支流上建成了三门峡水利枢纽、陆浑水库、故县水库和小浪底水利枢纽,对黄河下游两岸 1 371.2 公里的临黄大堤先后进行四次加高培厚,进行了放淤固堤,开展了标准化堤防工程建设,建设险工 135 处,坝垛护岸 5 279 道和河道整治工程 219 处,坝垛 4 573 道,开辟了北金堤、东平湖滞洪区,大功分洪区及齐河、垦利展宽区等分滞洪工程,基本形成了以中游干支流水库、下游堤防和河道整治工程、蓄滞洪区工程为主体的'上拦下排,两岸分滞'黄河下游防洪工程体系。"❶依靠防洪工程体系和非工程措施,加上沿河军民和黄河职工的严防死守,先后战胜了包括 1958 年 22 300 立方米每秒等 12 次超过 10 000 立方米每秒的大洪水,创造了伏秋大汛 70 年不决口的历史奇迹,保障了黄淮海平原的安全和经济社会稳定发展。

水资源的开发利用,促进了流域及相关地区经济社会发展。新中国成立以来,黄河水资源开发利用有了长足发展,"现状流域建成蓄水工程 19 025 座,总库容 715.98 亿立方米,引水工程 12 852 处,提水工程 22 338 处,机电井工程 60.32 万眼,集雨工程 224.49 万处,在黄河下游还兴建了向两岸海河、淮河平原地区供水的引黄涵闸 96 座,提水站30 余座。这些工程建设,为开发利用水资源提供了重要的基础设施,为流域 1.1 亿亩灌溉面积、两岸 50 多座大中城市、420 个县(旗)城镇、晋陕宁蒙地区能源基地、中原油田和胜利油田提供了水源保障,解决了

---

❶ 黄河水利委员会:《黄河流域综合规划》(2009 年 10 月),黄河水利委员会档案馆藏,档案号 1-2009-200。

近3 000万人的饮水困难,改善了部分地区的生态环境。"❶引黄济青、引黄入冀缓解了青岛市、天津市和河北省部分地区缺水的燃眉之急。龙羊峡、李家峡、刘家峡、万家寨、小浪底等一座座水电站相继建成,累计发电11 800多亿千瓦时,为经济社会发展提供了源源不断的清洁能源。科学利用让黄河真正由"害河"变成了"利河"。通过自流引水、提水灌溉、节水改造,黄河流域引黄灌溉面积增长了10多倍,昔日的苦瘠之地变成了高产良田,形成了国家重要的粮棉生产基地。黄河水电资源得到有序开发,2018年黄河干流16座水电站装机容量已达1 083万千瓦。

黄土高原地区水土流失防治取得了显著成效。"累计初步治理水土流失面积22.56万平方公里,其中建设基本农田555.47万公顷,营造水土保持林984.36万公顷,人工种草367.02万公顷,封禁治理141.99万公顷。建成淤地骨干坝5 399座,修建塘坝、涝池、水窖等小型蓄水工程183.91多万处(座)。水土保持工程措施和管理措施的逐步实施,取得了显著经济效益和社会效益。一是水利水保措施有效减少了入黄泥沙,年平均减少入黄泥沙3.5亿~4.5亿吨,为确保黄河安澜做出了重要贡献;二是水土保持综合治理使局部地区的水土流失、土地沙化和草原退化得到了遏制,改善了当地生态环境;三是改善了人民群众的生活生产条件,促进农村经济发展和新农村建设。"❶水土流失综合防治成效显著,实现了"人进沙退"的治沙奇迹,昔日跑水、跑土、跑肥的"三跑田"变成了保水、保土、保肥的"三保田",山光水浊的黄土高原迈进了山川秀美的新时代。

开创了开发与保护并重的新局面。"1999年起实施黄河干流水量统一管理和调度,改变了下游频繁断流的局面,实现了连续17年不断流,黄河健康状况明显改善,河口三角洲再现草丰水美、鸟鸣鱼跃的动

---

❶ 黄河水利委员会:《黄河流域综合规划》(2009年10月),黄河水利委员会档案馆藏,档案号1-2009-200。

人景象。按照水利部统一部署,实施了最严格的水资源管理制度,有力促进了水资源节约保护。强化了纳污红线控制,初步建立了涵盖入河排污、饮用水水源地监管等内容的监督管理体系,积极探索建立流域联合治污机制,妥善处置重大水污染事件,在涉河经济活动强度不断加大的情况下,初步控制了水质恶化趋势。全面推进依法治河管河,保障了和谐稳定的水事秩序。"❶

第二节　当代中国治理黄河存在的不足

虽然,在当代治理黄河方略的指导下,黄河治理取得了很大成就。但由于对黄河自身规律认识不足,科学技术条件和经济社会发展状况等因素的约束,当前黄河治理中还存在很多亟需解决的问题。

下游洪水泥沙威胁依然是心腹大患。黄河涨上天怎么办呢? 为了确保黄河下游安澜,新中国成立后,先后4次加高培厚黄河大堤,目前大堤平均高度达10米,所用土方可以垒13座万里长城。但岁岁安澜中,"悬河"之危并未解除。"黄河下游不仅是'地上悬河',而且是槽高、滩底、堤根洼的'二级悬河'。20世纪80年代中期以来,受来水来沙影响,下游河道的泥沙淤积70%集中在主槽内,'二级悬河'态势日益加剧。小浪底水库投入运用后,可以有效消减进入黄河下游的稀遇洪水洪峰流量,通过水库拦沙和调水调沙缓解了河道淤积,河道最小平滩流量从1 800立方米每秒恢复到2009年的3 880立方米每秒,但'二级悬河'的不利态势仍未根本改观。在小浪底水库拦沙库容淤满后,如无后续控制性骨干工程,下游河道复将淤积抬高,中水河槽将难以维持。"❷

大洪水发生的概率在增加。自1982年黄河下游发生15 300立方

---

❶ 《人民治理黄河70年成就斐然造福华夏》,黄河网,http://www.yrcc.gov.cn/xwzx/hhyw/201610/t20161031_169432.html,2016年10月31日。

❷ 黄河水利委员会:《黄河流域综合规划》(2009年10月),黄河水利委员会档案馆藏,档案号1-2009-200。

米每秒洪水后,黄河已连续 34 年未发生超过 10 000 立方米每秒量级的洪水,但风平浪静之中暗藏忧患。"2016 年 7 月,属海河流域,但紧邻黄河的豫北地区出现大暴雨,若这场降雨偏移到黄河流域,花园口水文站洪峰流量将达 18 900 立方米每秒。专家指出,大洪水的发生有周期性特点,同量级大洪水,时间间隔越长,发生的概率就越高。1958 年黄河下游发生 22 300 立方米每秒的大洪水,属于 60 年一遇洪水,距今已 59 年;1982 年黄河下游发生 15 300 立方米每秒的大洪水,属于 30 年一遇洪水,距今已 35 年。"❶治黄,绝不仅是黄河流域地区的事。"黄河一旦决口,势必酿成可怕的灭顶之灾,居高临下的洪水狂泻而下,横扫 12 万平方公里的区域,南乱淮河水系,北乱海河水系,水毁沙埋,河渠淤塞,良田沙化,交通中断,人民生命财产遭受严重损失,几十年建设的成果将毁于一旦,整个国民经济的部署都将被打乱。这一切并非危言耸听,它是时刻悬在我们头上的一把剑。"❷

水资源供需矛盾日益尖锐。黄河流域属于资源性缺水地区,现在缺水很严重,随着经济社会发展,水资源供需矛盾将更加突出。黄河的供水量已超过了黄河水资源的承载能力。"1995—2007 年黄河河川天然年径流量约 424.7 亿立方米,年平均消耗量约 300 亿立方米,消耗率超过 70%,已超过了黄河水资源的承载能力,河道断流严重。地下水超采现状严重,浅层地下水超采量约 13 亿立方米。太原、西安等地区地下水位持续下降,形成降落漏斗,引起一系列环境地质问题。"❸水资源短缺严重制约着经济社会的持续发展。随着经济社会的快速发展,尤其是能源基础产业的快速发展,以及城市化进程的加快,工业和城市生活需水量增加较快,部分地区缺水严重。生产用水严重挤占河道内生态环境用水,严重威胁河流安全。20 世纪 90 年代以来,入海水量仅

---

❶ 《瞭望》新闻周刊:黄河变清调查,黄河网,http://www.yrcc.gov.cn/xwzx/lylw/201709/t20170925_180332.html,2017 年 9 月 25 日。

❷ 王慧敏、江夏:《"黄河宁,天下平"——治黄五十年回顾》,载《人民日报》,1996 年 10 月 31 日第 1 版。

❸ 黄河水利委员会:《黄河流域综合规划》(2009 年 10 月),黄河水利委员会档案馆藏,档案号 1-2009-200。

133 亿立方米,生产用水挤占河道内生态环境用水 47 亿立方米。流域经济社会发展同生态保护的矛盾日渐突出,河流生态用水不足、水污染、河流阻隔等消极因素造成湿地萎缩,水生物生态环境破坏,水源涵养、生物多样性等生态功能下降。

水沙关系不协调,治理难度更大。由于河道内生态环境用水不足,使水沙不平衡加剧。对此,水利部前部长钱正英做了总结:"是啊,就是水沙不平衡,我搞了这么多年黄河,最后才想出来,原以为把河治好了,却比原来更恶化了,原以为流量减少了,黄河河床水位可以降低了,可结果水少了以后,流量减少了,河床断面也减少了,泥沙减少了,水也减少了。这是我们那一代最大的遗憾。我们治理黄河有两个目的,一个是减沙,一个是削减洪水。结果呢? 减了沙,水少了。减了洪水,河床抬高了。这令我们非常伤心。我们搞了一辈子水利工作,所有理想中的工程都建成了,最后问题还没解决,反而更恶化了。"❶由于水沙关系不协调加剧,黄河下游流量减少,河槽淤积严重,治理难度更大。"新中国成立迄今,黄河已安澜一甲子还多。安澜的代价是河槽淤积量已经达到全断面淤积量的 90%,局部河段高达 93%。加上源头雪山融化,补给水量持续减少,地方截流引水和工农业用水量连年增大,黄河水量年年递减,多次断流,无法循序入海。黄河流速的减缓,造成冲淤能力弱化,沿黄两岸之间淤积泥沙近百亿吨,河床普遍抬高 2~4 米,高出背河地面 4~6 米,河南和山东头顶一盆水,据称最高处已经有 27 米高。这个问题在困扰着所有的中国人。"❷

水沙调控体系还不够完善。由于黄河水沙调控体系尚未构建完善,龙羊峡、刘家峡水库汛期大量蓄水带来的负面影响不能消除,不仅造成宁蒙河段水沙关系恶化、河道淤积加重,主槽严重淤积萎缩,而且使中、下游水沙关系更加不协调。对此,黄河水利委员会原主任李国英在《黄河访谈录》中说:"黄河上很多工程单独看都是成功的,但合起来

---

❶ 黄河水利委员会办公室:《黄河访谈录》(2004 年 2 月 26 日),黄河水利委员会档案馆藏,档案号 W1-2004-29。

❷ 哲夫:《黄河三题》,载《人民日报》,2011 年 8 月 31 日第 24 版。

看,在整体上看是不协调的。龙羊峡、刘家峡的建成,改变了原来的汛期与非汛期六四分成关系,变为倒六四分,加剧了水沙不平衡局面。"❶小浪底水库建成后,通过水库拦沙和调水调沙运用,对协调下游水沙关系、减少河道淤积、恢复中水河槽等方面发挥了重要作用。但目前黄河北干流缺乏控制性骨干工程,运用小浪底水库时,调水调沙后续动力不足,不能发挥水流的输沙功能,还会影响水库拦沙库容的使用寿命,同时在水量持续减少、入库泥沙没有明显减少、水沙关系更加不协调的情况下,小浪底水库拦沙库容淤满后,汛期进入黄河下游的水流中沙量将会提高,高含沙小洪水出现的概率将大幅增加,黄河下游河道特别是主河槽仍会严重淤积,水库拦沙期塑造的中水河槽将难以长期维持。

第三节　当代中国治理黄河的发展方向

黄河的自然条件决定了它的淤积过程,也决定了它必然是一条"地上河"。"即使经过现在 30 年到 50 年的大规模治理,黄土高原可能减沙量也只是从 16 亿吨减少到约 8 亿吨,人类还没有能力在短期内构造一个新的生态系统,黄河在今后很长时间内仍然是一条多沙河流。随着流域社会经济的发展,对水资源的强烈需求是难以遏制的,黄河水沙关系不协调的问题依然会存在。"❷

针对黄河"水少、沙多,水沙关系不协调"的加剧,黄河水利委员会实施了"调水调沙"的方略,取得了巨大成效。但是,"调水调沙"的方略永续实施受到了水少的严重制约。黄河水利委员会原主任李国英在《黄河访谈录》中说:"我们一直想进行调水调沙,把河槽中的泥沙冲出来,但困扰我们的是没有水,西线调水原来的规划是吃干喝净,水不进下游,没有与黄河治理很好结合起来,黄河下游受到了水少的严重制

---

❶　黄河水利委员会办公室:《黄河访谈录》(2004 年 2 月 26 日),黄河水利委员会档案馆藏,档案号 W1-2004-29。

❷　千䜣、王磊:《人与黄河》,黄河水利出版社,2007 年,第 182 页。

约。"❶ "水少、沙多，水沙关系不协调"是黄河复杂难治的症结所在，当代中国治理黄河的发展方向就是要"增水，减沙，调控水沙"。如何实现"增水，减沙，调控水沙"的目标呢？

为此，2009年10月，黄河水利委员会在《黄河流域综合规划》中提出："增水应在强化节约和保护水资源的基础上，实施外流域调水。减沙应以有效控制进入下游的粗泥沙为重点，进一步加强以多沙粗沙区，特别是粗泥沙集中来源区为重点的黄土高原水土流失综合治理；充分利用干支流骨干水库的拦沙库容'拦粗排细'；利用黄河两岸有条件的地方引洪放淤，尽可能'淤粗排细'。调控水沙必须构建完善的水沙调控体系，对洪水、径流、泥沙进行科学管理和联合调控、控制、利用和塑造洪水，合理配置和优化调度水资源，协调水沙体系，减轻河道淤积，恢复并维持中水河槽的行洪输沙功能。"❷

如何塑造协调的水沙关系，减少黄河下游河道泥沙淤积，破解悬河之忧、洪水之患、泥沙之繁的难题，实现黄河长治久安，解忧黄河之困，时势呼唤中游水沙调控体系的新引擎。"拦"，无论是面上的工程还是河道内的骨干工程，总有淤满的时候；"调"，我们只能按照塑造协调水沙关系的约束条件去调水和调沙，多余的泥沙还必须留在水库或河道内。小浪底水库拦沙库容淤满后，其"拦"的作用将基本消失，缺乏中游水库的有力配合，其"调"的作用也将受到很大限制，届时即使考虑水利水保措施的减沙作用，下游河道仍将迅速淤积至小浪底水库投运之前的水平。由于水土保持和小浪底水库调水调沙的减沙速度不能满足控制黄河下游不淤积抬升的需要，因此必须建设中游骨干水库集中拦减入黄泥沙，并与小浪底水库联合调水调沙，减少下游河道的泥沙量。"古贤水利工程因优越的地理位置，超大的拦沙库容，强劲的调控能力，成为黄河治理的下一个关键性工程。古贤水利工程能够早日上马,将为母亲河安上新的强劲心脏,与小浪底水库联合调控水沙,发挥'1+1>2'的效果。"❶古贤水利枢纽是黄河干流控制性骨干工程,在黄河水沙调控体系中具有承上启下的战略地位,对黄河下游长期的防洪安全和黄河治理实现长治久安及保障国家经济社会发展战略部署稳步推进极为重要。因此,要尽快上马古贤水库工程,完善黄河水沙调控体系,使调水调沙方略长期实施。2019 年,黄河全河工作会议强调,"要抓住国家加大基础设施建设投入的机遇,力争规划已久的一批治黄重大项目能够立项,加快实施,要加快建设防汛抗旱提升工作,全力推进古贤水利枢纽工程上马,争取年内开工建设"。这为古贤水利工程上马创造了良好的政策环境,水利部、黄委为古贤水利工程前期工作推进指明了方向、做出了部署,古贤水利工程面临着前所未有的历史机遇。同时,要加快建设以水沙监测、水沙预报和水库调度决策支持系统等构成黄河水沙调控非工程体系,为黄河水沙联合调度提供技术支撑。

　　2016 年 1 月 5 日,习近平在推动长江经济带发展座谈会上强调,要走生态优先、绿色发展之路,把修复长江生态环境摆在压倒性位置,共抓大保护、不搞大开发。这一方面为当代中国治理黄河的方略指明了生态优先、绿色发展的方向,应把保护和改善黄河流域水生态环境摆在首要位置,着力维护黄河健康生命;另一方面也说明南水北调西线工程不会短期内实施,依靠南水北调西线工程增加黄河水量的理想很难实现。黄河属资源性缺水河流,供需矛盾尖锐,流域生态环境脆弱,水资源、水生态、水环境承载压力大已成为流域经济社会发展和黄河水资源管理面临的新常态,也是当前和今后一段时期治黄工作的主要矛盾。那怎样实现"增水"目标呢? 控制需求,节约用水是根本出路。"节约用水是水资源和水环境可持续发展的基本策略,不但可以大大缓解水资源短缺问题,而且可以减少污水、废水排放量,减轻水污染。在生活用水、工业用水和农业灌溉用水等主要用水领域,节约用水潜力亟待深

❶ 都潇潇、李娜、傅广泽:《黄河防汛:新时代的综合考量——汛来问黄河之二》,黄河网,http://www.yrcc.gov.cn/xwzx/jstx/201807/t20180702_190621.html,2018 年 7 月 2 日。

入挖掘。"❶

　　黄河水资源贫乏，黄河流域（片）经济社会发展只有走"在节水中求发展"的道路，形成水资源节约集约型用水格局。对于黄河流域来说，目前要在全流域实行最严格的水资源管理制度，开展节水型社会建设和水生态文明建设、严格用水总量控制，全面提高用水效率。黄河流域水资源保护局局长张柏山说："黄河流域是中国水资源最为紧缺、供需矛盾最为突出、生态环境最为脆弱的地区，面临发展不平衡、不协调、不可持续等诸多问题。必须坚持以水定需、量水而行、因水制宜，坚持以水定城、以水定地、以水定人、以水定产，全面落实最严格的黄河水资源管理制度，不断强化用水需求和用水过程管理。"❷这要求黄河流域城市发展要以建设海绵城市为目标，提高城市用水价格，节约用水；流域内工业发展要实行产业升级，坚决取缔高耗水、高污染和产能落后的产业，发展绿色产业；农业发展要实行节水灌溉，开展大型引黄灌区续建配套建设与节水改造。

　　近年来，黄河水利委员会实施了"一省一策"的管理对策，建立了年度水资源管理台账和对接机制，逐年核算各省（区）黄河水资源利用、黄河分水指标已使用和剩余情况，年底前向省（区）通报年度水资源管理台账，对水资源开发利用处于临界状态的省（区）进行预警提示。但这项工作的有效落实，还得依靠各省加强管理。全面推行河长制是破解水资源管理难题的重要手段，是推进生态文明建设的必然要求，是维护河湖健康生命的治本之策。2016 年 12 月，中共中央办公厅、国务院办公厅印发了《关于全面推行河长制的意见》中，任务的第一条是加强水资源保护。"落实最严格水资源管理制度，严守水资源开发利用控制、用水效率控制、水功能区限制纳污三条红线，强化地方各级政府责任，严格考核评估和监督。实行水资源消耗总量和强度双控行动，防止不合理新增取水，切实做到以水定需、量水而行、因水制

　　❶ 钱易：《绿色发展须用好水资源（大家手笔）》，载《人民日报》，2016 年 2 月 29 日第 7 版。
　　❷ 赵永平：《2015—2016 调度年度来水将偏少三成　黄河缺水　用水还得省着来（热点解读）》，载《人民日报》，2015 年 11 月 25 日第 14 版。

宜。坚持节水优先,全面提高用水效率,水资源短缺地区、生态脆弱地区要严格限制发展高耗水项目,加快实施农业、工业和城乡节水技术改造,坚决遏制用水浪费。"❶由黄河流域各省(区、市)党委或政府主要负责同志担任总河长,流域各省(区)政府对水的综合管理模式及职责,会逐步推进和加强,已有的流域和区域管理相结合、水资源统一管理等水管理模式,特别是水资源的监督、监测作用及督察管理工作会得到较好的落实。如何紧紧抓住和用好全面推行河长制的机遇,从流域整体利益和长远利益出发,实现流域管理与区域管理有机融合,不能等待、不容观望。黄河水利委员会为全面推进河长制工作按下"快进键"、步入快车道。

如何"减沙"呢?经过多年的治理,黄土高原局部地区生态环境得到了改善,但水土流失面积广大,治理任务还非常大,没有治理的水土流失面积仍有一半以上,而且没有治理地方的水土流失强度更大、自然条件非常恶劣、治理难度更大。特别是黄河中游多沙粗沙区治理进展缓慢、生态环境改善和减沙效果不明显,对黄河下游防洪和人民生命财产安全构成严重威胁。资源开发与生态环境保护的矛盾依然尖锐,开矿、修路等开发建设项目造成的人为水土流失十分突出,陡坡开荒、毁林毁草、破坏天然植被现象时有发生,预防保护与监督的任务十分繁重。

河川之危是生态环境之危,也关乎民族存续、文明传承。曾经繁华的楼兰古城因孔雀河改道而衰落,这样的例子在历史上并不少见。要解决上述问题,必须加强黄河中游水土保持的工作。国家要加强黄河中游地区扶贫工作力度,尽快让当地人们真正脱贫致富,从根源上遏制边治理边破坏的现象,使他们把水土保持看作是建设自己美好家园的重要组成部分,从而调动他们开展水土保持的积极性。黄土高原的水土治理要从小流域综合治理转向全流域整体协调发展。"实施退耕还

---

❶ 中共中央办公厅　国务院办公厅印发《关于全面推行河长制的意见》,中国政府网——中央人民政府门户网站,http://www.gov.cn/zhengce/2016-12/11/content_5146628.html,2016 年 12 月 11 日。

林政策以来,黄土高原成为黄河流域植被恢复最显著的区域,平均植被覆盖率从 1978 年 25% 增加至 1998 年 29%,2010 年达到 46%。黄土高原地区土地利用变化与土壤保持、碳固定具有正效应,与产水量具有负效应,植被恢复需要与区域环境条件和水分的生态承载力相适应。特别是随着坝库等工程措施拦沙能力的逐渐下降,维持一个可持续的植被生态系统对输沙量具有更加重要的作用。因此,黄河水沙管理需要从黄土高原小流域综合治理转向全流域整体协调。"❶

同时,国家要加大黄河流域水土保持资金投入,实施重点生态功能区的建设,大规模开展水土保持生态建设。在这方面,宁夏回族自治区走在了前列。2017 年 2 月,宁夏回族自治区正式批复《六盘山重点生态功能区降水量 400 毫米以上区域造林绿化工程规划(2017—2020年)》。该规划提出:"计划利用 4 年时间,投资 20.55 亿元,在六盘山重点生态功能区造林 260 万亩,工程将于今年 3 月启动。据介绍,六盘山区是国家黄土高原丘陵沟壑水土保持重点生态功能区的重要组成部分,泾河、清水河、葫芦河等黄河支流发源于此,实施降水量 400 毫米以上区域造林绿化工程,是加快六盘山重点生态功能区建设、构建大六盘生态安全体系的重大举措。"❷

黄土高原水土流失面广、量大,国家的投入明显不足。为此,黄河流域有关省(区)开拓思路,探索生态补偿机制。"陕西省率先建立了生态补偿机制,并取得了良好效果。2008 年 11 月出台了《陕西省煤炭石油天然气资源开采水土流失补偿费征收使用管理办法》,从 2010 年开始正式实施煤油气资源开采水土流失补偿费使用项目,5 年下达资金 24.5 亿元,实施治理项目 700 多个,治理水土流失面积 3 000 多 km²,除险加固淤地坝 320 余座。"❸当前,黄土高原各省(区)应尽快按照财政部、国家发改委、水利部、中国人民银行印发的《水土保持补偿

---

❶ 傅伯杰:《浅谈黄土高原的水土治理》,载《人民日报》,2016 年 9 月 22 日第 14 版。

❷ 朱磊:《计划用 4 年时间,投资 20.55 亿元,宁夏要在六盘山造林 260 万亩》,载《人民日报》,2017 年 2 月 13 日第 14 版。

❸ 李春安:《继往开来 深化改革 努力建设黄土高原生态文明》,《中国水土保持》,2016 年第 9 期。

费征收使用管理办法》的规定,积极做好有关工作,加快黄土高原水土保持生态补偿制度的建立。但是,黄河上、中游生态环境保护不是单个省(市)所能解决的,要处理好局部与全局的关系,包括处理好黄河流域相关省(市)关系,不同流域协调配合的关系,国家应继续加大对黄河上、中游流域的财政转移支付力度,完善生态补偿机制。

新时代黄河上、中游水土保持工作面临着新问题,推进新时代黄河水土保持工作,"要以习近平生态文明思想为指导,全面落实全国生态环境保护大会精神,统筹流域山水林田湖草系统治理,加快水土流失治理体系和治理能力现代化建设,为推进流域高质量发展提供有力保障。要坚持节约优先、保护优先、自然恢复为主的方针,加快构建流域水土保持规划体系、水土流失治理体系、技术支撑体系和严格的监管体系,促进流域生态修复,打造人与自然和谐共生发展新格局。要进一步加强组织领导,加大资金投入力度,创新工作方式,不断开创黄河上、中游水土保持工作新局面。"●

水是生命之源、生产之要、生态之基,是人类生存发展不可或缺的重要资源。实现水资源和水环境可持续发展,是贯彻落实绿色发展理念、推进生态文明建设、建设美丽中国的主题中应有之义和必然要求。当前,黄河治理中还面临着防汛抗旱能力有待提升,水资源供需瓶颈亟需突破,生态建设亟待加强和防洪与滩区发展的矛盾等难题。站在人类文明延续的角度,我们没有理由因为今天的幸福而遏制明天的发展。苍老的母亲河如同新生的婴儿,同样需要细心的照料与呵护。要呵护黄河,需要更新治黄理念,探寻新的治黄方略。黄河治理堪称世界性难题,不可能一劳永逸,对黄河治理的艰巨性与长期性必须有清醒的认识。治黄的历史,就是逐步认识黄河自然规律的历史。只有认识它,才能驾驭它。新中国成立以来,人民治黄的70年中,几代黄河人付出多少艰辛、血泪,经过无数失败、挫折,在许多方面取得了突破性进展,他们对黄河的认识,比历史上任何时代都更深刻、更科学。但是,对于黄

● 《黄河中游水土保持委员会第十三次会议在西安召开》,陕西省生态环境厅官网,http://sthjt.shaanxi.gov.cn/dynamic/zhongs/2018-06-13/30102.html,2018 年 6 月 13 日。

河,我们还有许多事情没有完全搞清楚。由于流域内自然的变迁及人类活动的影响,黄河的脾性也在改变,出现了许多新情况、新特点,需要我们再实践、再认识。

2019年9月18日上午,中共中央总书记、国家主席、中央军委主席习近平在郑州主持召开黄河流域生态保护和高质量发展座谈会上强调,治理黄河,重在保护,要在治理。要坚持山水林田湖草综合治理、系统治理、源头治理,统筹推进各项工作,加强协同配合,推动黄河流域高质量发展。实践证明,只有在中国共产党领导下,发挥社会主义制度优势,才能真正实现黄河治理从被动到主动的历史性转变。从历史唯物主义观点来看,时代在前进,科技在发展,河情在变化,人们对黄河泥沙输移规律的认识在不断深入,治黄方略也应不断创新和发展。新时代的黄河治理要更加注重探索、掌握和运用规律,摒弃征服水、征服自然的冲动思想,找到科学的治理之道。要以"万里写入胸怀间"的胆魄、"慢工出细活"的韧劲,保持历史耐心和战略定力,把目光放长远,走实、走好黄河流域生态保护和高质量发展的每一步。

当代中国治理黄河方略,要顺应时代的发展和黄河水情的变化,要深入学习领会习近平总书记重要讲话精神,坚持共同抓好大保护、协同推进大治理,齐心协力开创黄河流域生态保护和高质量发展新局面。紧紧围绕"四个全面"战略布局,牢固树立"五大发展理念",积极践行新时代中央水利工作方针,按照水利部党组的要求,联系黄河基本河情和流域经济社会发展实际,用发展的眼光看待问题,用创新的办法化解矛盾,真正实现从控制洪水到管理洪水的转变,从开发利用为主到保护为重,才能维护黄河健康生命,让黄河在我们这一代人手里,真正变成造福子孙万代的幸福河,抒写"人水和谐"的美好画卷。在新的历史起点上,不断开创治黄事业新局面,努力实现黄河长治久安,让黄河永续造福中华民族。

参 考 文 献

［1］毛泽东.毛泽东文集(第7、8卷)［M］.北京:人民出版社,1999.

［2］毛泽东.建国以来毛泽东文稿(第1～13册)［M］.北京:中央文献出版社,1987—1998.

［3］刘少奇.刘少奇选集(下卷)［M］.北京:人民出版社,1985.

［4］中共中央文献研究室.周恩来经济文选［M］.北京:中央文献出版社,1993.

［5］邓小平.邓小平文选［M］.北京:人民出版社,1993.

［6］中共中央文献研究室.邓小平年谱(1904—1974)(上、中、下册)［M］.北京:中央文献出版社,2009.

［7］冷溶,汪作玲.邓小平年谱(1975—1997)(上、下册)［M］.北京:中央文献出版社,2004.

［8］江泽民.江泽民文选(第1～3卷)［M］.北京:人民出版社,2006.

［9］习近平.习近平总书记系列重要讲话读本［M］.北京:学习出版社、人民出版社,2014.

［10］邓子恢.邓子恢文集［M］.北京:人民出版社,1996.

［11］陈云.陈云文集［M］.北京:中央文献出版社,2005.

［12］万里.万里文选［M］.北京:人民出版社,1995.

［13］中共中央文献研究室.建国以来重要文献选编(1～20册)［M］.北京:中央文献出版社,2011.

［14］中共中央文献研究室.三中全会以来重要文献选编(上、下册)［M］.北京:中央文献出版社,1982.

［15］中共中央文献研究室.十二大以来重要文献选编(上、中、下册)［M］.北京:中央文献出版社,1988.

［16］中共中央文献研究室.十三大以来重要文献选编(上、中、下册)［M］.北京:中央文献出版社,1993.

［17］中共中央文献研究室.十四大以来重要文献选编(上、中、下册)［M］.北京:中央文献出版社,1996.

［18］中共中央文献研究室.十五大以来重要文献选编(上、中、下册)［M］.北京:中央文献出版社,2003.

[19] 中共中央文献研究室.十六大以来重要文献选编(上、中、下册)[M].北京:中央文献出版社,2006.

[20] 习近平.习近平谈治国理政(第1卷)[M].北京:外文出版社,2018.

[21] 习近平.习近平谈治国理政(第2卷)[M].北京:外文出版社,2018.

[22] 中共中央宣传部.习近平新时代中国特色社会主义思想学习纲要[M].北京:学习出版社,2019.

[23] 黄河年鉴社.黄河年鉴(历年卷(1995—2015))[M].郑州:黄河年鉴社,1995—2015.

[24] 中国水利年鉴编辑委员会.中国水利年鉴(历年卷(1990—2018))[M].北京:中国水利水电出版社相应年份出版.

[25] 中国社会科学院,中央档案馆.1949—1952中华人民共和国经济档案资料选编·综合卷[M].北京:中国城市经济社会出版社,1990.

[26] 中国社会科学院,中央档案馆.1949—1952中华人民共和国经济档案资料选编·农村经济体制卷[M].北京:社会科学文献出版社,1992.

[27] 中国社会科学院,中央档案馆.1953—1957中华人民共和国经济档案资料选编·综合卷[M].北京:中国物价出版社,2000.

[28] 中国社会科学院,中央档案馆.1953—1957中华人民共和国经济档案资料选编·财政卷[M].北京:中国物价出版社,2000.

[29] 中国社会科学院,中央档案馆.1958—1965中华人民共和国经济档案资料选编·财政卷[M].北京:中国财政经济出版社,2011.

[30] 李锐.黄河的治理和开发[M].北京:中华全国科学技术普及协会,1956.

[31] 程学敏.改造黄河的第一步[M].北京:电力工业出版社,1956.

[32] 水利电力部.三门峡水利枢纽讨论会资料汇编[M].北京:水利电力部.1958.

[33] 冀朝鼎.中国历史上的基本经济区与水利事业的发展[M].北京:中国社会科学出版社,1981.

[34] 水利部黄河水利委员会《黄河水利史述要》编写组.黄河水利史述要[M].北京:水利出版社,1984.

[35] 姚汉源.中国水利史纲要[M].北京:水利电力出版社,1987.

[36] 中国水利学会水利史研究会.黄河水利史论丛[M].西安:陕西科学技术出版社,1987.

[37] 魏特夫.东方专制主义[M].北京:中国社会科学出版社,1989.

[38] 水利办公室新闻宣传处.造福人民的事业——中国水利建设40年[M].北京:水利水电出版社,1989.

[39] 徐福龄.河防笔谈[M].郑州:河南人民出版社,1993.

[40] 陆孝平.建国40年水利建设经济效益[M].南京:河海大学出版社,1993.

[41] 黄河三门峡水利枢纽志编纂委员会.黄河三门峡水利枢纽志[M].北京:中国大百科全书出版社,1993.

[42] 郑肇经.中国水利史[M].北京:商务印书馆,1993.

[43] 山东省地方史志编纂委员会.山东省志·水利志[M].济南:山东人民出版社,1993.

[44] 河南省地方史志编纂委员会.河南省志(第27卷)水利志[M].郑州:河南人民出版社,1994.

[45] 赵得秀.治河初探[M].西安:西北工业大学出版社,1996.

[46] 顾浩.中国治水史鉴[M].北京:中国水利水电出版社,1997.

[47] 史念海.黄河流域诸河流的演变与治理[M].西安:陕西人民出版社,1999.

[48] 《水利辉煌50年》编纂委员会.水利辉煌50年[M].北京:中国水利水电出版社,1999.

[49] 李锐."大跃进"亲历记(上、下册)[M].海口:南方出版社,1999.

[50] 中央财经领导小组办公室.中国经济发展五十年大事记(1949—1999)[M].北京:人民出版社、中共中央党校出版社,1999.

[51] 中国社会科学院经济研究所.改革开放以来经济大事辑要(1978—1998)[M].北京:经济科学出版社,2000.

[52] 潘家铮.千秋功罪话水坝[M].北京:清华大学出版社,2000.

[53] 鲁枢元.黄河史[M].郑州:河南人民出版社,2001.

[54] 水利部黄河水利委员会.黄河下游治理方略专家论坛[M].郑州:黄河水利出版社,2004.

[55] 中国水利水电科学研究院水利史研究室.中华治水典籍备要——再续行水金鉴(黄河卷)(1~7册)[M].武汉:湖北人民出版社,2004.

[56] 李国英.维持黄河健康生命[M].郑州:黄河水利出版社,2005.

[57] 赵春明.中国治水方略的回顾与前瞻[M].北京:中国水利水电出版社,2005.

[58] 国家统计局国民经济综合统计司.新中国五十五年统计资料汇编(1949—2004)[M].北京:中国统计出版社,2005.

[59] P·麦卡利.大坝经济学[M].周红云译.北京:中国发展出版社,2005.

[60] 郭国顺.黄河:1946—2006(纪念人民治理黄河60年专稿)[M].郑州:黄河水利出版社,2006.

[61] 袁隆.治水六十年[M].郑州:黄河水利出版社,2006.

［62］张岳,任光照,谢新民.水利与国民经济发展［M］.北京:中国水利水电出版社,2006.

［63］徐海亮.从黄河到珠江——水利与环境的历史回顾文选［M］.北京:中国水利水电出版社,2007.

［64］王渭泾.历览长河——黄河治理及其方略演变［M］.郑州:黄河水利出版社,2009.

［65］河南大学黄河文明与可持续发展研究中心.黄河开发与治理60年［M］.北京:科学出版社,2009.

［66］武力.中华人民共和国经济史(上、下册)［M］.北京:中国时代经济出版社,2010.

［67］黄河水利委员会黄河志总编辑室.黄河大事记［M］.郑州:黄河水利出版社,2010.

［68］白楚荣.论黄河与黄土高原的治理［M］.西安:陕西人民出版社,2010.

［69］辛德勇.黄河史话［M］.北京:社会科学文献出版社,2011.

［70］王渭泾.黄河下游治理探讨［M］.郑州:黄河水利出版社,2011.

［71］林一山.林一山治水文集(上、下卷)［M］.武汉:长江出版社,2011.

［72］高峻.中国当代治水史论探［M］.福州:福建人民出版社,2012.

［73］吉冈义信.宋代黄河史研究［M］.薛华译.郑州:黄河水利出版社,2013.

［74］钞晓鸿.海外中国水利史研究:日本学者论集［M］.北京:人民出版社,2014.

［75］中国水利史典编委会.中国水利史典(黄河卷1)［M］.北京:中国水利水电出版社,2015.

［76］中国水利史典编委会.中国水利史典(黄河卷2)［M］.北京:中国水利水电出版社,2015.

［77］戴维·艾伦·佩兹.黄河之水:蜿蜒中的现代中国［M］.姜智芹译.北京:中国政法大学出版社,2017.

［78］贾国静.水之政治:清代黄河治理的制度史考察［M］.北京:中国社会科学出版社,2019.

［79］戴英生.黄河泥沙问题与下游防洪的战略对策［J］.人民黄河,1988(1):57-63.

［80］张汝翼.历代治黄方略简介(六)［J］.中国水利,1991(5):46-47.

［81］胡平,苏成章.关于根治黄河、繁荣北国的战略探讨［J］.科学技术与辩证法,1991(2):50-53.

［82］吴宏爱.略论周馥的治河思想与实践［J］.历史教学,1994(10):14-17.

[83] 黎汝静,刘思忆,徐名居.当代黄河治理大业中的观念变革问题[J].科技导报,1997(1):21-23.

[84] 袁隆,蔡琳.论黄河防洪长治久安之策[J].人民黄河,1997(8):47-52.

[85] 李殿魁.关于黄河治理与滩区经济发展的对策研究[J].春秋,1997(2):50-55.

[86] 王文学.根治黄河水患的战略思考——来自黄土高原的调研报告[J].中国水土保持,1997(8):5-9+65.

[87] 张芳.明清时期有关水土保持治理黄河的理论[J].中国水土保持,1998(1):45-46.

[88] 蔡铁山.浅谈王化云同志的治河方略[J].中国水利,1998(12):44.

[89] 张雁、罗建全.从古今治河方略的发展历程看王化云治黄方略的地位[J].治黄科技信息,1999(5):13-14.

[90] 梁吉义.解决黄河断流问题的系统整体方略[J].中国软科学,1999(9):5-9.

[91] 林景星.清水出,黄河宁——谈用生态环境地质规律根治黄河[J].科技潮,1999(12):62-65.

[92] 高中华.黄运水灾与晚清山东社会[D].桂林:广西师范大学,2000.

[93] 杨振怀.黄河治理方略的若干思考[J].人民黄河,2000(1):1-4+28.

[94] 陈霁巍,穆兴民.黄河断流的态势、成因与科学对策[J].自然资源学报,2000(1):31-35.

[95] 霍有光.清代综合治理黄河下游水患的常用策略与方法[J].灾害学,2000(1):74-79.

[96] 李国英.治水辩证法[J].中国水利,2001(4):11-13.

[97] 于红朝,卞世忠,郭芳,等.依法治水实现黄河水资源的可持续开发[J].治黄科技信息,2001(6):18-19.

[98] 包锡成.评述王化云的治河思想[J].人民黄河,2001(2):1-2+29.

[99] 李景旺.历史上的黄河治理[J].商丘师范学院学报,2002(3):49-50.

[100] 李殿魁.科技治黄的历史分期[J].春秋,2003(3):37-39.

[101] 汪志国,丁晓蕾.周馥与山东黄河的治理[J].安徽史学,2003(6):30-33.

[102] 高峻.新中国治水事业的起步(1949—1957)[D].福州:福建师范大学,2003.

[103] 邹逸麟.明代治理黄运思想的变迁及其背景——读明代三部治河书体会[J].陕西师范大学学报(哲学社会科学版),2004(5):21-26.

[104] 李国英.落实科学发展观 践行治水新思路 维持黄河健康生命[J].中国

水利,2004(24):68-70.

[105] 芮锐.晚清河政研究(公元1840年—1911年)[D].芜湖:安徽师范大学,2006.

[106] 马红丽.靳辅治河研究[D].桂林:广西师范大学,2007.

[107] 陈阿江.论人水和谐[J].河海大学学报(哲学社会科学版),2008,10(4):19-24+94-95.

[108] 褚俊乾.李仪祉水土综合治理思想研究[D].西安:长安大学,2009.

[·109] 李殿魁.论现代黄河的根治和发展[J].中国人口·资源与环境,2010,20(8):170-174.

[110] 王瑞芳.成就与教训:学大寨运动中的农田水利建设高潮[J].中共党史研究,2011(8):47-55.

[111] 陈陆.潘季驯:明代河工第一人[J].中国三峡,2012(2):82-89.

[112] 宋东军.浅谈李仪祉治水思想给予我们的启示[J].河南水利与南水北调,2012(15):26-28.

[113] 王美艳.李仪祉治理黄河理论及实践述评[D].石家庄:河北师范大学,2012.

[114] 王瑞芳."大跃进"运动前后"三主"治水方针的形成与调整[J].当代中国史研究,2013,20(1):71-78+126.

[115] 陈小江.坚持治河为民 促进人水和谐 推动治黄事业全面协调发展[J].中国水利,2013(24):68-69.

[116] 裴永亮.明嘉靖至万历时期治黄方略初探[J].浙江水利水电学院学报,2015,27(3):7-12.

[117] 胡春宏.黄河水沙变化与治理方略研究[J].水力发电学报,2016,35(10):1-11.

[118] 胡中升.专家治河的作为与难为——以国民政府黄河水利委员会委员长李仪祉为例[J].福建师范大学学报(哲学社会科学版),2016(3):142-151+1.

[119] 李春安.继往开来 深化改革 努力建设黄土高原生态文明[J].中国水土保持,2016(9):4-8+15.

[120] 王力,常博.黄河下游游荡型河段的治理方略[J].城市建设理论研究(电子版),2017(3):128-129.

[121] 郭书林,王瑞芳.从治标到治本:新中国成立初期的黄河治理[J].兰州学刊,2017(3):60-68.

［122］贾国静."治河即所以保漕"? ——清代黄河治理的政治意蕴探析［J］.历史研究,2018(5):38-52 + 180 + 190.

［123］李荣华.20 世纪五六十年代黄土高原水土保持体系的构建［J］.当代中国史研究,2018,25(3):66-75 + 126-127.

［124］郭书林.当代中国治理黄河方略的研究综述［J］.浙江水利水电学院学报,2019,31(3):1-4 + 9.

［125］翟媛,祁昌军.黄河下游未来治理方案浅议［J］.泥沙研究,2019,44(2):75-80.

［126］Jane Kate Leonard. Controlling from Afar:The Daoguang Emperor's Management of the Grand Canal Crisis,1824—1826［M］. Centre for Chinese Studies Publications,1996.

［127］Randall A Dodgen. Controlling the Dragon:Confucian Engineers and the Yellow River in Late Imperial China［M］. University of Hawai'i Press,2001.

［128］Judith Shapiro. Mao's War Against Nature——Politics and the Environment in Revolutionary China［M］. Cambridge University Press,2001.

［129］Micah S Muscolino. The Ecology of War in China——Henan Province, the Yellow River, and Beyond, 1938—1950［J］. Environmental History, 2017, 22 (3).

［130］Pietz,David A. The Yellow River:the Problem of Water in Modern China［M］. Harvard University Press,Cambridge,2015.